U0442638

本书由成都大学文明互鉴与"一带一路"研究中心资助出版

成都大学文明互鉴与『一带一路』研究中心学术丛书
杨玉华 主编

李天鹏 著

阿恩海姆早期美学思想研究

中国社会科学出版社

图书在版编目（CIP）数据

阿恩海姆早期美学思想研究/李天鹏著．—北京：中国社会科学出版社，2022.12
（成都大学文明互鉴与"一带一路"研究中心学术丛书）
ISBN 978-7-5227-1195-9

Ⅰ.①阿…　Ⅱ.①李…　Ⅲ.①阿恩海姆—美学思想—研究　Ⅳ.①B83-097.12

中国版本图书馆 CIP 数据核字（2022）第 253786 号

出 版 人	赵剑英
责任编辑	张　潜
责任校对	王丽媛
责任印制	王　超

出　　版	中国社会科学出版社
社　　址	北京鼓楼西大街甲 158 号
邮　　编	100720
网　　址	http://www.csspw.cn
发 行 部	010-84083685
门 市 部	010-84029450
经　　销	新华书店及其他书店
印　　刷	北京明恒达印务有限公司
装　　订	廊坊市广阳区广增装订厂
版　　次	2022 年 12 月第 1 版
印　　次	2022 年 12 月第 1 次印刷
开　　本	710×1000　1/16
印　　张	19.75
插　　页	2
字　　数	256 千字
定　　价	108.00 元

凡购买中国社会科学出版社图书，如有质量问题请与本社营销中心联系调换
电话：010-84083683
版权所有　侵权必究

成都大学文明互鉴与"一带一路"研究中心学术丛书编辑委员会

顾　　问	曹顺庆　张　法　项　楚
	谢桃坊　姚乐野　曾　明
主　　任	刘　强　王清远
副 主 任	杨玉华
委　　员	何一民　王　川　潘殊闲　谭筱玲
	袁联波　张　起　代显华　张学梅
	魏红翎　李　敏　马　胜　诸　丹
	周翔宇
主　　编	杨玉华
副 主 编	魏红翎　周翔宇
秘　　书	李天鹏　黄毓芸

成都大学文明互鉴与"一带一路"研究中心学术丛书总序

习近平总书记指出:"文明因交流而多彩,文明因互鉴而丰富"。"文明互鉴"是构建人类命运共同体的人文基础,是增进各国人民友谊的桥梁,是维护世界和平与推动人类社会进步的动力,而"一带一路"则是文明互鉴的重要路线、渠道和阵地。尤其是在时逢"百年未有之大变局"的今天,在多元文化碰撞、交流日益密切的时代语境下,实施"一带一路"倡议,促成各国文明、文化的交流、互鉴、共存,以消除不同文明圈之间的隔阂、误解、偏见,对于推动国家整体对外交往及中华优秀文化的传承、传播、创新,建构"美美与共、和而不同"的全球性文明,乃至建构人类命运共同体都具有紧迫的现实意义和深远的历史意义。

成都是一座具有 4500 年文明史、2300 多年建城史的城市,是中国首批 24 座历史文化名城之一,有着悠久厚重的历史文化积淀,创造过丰富灿烂的文明成就,形成了"创新创造、优雅时尚、乐观包容、友善公益"的天府文化精神。成都又是"南方丝绸之路"的起点,从古蜀时代开始,就形成了文化交流、互鉴的优良传统,留下了文明互鉴、互通的千古佳话。作为"一带一路"节点城市、"南方丝绸之路"起点城市，成都在新时代建构人类命运共同体的文明互鉴与"一带一路"倡议中占有重要地位，扮演着重要角色。必当趁势而上、大有作为。

成都大学是一所年轻而又古老的学校，其校名可追溯到1926年以张澜先生为首任校长的"国立成都大学"。虽然1931年后即并入国立四川大学，但却取得了骄人的成绩，不仅居四川三所大学（国立成都大学、国立成都师大、公立四川大学）之首，而且在全国教育部备案的21所国立大学中，也名列第七。并且先后有吴虞、吴芳吉、李劼人、卢前、伍非百、龚道耕、赵少咸、蒙文通、魏时珍、周太玄等著名教授在此任教。因此，成都大学乃是一所人文底蕴深厚、以文科特色见长的高校。即便从通常所认为的1978年建校算起，也仍然产生了白敦仁、钟树梁、谢宇衡、常崇宜、曾永成"五老"，并且都是以传统的文史学科见长的教授。成都大学作为成都市属唯一的全日制本科院校，理应成为成都文明互鉴、对外交往、文化建设以及提升国际化水平的重镇和高地。

站在新的历史起点上，成都大学在实施"五四一"发展战略，实现其高水平快速可持续发展的进程中，如何接续其深厚人文传统，再现文科历史荣光，建成成都文化传承发展创新高地，在成都世界文化名城及"三城""三都"建设中，擘画成大方案、提供成大智慧、贡献成大力量，就成了成大人的光荣使命和重大责任。因此，加强与兄弟院校的合作，特别是依托四川大学的高水平学术平台、师资、项目，借智借力，培育人才，建设学科，积累成果，不断发展壮大成都大学的人文社会科学，就成了不二选择。

正是在这样的背景下，成都大学进一步强化拓展与四川大学的合作，在其"中华多民族文化凝聚与全球传播省部共建协同创新中心"

下成立"成都大学文明互鉴与'一带一路'研究中心"（以下简称"中心"）。"中心"以中华多民族优秀传统文化研究的学科体系、学术体系和话语体系建构为基础，旨在为促成中华优秀传统文化与多元文化对话、互鉴及未来的创新发展而搭建支撑平台、凝聚社会共识、建立情感纽带，指导引领成都大学文科高水平建设和高质量发展。中心立足西南、心系天下，充分发挥成都作为"一带一路"节点城市、"南方丝绸之路"起点城市的独特优势，以学术研究为依托，以理论研究、平台构建、学科培育、人才培养、智库建设为抓手，积极参与构建当代中国国家文化，就文明互鉴、"一带一路"倡议、中华优秀传统文化的传承、传播、创新做出实质性的贡献。

要实现上述目标，需要搞好顶层设计，精心编制中长期规划，汇聚和培育一支高水平人才队伍，立足成都大学人文社科的现实基础和优势，久久为功，集腋成裘，推出一批高水平的标志性研究成果，充分彰显学术创新力，逐渐提高"中心"的影响力。因此，编撰出版"成都大学文明互鉴与'一带一路'研究中心学术丛书"就成了重点工作和当务之急。

"成都大学文明互鉴与'一带一路'研究中心学术丛书"每年从成都大学人文社科教师专著中遴选，并全额资助出版。每年一辑，一辑八种左右。开始几辑不分学科系列，待出版的专著积累到一定数量或每年申请资助出版专著数目较多时，方按学科类别分为几个系列。如天府文化系列丛书、成都大学学术文库、重点优势学科研究系列丛书（如古典学、文艺学、比较文学等）。资助出版的著作为专著、译著、古籍整理（点校、注疏、选注等），以创新性、学术性、影响力为入选标准。力求通过 10 年的持续努力，出版 80 部左右学术著作，使丛书在学界产生较大的规模效应和影响力，成为展示成都悠久厚重历史文化积淀、中国人文社科西部重镇丰硕成果的"窗口"和成都大学深厚人文传统、雄厚社科实力和丰硕"大文科"建设成就的一张靓丽名片。合抱之木，起于茎寸。百年成大，再铸辉煌！但愿学界同仁都来爱护"丛书"这株新苗，在大家精心浇灌壅培下，使之茁壮成长为参天大树！

杨玉华

2021 年 11 月 6 日

于成都濯锦江畔澡雪斋

序

  再次翻开李天鹏的博士论文《阿恩海姆早期美学思想研究》，我不禁心生诸多感慨。不得不说，2019 年毕业答辩之后，虽然天鹏与我见面并不算少，也时常就美学话题多有交流，但老实说我几乎已经忘记了这篇在授位过程中颇受校内外评审专家和答辩委员好评的博士学位论文了。如果不是要为它写一些句子作为序言，我这位指导老师怕是很难找到机会来温习与重读。值得庆幸，天鹏又一次发来微信提醒。不然，"熟悉的陌生人"可能真的会变得陌生而不再熟悉——就像生命中经常不知不觉就发生了的那些遗憾一样。

  再次翻阅论文，我想象天鹏一定会与我一样经历一次时光穿越。其实，最早开始筹划博士学位论文的时候，阿恩海姆早期美学思想并不存在于我们的视野之中。当它从最遥远的背景深处浮现出来并牢牢占据心智之屏的时候，我想，即使天鹏自己，也完全不会预想到未来很长一段时间自己会枯坐在西南交大犀浦校区湖边图书馆三楼临窗苦读 *Film Essays and Criticism* 和 *Radio: An Art of Sound* 这两本许多人闻所未闻的英文著作。

  虽说文本之外一无所有，然而世界的生成毕竟依赖于天地人神四方的游戏与环舞。一路走来，勤奋的天鹏在博士论文写作的过程中还出了不少其他成果——甚至还有另一部著作。其间的缘由、周折、煎熬和焦虑，亦惟自知而已。作为导师，我有时知情，有时则完全不知情。我想我最好还是在终点耐心等待。看他飞越雾中风景并最终抵达，我是欣慰的，赞许的，更是骄傲的。

关于本书的学术价值，说得太多只会让人觉得饶舌。众所周知，鲁道夫·阿恩海姆美学思想对中国当代美学研究具有很大的影响，但汉语学界的研究多集中在其中晚期"格式塔心理学美学"理论上，以至于但凡接触过西方美学史教材的人都知道阿恩海姆的"完形审美心理学""异质同构""视觉思维"和"视知觉规律与秩序"等观点。不过，如果再多追问一句：阿恩海姆早期美学思想是怎样的呢？汉语美学界阿恩海姆美学思想研究不充分不全面的不足就会显现出来。事实上，学术研究不仅应该关注"晚期风格"，也应该重视"早期理论"。通过天鹏的研究，我们可以发现阿恩海姆早期美学有着丰富的理论开启性。无论在媒介美学方面、还是在艺术创作主体方面，以及在阿恩海姆美学思想的理论渊源等方面，本著作都开启了汉语学界阿恩海姆美学思想的新视野和新领域，有效地改变了阿恩海姆美学思想研究中视野重复和观点雷同的倾向，对于汉语学界的阿恩海姆研究和 20 世纪西方美学研究以及媒介文化研究都具有较为重要的学术价值。至于本书对阿恩海姆早期美学思想基本特征即"形式主义美学与格式塔心理学美学的双重奏"的深入揭示，以及对其在简化美学、审美感知论、作者美学、媒介美学和认知美学各理论层次中的具体体现等的论述，读来均让我时有"温故而知新"的亲切感——我相信读者一定会与我一样深有同感。

还记得 2015 年那个春夏之交的某一天，素昧平生的天鹏突然出现在西南交大人文学院二楼中文系办公室博士生复试现场。"我叫李天鹏，报考的是文艺学专业。"一听到这句话，我当时脑海里不由自主地闪现出《逍遥游》前几个句子和一个庄子式的画面：一只大鹏从天而降。回想到这些，就用这句话来结束这篇短序吧：

希望天鹏写出更好的著作，就像那天那样：一只大鹏从天而降。

是为序。

支　宇

2022 年 5 月 14 日

目录

第一章　绪论 ·· 1
　　第一节　选题意义及创新点 ·· 5
　　第二节　阿恩海姆早期美学研究现状 ·· 9
　　第三节　本书结构安排 ·· 21

第二章　阿恩海姆早期美学背景、影响和理论基础 ························· 24
　　第一节　早期美学思想的理论背景及其影响 ·································· 25
　　第二节　早期理论基础：格式塔心理学与形式主义美学 ·················· 42

第三章　纯形式的简化：阿恩海姆早期美学原理 ···························· 53
　　第一节　早期美学中的格式塔心理学简化原理 ······························ 55
　　第二节　早期纯形式简化美学原理及其反思 ································· 66

第四章　多元的感知：阿恩海姆早期审美感知论 ···························· 80
　　第一节　两种审美感知理论：完形感知与形式主义审美感知 ·········· 81
　　第二节　形式审美感知的美感来源 ··· 96

第三节　对早期审美感知的反思 …………………………… 124

第五章　格式塔作者：阿恩海姆早期作者美学思想 …………… 137
　　第一节　关于作者美学的说明 ……………………………… 138
　　第二节　格式塔式的电影作者观 …………………………… 140
　　第三节　广播艺术作者的编剧中心主义 …………………… 156
　　第四节　对早期作者美学的反思 …………………………… 165

第六章　媒介帝国主义：阿恩海姆早期媒介美学思想 ………… 171
　　第一节　媒介美学概述 ……………………………………… 172
　　第二节　阿恩海姆辩证客观的媒介文化理论 ……………… 174
　　第三节　媒介文化理论中的媒介艺术美学思想 …………… 193
　　第四节　早期媒介美学的当代意义 ………………………… 214

第七章　直觉与完形：阿恩海姆早期认知美学思想 …………… 216
　　第一节　阿恩海姆早期美学中的完形认知 ………………… 217
　　第二节　早期美学中的审美认知 …………………………… 234
　　第三节　早期认知美学的反思及其当代价值 ……………… 254

第八章　迂回与进路：阿恩海姆早、中晚期美学比较 ………… 260
　　第一节　阿恩海姆研究对象的转向 ………………………… 261
　　第二节　早、中晚期美学思想中的差异 …………………… 272

结语　阿恩海姆早期美学对当代美学的启示 …………………… 284

参考文献 …………………………………………………………… 289

后　记 ……………………………………………………………… 301

第一章　绪论

　　早期思想研究是以一种时间性视野来考察的，这种研究视野能够把思想家一生的思想进行一个纵深的透视。因此，早期思想研究并非一种时间的断裂性的考察，只考察其"早期"，而是一种早、中、晚三时段的来回交织。"早期""中期"或"晚期"的分段研究视野，是透彻地理解一个思想家必要的研究方法。早期思想往往是每位重要的思想家的奠基性阶段。由于思想家在建构其思想体系时，往往面临着多种话语资源，思想家面临这些多元的话语资源，可能左顾右盼，各有吸收，加之作家早年的思辨能力、问题思考的广度与深度等方面还不够成熟，使得早期思想缺乏结构完整的成熟体系，但同时可能使早期思想存在多元、丰富的可能。这种丰富、多元的可能，对中晚期成熟的思想体系，不仅是一种奠基，同时也是一种意义的开启。思想就如同人生，早期思想就如同人生的童年。童年的经历总是会作为一种"无意识记忆"间接地影响成人。早期思想同样如此。因此，对某思想家的早期思想研究就显得必要。这种研究视野能够切入思想家思想诞生的内在的嬗变肌理，从而更深入地理解一个思想家的思想，如黑格尔早期思想、马克思早期思想以及海德格尔早期思想。马克思早期思想的研究辨析了马克思唯物主义、共产主义思想发展的来龙去脉。海德格尔早期思想以《存在与时间》为代表，其主题在于此在如何生存于世界，关心此在的在世生存，并以此在通达存在。有学者认为海德格尔的存在哲学缺乏生活与实践的伦理维度。但对海德格尔早期思想的深入研究纠正了人们对"海德格尔没有伦理学"的误解。黑格尔早期思想研究让学者发现其早期思想缺乏完整的体系，恰恰是这种非完整体系的哲学思想激发了"黑格尔左派"。黑格尔左派反对晚年黑格尔体系的保守倾向，力图从它的辩证方法中引出革命的和无神论的结论。可见早期思想的研究是思想研究的重要方法之一。本书以"早期思想"为研究对象，系统审视阿恩海姆早期美学思想，并在此基础上，结合中晚期美学，进行多重视野的交织，从而为阿恩海姆美学思想做一个更全面的透视与考察。

鲁道夫·阿恩海姆（Rudolf Arnheim，1904—2007），格式塔心理学美学的主要代表人物，1904年出生于柏林，1923年入读柏林大学，1928年获哲学博士学位。1928—1933年，毕业后的阿恩海姆担任《世界舞台》杂志的助理编辑和记者，负责文化评论，并在此阶段开始从事电影评论。1933年希特勒上台，阿恩海姆移居意大利，任职于意大利教育电影国际学会。1940年，因不满法西斯的暴力统治，阿恩海姆移居美国。1946年，阿恩海姆加入美国国籍。自1943年到1968年，阿恩海姆在劳伦斯学院任教，教授艺术心理学，其间于1959年获福布莱计划支持，前往日本御茶水女子大学进行访学交流。1968—1974年，任哈佛大学艺术心理学教授。1974年退休后，阿恩海姆在密歇根大学（University of Michigan）任艺术史学访问教授。2007年6月9日，阿恩海姆在密歇根安娜堡逝世，享年102岁。[1]

在柏林大学求学期间，阿恩海姆受教于韦特海默（Wertheimer）、

---

[1] Shaun McNiff, "Knowing Rudolf Arnheim（1904 - 2007）", *Journal of the American Art Therapy Association*, Vol. 24, 2007, p. 138.

科勒（Kohler）两位格式塔心理学家。韦特海默是格式塔心理学的创始人，指导了他的博士学位论文。科勒则把格式塔心理学原理与实验方法的应用范围扩大，为认知心理学、社会心理学奠定了理论基础。阿恩海姆受格式塔心理学影响至深，他一生都在孜孜不倦地运用格式塔心理学知觉原理从事艺术心理学以及美育方面的研究。阿恩海姆最终也成长为格式塔心理学美学的核心代表人物。

阿恩海姆早期（1928—1940）主要从事电影、无线电新媒介艺术研究，为新兴的电媒介艺术进行了合法性辩护。早期主要著作有《作为艺术的电影》《电影批评文集》《无线电：声音的艺术》。以1940年为时间节点，阿恩海姆移居美国，形成了其中晚期美学思想（1941—2007）。在中晚期，阿恩海姆主要以传统绘画艺术为主，运用格式塔心理学知觉理论讨论绘画艺术的视觉动力与表现性等问题。中晚期著作主要有《艺术与视知觉》《走向艺术心理学》《视觉思维》《熵与艺术》《建筑形式动力理论》《艺术心理学新论》《中心的理论——视觉艺术构图研究》等。仅从著作的名称来看，阿恩海姆早期与中晚期美学就存在很大的差异，而国内学者对阿恩海姆美学思想采取了一种"片段式"的认知方式，即以中晚期美学思想作为阿恩海姆整个美学思想的代表，把阿恩海姆美学定性为以传统艺术为研究对象的格式塔心理学美学，忽视了早期丰富多元的美学思想，如媒介美学、简化美学原理等。这种认知方式主要存在于国内外美学史话语写作当中，如我国学者朱立元、刘纲纪、曾繁仁、牛宏宝等人的西方现代美学史写作，皆只讨论阿恩海姆中晚期的美学著作及其思想，早期美学思想被忽视或遗忘。但阿恩海姆早期美学是阿恩海姆美学思想的一个特殊时期，是其整个美学的起始阶段和基础阶段。早期美学与阿恩海中晚期美学形成了强烈的对比，如在理论基础上，早期美学理论基础与中晚期存在巨大差异。早期主要以形式主义美学与格式塔心理学为理论基础，由于两种理论基础相互倾轧未能使其早期美学呈现出一种完整的美学思想，而是表现出诸多的矛盾、多元，如在简化原理、审美感知、审美认知等观点上，皆表现出形式主义美学与格式塔心理学美学的两种面向。此时期的美学思想不仅为中晚期美学奠定了基础，也为新兴的媒介艺术做出了美学辩护。阿恩海姆早期以媒介艺术（电影、电视、无线电艺术）为研究对象，从形式主义美学与格式塔心理学出发，首次对新兴的媒介艺术的合法性进行了辩护。因此，阿恩海姆早期具有丰富的媒介美学思想，然而国内外研究却忽视了阿恩海姆早期的媒介美学、媒介文化研究思想。阿恩海姆早期的美学活动与中晚期在研究对象上也存在很大的差异，国内研究者并未对此引起注意，也没有对其进行深入探讨。总的来说，阿恩海姆早期美学思想内容是怎样的，其价值何在，其在阿恩海姆整个格式塔心理学美学思想中的地位如何，早期与中晚期的美学关系又怎样，阿恩海姆中晚期为何完全抛弃了早期新媒介艺术的研究，这些问题都有待阿恩海姆早期美学研究去厘清和解答。对于这些问题，至今都没有研究者对它们进行解答。最终导致的结果是，不仅对阿恩海姆早期美学思想研究不够，而且对阿恩海姆整体美学思想研究也显得不够透彻、不够全面，缺乏一个对阿恩海姆一生的美学思想进行历时性的透视、总结与反思的维度。因此，阿恩海姆早期美学研究不仅仅是一个研究视点的创新，更是一种"以点带面"——以早期研究为基础，带动阿恩海姆整体美学思想研究的深度与宽度——的研究方法。本书认为，要突破国内阿恩海姆美学研究状况的瓶颈，就要从其早期美学研究入手，才能促进国内学者对阿恩海姆美学思想的全面认识，为阿恩海姆美学研究提供一个新的研究视野。

第一章 绪论

第一节　选题意义及创新点

作为20世纪世界美学史"心理学美学"和"审美知觉理论"研究领域的代表人物，阿恩海姆的美学思想的发展与研究可分为三个阶段，即早期、中期和晚期。现有文献表明，汉语学界对其中晚期美学思想的研究比较丰富，趋于饱和状态，而对其早期美学思想则未能展开充分的研究。这样至少导致汉语学界阿恩海姆研究呈现出两种现象与不足。第一，阿恩海姆学术思想整体面貌的遮蔽状态。由于汉语学界对阿恩海姆学术思想采取了"部分代替整体"的认知路径，其结果是无法从学术思想发展史上理解与领会阿恩海姆美学思想的整体面貌。汉语学界的阿恩海姆研究仅涉及《电影作为艺术》这一部早期著作。事实上，除了《电影作为艺术》之外，阿恩海姆早期美学著作还有《无线电：声音的艺术》（Radio：An Art of Sound）、《电影批评文集》（Film Essays and Criticism）等著述。这些重要的学术文献不仅没有完整的中文译本，而且汉语学界现有研究也未能引起重视。也就是说，如果不改变对阿恩海姆早期美学著作及其思想价值的遗忘状况，我们将不能真正地对阿恩海姆美学思想的发展历程、嬗变过程有清晰完整的认识。第二，阿恩海姆美学丰富内涵的概括化与片面化理解。汉语学界皆把阿恩海姆中晚期的美学著作作为其思想的代表，把阿恩海姆美学思想定性为格式心理学美学，这是学术界普遍认同的结论。然而，在早期阿恩海姆并非十足的格式塔心理学美学思想家，而是演绎了一场形式主义美学与格式塔心理学美学的双重奏，使其早期蕴含着丰富、多元、复杂的美学思想。汉语学界未能在充分研究其早期美学著作的情况下，直接过滤掉阿恩海姆早期美学思想的差异与多元，导致其对阿恩海姆美学思想被概况化或片面化的认识。本书试图转变这一现状，把研究视野聚焦于阿恩海姆早期美学思想。电影、无线电是阿恩海姆早期美学活动的主要对象。国内对阿恩海姆早期电影、无线电艺术的研究皆有之，但总体上国内研究的视野比较单一、深度不够，缺乏系统而全面的阿恩海姆早期美学研究。就此而言，阿恩海姆早期美学思想研究具有以下重要意义。

首先，弥补了国内阿恩海姆早期美学研究的不足，填补了国内至今未有一部系统研究阿恩海姆早期美学专著的空白。选题通过梳理阿恩海姆研究现状，发现阿恩海姆国内研究在视觉与艺术方面已经趋于饱和，早期美学研究没有引起足够重视。系统而深入地探讨阿恩海姆早期美学思想，不仅填补了国内研究专著的空白，而且可以重新激发阿恩海姆研究在中国的活力，最重要的是通过对其专著进行细致地梳理总结，为国内对阿恩海姆的美学思想的整个历程有一个更完整的认识，厘清了阿恩海姆早、晚期美学思想的关联与差异，对扭转国内对阿恩海姆美学概况化认识、片面化认识具有重要的理论意义。

其次，回应了当下视觉文化转型或图像学研究的热潮。阿恩海姆早期对电影艺术进行了研究。电影既是视觉文化，也是图像文化，当代很多中西方理论家都认为当代文化已经发生一次视觉文化转向，有的理论家表述为图像转向。海德格尔甚至认为"世界"成为"图像"。美国文化理论家贝尔明确说道："当代文化正在变成一种视觉文化，而不是一种印刷文化，这是千真万确的事实。"[①] 法国现实主义电影理论家巴赞在其《电影美学》一书中也预言，随着电影的出现，视觉文化也将取代传统的印刷文化。"国内学人根据威廉·米歇尔的理论提出'视觉文化转型'说，认为当今社会大众传媒的发展导致了整个社会的

---

① ［美］丹尼尔·贝尔：《资本主义文化矛盾》，赵一凡等译，生活·读书·新知三联书店1989年版，第156页。

'视觉文化转型'。"① 总之,"视觉文化转向"成为 20 世纪下半叶以来学术界广泛讨论的论题。在这样一个视觉文化的时代,加强对阿恩海姆早期美学的研究,呈现其早期的视觉审美感知思想,借古识今,不仅是新的时代中新的文化语境的需要,也是阿恩海姆美学本身内在的需要,更是国内阿恩海姆美学思想研究者的需要。视觉文化是现代以电子媒介为主进行生产、传播、消费的媒介文化。阿恩海姆是欧美最早讨论电影、无线电新兴电子媒介艺术的美学家,他同法兰克福学派、本雅明等学者对媒介持有迥异的观点,而这一点国内却很少注意到。因此,挖掘阿恩海姆早期媒介文化美学理论也是具有重要的理论意义的,它回应了时代的文化研究的需要。

最后,丰富了阿恩海姆美学思想研究的内容及其价值。认知科学的兴起及其在人文学科领域产生的重要影响为阿恩海姆美学研究提供了新的学术视野与话语资源。20 世纪末,在两次认知革命思潮影响下,迅速发展起来了一门新兴的交叉学科,即认知科学。认知科学研究人类心智过程。当代人文社科各个领域受认知科学的影响,都发生了或正发生着一次认知转向。笔者认为,这次转向不仅仅是一次研究视野的转变,更是一次知识型的调整,从以语言学中心的后现代知识生产范式走向以认知研究为中心的科学知识生产范式。从认知美学相关视野出发,研究阿恩海姆早期美学,可重新激活阿恩海姆早期美学在当代文化视域下的理论价值与意义,促进阿恩海姆早期美学与当代认知美学完成一次对话。比如,阿恩海姆的"格式塔倾向"或"完形"放在当代认知美学视野来看,其实就是一种先验的完形认知,它为审美的认知理论提供了一个先验的认知机制,当然它也忽视了文化、环境、历史等外在因素对审美认知的作用。

---

① 舒也:《论视觉文化转向》,《天津社会科学》2009 年第 5 期。

本书的创新点有如下几点。第一，本书首次对阿恩海姆早期美学思想进行系统的梳理，弥补了国内阿恩海姆早期美学研究专著的空白，对阿恩海姆早期美学思想的困境及其与中晚期美学思想的异同关系进行专门探讨，为国内学者全面、深入理解阿恩海姆美学思想提供了一种参考。第二，从认知美学的视野出发，总结了阿恩海姆早期美学中的认知美学思想，探讨了完形认知、认知注意等问题，提出阿恩海姆早期的完形知觉是一种完形认知的新观点，其早期关于电影的部分幻觉理论建立在这一完形认知之上。国内研究者讨论了阿恩海姆的影像部分幻觉理论，但并未对其发生的认知机制进行研究。阿恩海姆美学思想的理论基础建立在完形心理学之上。完形心理学本身蕴含着认知科学的萌芽。从认知美学视野研究阿恩海姆早期美学思想的认知基础、认知注意是论文的创新点。第三，本书首次探讨了阿恩海姆早期关于审美感知的美学思想，指出了阿恩海姆早期审美感知理论的矛盾性与多元性。第四，对阿恩海姆早期新媒介艺术的作者美学思想以及媒介文化理论进行专题研究，第一次展现了阿恩海姆关于作者和媒介文化的美学观点，丰富了阿恩海姆格式塔心理学美学的内容。第五，在研究材料的引用上取得了一定的突破。国内研究者大都以阿恩海姆1957年出版的《电影作为艺术》为主要参考文献。事实上，此书并非一部专著，而是阿恩海姆早期欧洲电影学术活动的论文集，主要收集了德文版的《电影》一书的内容，同时加入了《活动》《预测电视的前途》《新拉奥孔》等论文。而作为阿恩海姆早期美学思想的另外两本主要著作的《电影批评文集》《无线电：声音的艺术》则被完全忽略了。《电影批评文集》1997年在美国出版，同样是一部论文集。该书分成两个部分，第一个部分讲电影理论，涉及声音、内容与风格、电影作者等问题；第二部分是电影批评，主要是对早期法国、德国、美国电影作品的批评。《无线电：声音的艺术》完成于1932年，1936年由英国出版。该书对新出现的广播艺术进行了专门探讨。这两本著作是阿恩海姆早期美学研究不可或缺的文献。遗憾的是，它们都没有中译本。笔者对《无线电：声音的艺术》进行了初步翻译，使得文章在文献材料上比国内既有的阿恩海姆早期研究更充实、更具说服力、更完整。

第二节　阿恩海姆早期美学研究现状

阿恩海姆作为20世纪著名的格式塔心理学美学的代表，他的思想被国内外广泛地研究，因此其美学研究在国内外已经相当丰富了，但其早期美学思想研究未能充分地展开。这一点对于国内外研究者都是如此。本节将展开国内外研究者在阿恩海姆早期美学思想研究的现状，以凸显其早期美学研究的可行性。

一　国内研究现状

阿恩海姆是格式塔心理学美学的主要代表人物，他的美学著作被翻译成意大利文、俄文、韩文、日文等多种文字，对世界、国内美学和艺术理论产生了重大影响。一个外国思想家在国内的研究始于其著作的译介概况。20世纪70年代末至80年代初，中国大陆刚刚从"文革"的黑夜中迎来白昼的黎明。知识分子对于真善美、知识的自律都充满了热忱的期盼与渴望。这为20世纪80年代新中国出现的第二次"美学热"打下了深厚的社会心理基础。这个时期，中国文艺学者怀着对新的文艺知识及其自律性的追求，大量翻译介绍国外美学论著。阿恩海姆的主要著作都在这个时期被翻译过来，受到广泛地传播，对中国文艺学界造成了不小的影响。根据资料显示，最早翻译阿恩海姆著述的是中央美术学院艺术史教授常又明。常又明1979年翻译了阿恩海姆《艺术与视知觉》一书中的"色彩"一章,即第七章,并于1979年首次在《世界美术》第2期上刊登了该章的1~6节。1980年,云南人民出版社以《色彩论》为名出版了该章的全部内容。《色彩论》一共11节,论述了艺术作品中色彩的情感性、色彩与形式的关系等问题。[①]《色彩论》是国内最早翻译的阿恩海姆文献。1980年李泽厚主编的"美学译文丛书""以近现代外国美学为主",出版了一系列外国美学著作。阿恩海姆的《艺术与视知觉》在丛书之列,于1984年由滕守尧和朱疆源翻译,中国社会科学出版社出版。对阿恩海姆思想的传播起始于常又明翻译的《色彩论》,发扬于李泽厚主编的"美学译文丛书"。阿恩海姆早期著作只有《电影作为艺术》在这个时期被翻译到中国学术界。截至目前,阿恩海姆著作的中译本有,《色彩论》(常又明译,1980年)、《电影作为艺术》(两个译本,即杨跃译本,1981年版;邵牧君译本,2003年版)、《艺术与视知觉》(滕守尧、朱疆源译,1984年)、《视觉思维——审美直觉心理学》(滕守尧译,1987年)、《走向艺术心理学》(丁宁、陶东风等译,1990年)、《中心的力量:视觉艺术研究》(张维波、周彦译,1991年)、《对美术教育的意见》(郭小平等译,1993年)、《艺术心理学新论》(郭小平、崔灿译,1996年)、《建筑形式的视觉动力》(宁海林译,2006年)。这些著作主要集中在阿恩海姆中晚期的美学著作,对早期美学著作的译介还比较薄弱,只有《电影作为艺术》翻译成中文,《无线电:声音的艺术》(*Radio: An Art of Sound*)和《电影批评文集》(*Film Essays and Criticism*)都还没有中译本。中译本构成国内阿恩海姆研究现状的一个基础。但就目前研究情况来看,受制于译介状况,较之于对阿恩海姆中晚期著作的思想研究而言,国内对阿恩海姆早期以新媒介艺术为中心的美学思想

---

① 参见[美]阿恩海姆《色彩论》,云南人民出版社1980年版,第46—54页。

研究还很薄弱。国内对阿恩海姆格式塔美学思想的研究主要集中于《艺术与视知觉》《视觉思维——审美直觉心理学研究》两本著作，对其早期《电影作为艺术》《无线电：声音的艺术》《电影批评文集》三本著作的美学思想研究还不够。

具体来看，国内对阿恩海姆美学思想研究主要呈现为三种路径，其早期美学就穿插在这三种研究路径之中。第一，美学史的概述，把阿恩海姆的美学思想放入西方美学史对其核心思想进行总览与介绍；第二，理论专题研究，通过专著、论文的形式对阿恩海姆格式塔心理学美学相关理论问题进行专题研究；第三，实践应用，把阿恩海姆格式塔心理学美学思想直觉运用到艺术欣赏、艺术设计等领域。本节将从此三个方面来考察国内对阿恩海姆早期美学思想研究状况。

首先，国内西方美学史著作对阿恩海姆的格式塔心理学美学思想进行了纲领性的介绍，但并未涉及阿恩海姆早期美学思想。这些美学史著作代表性的有朱狄的《当代西方美学》（1984年出版）、朱立元的《现代西方美学流派述评》（1988年出版）、张法的《20世纪西方美学史》（1990年出版）、曾繁仁的《西方美学论纲》（1992年出版）、刘纲纪主编的《现代西方美学》（1993年出版）、牛宏宝的《西方现代美学》（2002年出版）、刘悦笛主编的《视觉美学史》（2008年出版）等。也就是在西方美学史的书写中，国内学者都把阿恩海姆的中晚期美学思想作为代表，早期美学并未涉及。这种美学史的书写存在以偏概全的倾向，可以为读者呈现一个"概要"的阿恩海姆形象，但会忽视差异与多元的阿恩海姆。因此，可以说，当代中国西方美学史对阿恩海姆的书写是一种宏大叙事，忽视早期阿恩海姆的差异、多元，以创造一个完整、同一的阿恩海姆。这种美学史的写作的后果是以历史学家的权威为阿恩海姆美学思想进行判定，从而导致读者对阿恩海姆的同一、概况化的认识。因此，有必要对阿恩海姆早期美学进行专题研究，形成美学史书写之外的一种"差异叙事"，以纠正美学史的宏大书写或总体性书写。

其次，在理论专题研究方面，涉及探讨阿恩海姆美学思想中的电影美学、无线电艺术、视觉思维、艺术表现理论、美育、熵与艺术、视觉动力理论等专题。对这些专题的研究，国内研究主要以单篇论文的形式，以专著或著作的形式展开的研究并不多。但这些研究主题主要集中于阿恩海姆的艺术与视知觉的关系、艺术表现理论、张力理论、异质同构理论、视觉思维理论、美术教育理论。在张力理论方面，有宁海林博士专著《阿恩海姆视知觉形式动力理论研究》。这是一部纵向研究著作。该书作者抓住阿恩海姆《艺术与视知觉》前后两个版本对核心关键词使用的不同，从视觉动力出发，探讨了阿恩海姆视觉形式动力理论，认为"阿恩海姆视知觉形式的'完形倾向'是一种动力机制"，并"导致了对阿恩海姆视知觉形式理论一个全新的理解"[①]。另外，张朦朦的《解读阿恩海姆的张（动）力理论》（《现代装饰》2012年第10期）也对阿恩海姆的张力理论进行了研究。在视觉思维方面的研究论文，有滕守尧的《〈视觉思维〉一个新奇的知识领域》、黎士旺的《阿恩海姆"抽象"的"视觉思维"理论》（《南通大学学报》2006年第4期）、《论阿恩海姆的视觉思维对科学理论创新的启发和制约》（《教育理论与实践》2010年第8期）、刘晓明的《论视觉思维的创造性及其内在机制》（《浙江社会科学》1996年第6期）、傅世侠的《关于视觉思维问题》（《北京大学学报》1999年第2期）、汪振城的《视觉思维中的意象及其功能》（《学术论坛》2005年第2期）等。艺术理论方面的论文，代表性的有宁海林的《阿恩海姆艺术表现论述评》（《社会科学论坛》2008年第5期）、史风华的《论阿恩海姆的艺术观》

[①] 宁海林：《阿恩海姆视知觉形式动力理论研究》，人民出版社2009年版，第9页。

(《河南大学学报》2002年第2期)等。在美术教育方面的论文,有尹少淳的《夯实美术教育的基础——阿恩海姆美术教育思想述评》(《中国美术教育》1998年第4期)、曾琦的《阿恩海姆美术教育思想》(《太原师范学院学报》2006年第2期)、马善城的《阿恩海姆教育思想启示下的美术教育模式探索》(《美术教育研究》2011年第11期)、王琚的硕士学位论文《阿恩海姆美术教育思想及其启示》(2016年)、王博研的《阿恩海姆理论在中学美术教育中的应用》(2014年)等。值得一提的是,在理论专题研究方面,国内学者涉及阿恩海姆早期美学思想相关问题,但数量少,研究也不深入,其中以电影研究为主,无线电艺术关注的并不多。在电影方面,代表性的研究者是胡星亮、黄琳、史风华、邵牧君、姚国强、郑汉民、南野、宋家玲等学者。在这一研究路径内,阿恩海姆早期电影美学被作为西方电影理论史的一部分,被国内学者讨论。如胡星亮的《西方电影理论史纲》、黄琳的《西方电影理论及流派概论》、南野的《影像的哲学:西方影视美学理论》等。这些学者的电影理论史的书写皆把阿恩海姆的电影理论定位为早期经典形式主义电影理论。黄琳在其著述中总结了《电影作为艺术》的六大差异特性、十大功能和实践原则,指出阿恩海姆[①]的电影艺术理论:"偏重形式因素的孤立性、抽象性、静止地研究与忽略乃至反对内容的具体性、社会性、历史性的把握",指出"阿恩汉姆的艺术观是偏颇的。"[②] 南野的《影像的哲学:西方影视美学理论》对阿恩海姆的"电影心理学"做了非常简要的概括,谈及阿恩海姆的电影与现实的差异、反对电影技术进步、电影技巧等问题。书中,南野还对阿恩

---

① 国内对"Arnheim"的译名比较杂多,本书统一采用"阿恩海姆"这一译名,但在引用其他研究者的文献时,若出现其他译名,如有安海姆、阿恩海姆和爱因汉姆等,其皆指"阿恩海姆"。

② 黄琳:《西方电影理论及流派概论》,重庆大学出版社2008年版,第80、81页。

海姆有声电影理论提出了反对，认为阿恩海姆"反对与拒绝电影技术的发展更新，的确走向了一个极端"[①]。但南野的研究极其简略，缺乏深入细致的分析。宋家玲的《影视艺术心理学》也对阿恩海姆电影美学进行了研究。他把阿恩海姆的电影美学纳入格式塔心理学美学的范式，主要对阿恩海姆的局部幻象论、形象偏离说和电影艺术的若干原则进行了论述。但总体上比较简要，观点与其他学者重复，更重要的是没有发现早期阿恩海姆电影美学的形式主义面向。不严谨的是这些研究对阿恩海姆有声电影的认识出现了一些常识性的失误，如宋家玲认为"在 1938 年写的《新拉奥孔》一书中，阿恩海姆又从观众角度谈到了电影对话可能具有的优点，认为电影对话使观众充分地参与激动人心的事件"[②]。这种判断是错误的，首先《新拉奥孔》不是一本书，仅是一篇长 24 页的论文，字数在一万二千字左右。阿恩海姆也没有承认声音可能具有的优点，他只是提到了这种优点，但最后又否定了。这表现出国内目前的一些学者对阿恩海姆早期电影美学的研究还不够深入。史风华的阿恩海姆早期研究集中体现在他的《阿恩海姆美学思想研究》一书中。该书从宏观视野对阿恩海姆的视觉美学、艺术论、视觉思维理论、电影美学、美育论等思想进行了系统的梳理，对阿恩海姆早期美学思想有所讨论。但依旧是浅尝辄止，如电影美学一章，该书仅用了三节篇幅对早期电影美学等进行了概论式的讨论，主要对阿恩海姆研究电影的缘由、电影影像差异论及其电影美学的贡献与不足进行了讨论，对其早期的审美感知、作者美学思想、媒介美学、认知美学都未能涉及。难能可贵的是该书对阿恩海姆早期无线电艺术进行了专章讨论，这是国内目前唯一对阿恩海姆早期无线电艺术美学思想进行研究的文献。可惜的是，在该书中，作者并未对阿恩海姆的无

---

① 南野：《影像的哲学：西方影视美学理论》，中国传媒大学出版社 2009 年版，第 16 页。
② 宋家玲、宋素丽：《影视艺术心理学》，中国传媒大学出版社 2010 年版，第 101 页。

线电艺术进行深入的研究，如没有从听觉的审美感知以及无线电作者论美学等专题进行全面讨论，因而使其对早期美学思想关注的纵向深度与横向广度都还不够。该书对早期无线电美学思想研究的大部分内容来自阿恩海姆《无线电：声音的艺术》（Radio：The Art of Sound）一书的译介，未对其进行深入地提炼与梳理以及在此基础之上深入的讨论与研究，这使得《无线电：声音的艺术》（Radio：The Art of Sound）一书也未能完全展开。一些学者通过单篇论文的形式也对阿恩海姆早期相关美学进行了研究，如邵牧君在《论爱因汉姆电影艺术理论》一文中对阿恩海姆（爱因汉姆）早期电影著作写作的背景、电影美学基础、有声电影观进行了介绍，对阿恩海姆的电影影像特性论进行了驳斥，认为"爱因汉姆在《电影作为艺术》一书中用了整整两章（"电影和现实"和"一部影片的摄制"）来论证了他的这个结论。结论无疑是错误的"[1]。姚国强的文章《经典声音理论辨析——评爱因汉姆的电影声音观点》对无声片时期声音的艺术表现效果进行了梳理，并驳斥了阿恩海姆早期电影声音自然主义的论点。"声音艺术在心理刻画和纪实性方面的力量将会大大加强。但它决不应该是自然主义的，而应该是现实主义的。"[2] 郑汉民的文章则驳斥了阿恩海姆早期关于"完整电影"不能成为艺术的论点，指出了阿恩海姆得出此结论的时代局限性。[3]

以上学者的研究都部分的涉及了阿恩海姆早期美学的个别方面，但缺乏系统的研究，对无线电艺术关注还不够，也没有在纵向的深度上进行有意识的推进。在对阿恩海姆的早期电影美学思想的认识与判断也表现出重复、雷同的倾向，而且有些学者的研究并不严谨。这无

---

[1] 邵牧君：《论爱因汉姆的电影艺术理论》，《世界电影》1984年第4期。
[2] 姚国强：《经典声音理论辨析——评爱因汉姆的电影声音观点》，《北京电影学院学报》2003年第1期。
[3] 郑汉民、时鸣：《爱因汉姆电影理论悖谬的一次求解》，《浙江师范大学学报》2005年第1期。

疑是国内对阿恩海姆早期美学研究的缺陷与不足。

最后，在实践运用方面，国内研究者主要是运用阿恩海姆的格式塔心理学美学的相关原理进行实际的解读、欣赏、创作与设计，如动画创作、电影欣赏、平面设计、建筑设计等。这些文章中，有少量运用格式塔心理学美学进行电影批评的论文，这类论文主要是运用阿恩海姆的完形意志、色彩、构图、平衡等相关理论对电影审美效应进行批评实践，如徐展的《从格式塔心理学透视姜文电影的审美呈现》(《电影评介》2012年第13期)。它们并没有涉及阿恩海姆早期美学思想。

从目前国内研究现状来看，国内学者对阿恩海姆格式塔心理学美学思想研究集中于其中晚期格式塔心理学美学理论、视觉思维、视觉张力、艺术理论、美育理论、应用实践等领域研究，总体上对阿恩海姆早期美学研究明显不足。在既有的早期美学思想研究又以电影为主，对无线电艺术关注不够。在文献上，以阿恩海姆早期的《电影作为艺术》为主，其余两本著作则被遗忘了。在观点上，国内早期电影美学思想研究中又表现出重复雷同的倾向，忽视了阿恩海姆早期关于媒介、作者、审美感知等其他美学专题的讨论。在研究态度上，国内研究者表现出不积极、不严谨的态度。史风华对阿恩海姆早期无线电艺术的写作态度，大致也可看出国内主要研究者对阿恩海姆早期美学思想的研究态度，即认为阿恩海姆早期的美学思想并不重要。这种态度是极其错误的。与其说是早期美学思想不重要，不如说是目前国内研究者未能发现其早期美学思想的重要价值与意义。阿恩海姆早期美学作为其美学思想的初级阶段，对中晚期格式塔心理学美学思想的形成打下了基础。

二 国外研究现状

国外对阿恩海姆美学思想的研究主要集中在阿恩海姆中晚期的视觉美学、音乐美学、格式塔心理学美学等方面；另外对阿恩海姆学术生平的介绍性研究也比较突出。对其早期美学思想研究涉及早期电影艺术理论，对无线电广播艺术研究的并不多。根据现有资料，国外关于阿恩海姆美学思想的研究专著并不多，只有美国学者肯特·克莱曼（Kent Kleinman）的《鲁道夫·阿恩海姆：揭示视觉》[1]（*Rudolf Arnheim：Revealing Vision*）和美国学者沃斯德根（Verstegen）的《阿恩海姆、格式塔和艺术：一种心理学理论》（*Arnheim，Gestalt and Art：A Psychological Theory*）。第一本著作全面回顾了阿恩海姆一生的学术研究活动，包括早期媒介研究、视觉艺术理论、美学教育、个人美术创作、生活艺术等各方面的情况和成就。这本书对早期美学思想研究而言，是零星的介绍和短评，没有系统地深入讨论阿恩海姆早期美学。第二本著作讨论了视知觉形式动力在艺术中的表现。这些著作也主要关注的是阿恩海姆中晚期美学思想，对其早期美学思想研究并不多，如作者自己所言："这本书是通过一个活的格式塔心理学的镜头来呈现整个统一的阿恩海姆美学。这项工作是一个尝试，使这一理论统一起来。我开始察觉到，在阿恩海姆的研究中，有一种统一的方法，它的中心思想是知觉动力学的概念。"[2] 很明显，作者虽然主张整体上把握阿恩海姆，但其实只是以阿恩海姆中晚期的知觉动力理论展现其中晚期美学思想，早期美学完全没有顾及。因为阿恩海姆在早期美学思想中还没有产生成熟的知觉动力理论。这种写作范式与我国学者对阿恩海姆美学史的总体性叙事如出一辙。值得一提的是，该书最后对阿恩海姆的生平进行了细致的梳理，这是了解阿恩海姆早期社会经历的最好文献。在国外有很多单篇论文对阿恩海姆的美学思想进行了研究，但大

---

[1] Kent Kleinman、Leslie Van Duzer，*Rudolf Arnheim：Revealing Vision*，University of Michigan，1997.

[2] Ian Verstegen Arnheim，*Gestalt and Art：A Pscychological Theory*，Spring Wien Press，2005，p. 5.

多依然停留在对其中晚期思想的介绍、赞美或批判性的反思上,并没有涉及其早期美学思想,如斯蒂文·拉尔逊(Steve Larson)的《为纪念鲁道夫·阿恩海姆对音乐理论的贡献而写的文章》(*Essays in Honor of Rudolf Arnheim On Rudolf Arnheim's Contribution to Music Theory*)对阿恩海姆音乐美学理论上的贡献进行了研究;卡塔尔多(Cataldo)的书评《阿恩海姆的建筑形式的动力》(*The Dynamics of Architectural Form by Rudolf Arnheim*)对阿恩海姆晚期的格式塔心理学建筑美学进行了研究;拉尔夫·A. 史密斯(Ralph A. Smith)的《视觉的力量:礼赞阿恩海姆》(*The Power of Vision:In Praise of Rudolf Arnheim*)对阿恩海姆中期的视觉思维理论进行了研究。该文肯定了阿恩海姆对"感知不仅仅是感知的记录,而是一种产生概念的高度智能化的活动"[1]的观点。雄恩·麦克尼夫(Shaun McNiff)的论文《赞美鲁道夫·阿恩海姆的生活和工作》(*Celebrating the Life and Work of Rudolf Arnheim*)对阿恩海姆在视觉艺术理论上的贡献给予短评与介绍。作者表明认同阿恩海姆格式塔心理学美学的相关知觉原则,同时他指出他"试图去展示这些原则如何应用于每一种艺术形式而不仅仅是视觉艺术"[2]。多伦多大学丘普奇科(Cupchik)教授《对阿恩海姆格式塔美学的批判性反思》(*A Critical Reflection on Arnheim's Gestalt Theory of Aesthetics*)一文是国外阿恩海姆美学思想批判性研究的代表作。该文既对阿恩海姆的理论进行了简要概述,也进行了具有深度的反思性批判。当然这篇文章依然是以阿恩海姆中晚期思想为主要研究对象,早期思想仅仅被作者以一个段落的篇幅进行了极其简单的介绍。他认为"阿恩海姆首要的重要贡

---

[1] Ralph A. Smith, "The Power of Vision:In Praise of Rudolf Arnheim", *Journal of Aesthetic Education*, Vol. 27, No. 4, 1993, p. 2.

[2] Shaun McNiff, "Celebrating the Life and Work of Rudolf Arnheim", *The Arts of in Psychotherapy*, Vol. 21, No. 4, 1994, p. 248.

献是电影理论。他主要关注电影中纯形式和技术对观众经验造成的特效效果"①。在这里,阿恩海姆早期对无线电声音的艺术的美学思想被遗忘了。真正阿恩海姆早期美学思想研究大多集中于电影艺术理论,如一些美国电影艺术学院对阿恩海姆早期电影理论进行了研究。加利福尼亚州立大学电影与电子艺术系的约瑟(Jose)教授,作为阿恩海姆的学生,他对其老师阿恩海姆的生平有比较丰富的研究,其中涉及了阿恩海姆早期的学术活动。赫穆特·迪德里奇(Helmut H. Diederichs)教授对阿恩海姆《电影作为艺术》的不同版本进行了研究。美国约翰·费尔(John Fair)是旧金山州立大学电影学教授,他的妻子是阿恩海姆的学生。他曾经邀请阿恩海姆到旧金山州立大学进行讲学。这次讲学的记录被约翰·费尔(John Fell)发表在《电影历史》期刊上。文章记录了阿恩海姆与观众之间对电影的声音、色彩等问题的辩论,是了解阿恩海姆早期电影美学的资料。②美国的洛兰·鲁斯(Ruth Lorand)教授《书评:电影批评文集》一文对阿恩海姆早期著作《电影批评文集》一书进行了评论。鲁斯评论"此书中没有一个情节也没有一个理论要讲","尽管他对电影的批评相当苛刻,但或许正因为这种苛刻,才显示出阿恩海姆对电影的真正热爱"。③

上述研究情况主要集中在英语学术界。不同的是,在意大利,对阿恩海姆早期电影美学研究却比较突出。意大利对阿恩海姆早期电影美学研究最为系统。这可能跟早期阿恩海姆任职于意大利电影教育国际学会有关。意大利米兰圣心天主教大学(Universita Cattolica del Sacro

---

① Gerald C. Cupchik, "A Critical Reflection on Arnheim's Gestalt Theory of Aesthetics", *Psychology of Aesthetics, Creativity, and the Arts*, 2007, p. 2.

② John Fell, "Rudolf Arnheim in Discussion with Film Students and Faculty", *Film History*, 1965, p. 11.

③ Ruth Lorand, "Book Review: Film Essays and Critism", *The Journal of Aesthetics and Art Criticism*, Vol. 56, No. 4, 1998, p. 415–417.

Cuore）安德里亚诺·阿罗亚（Andrea Arroia）教授是该大学信息传播与表演艺术系的青年学者。他在意大利创办了一个研究阿恩海姆美学的双语（意大利与英语）网站[①]。该网站把研究重点放在阿恩海姆早期电影美学思想。该研究机构收集整理了大量阿恩海姆早期在电影研究方面的资料，"其中包括一些由于战争等原因而没有出版的文件，其中最珍贵的莫过于20世纪30年代阿恩海姆在意大利罗马的国际电影研究所所编写的电影百科全书，由于战争，这些文字从来没有公开出版。阿恩海姆早期在德国发表的一些论文也得到了有效的整理。这些宝贵的资料对研究早期电影的发展以及阿恩海姆的早期思想具有不可估量的价值"[②]。意大利学者的电影研究全面肯定了阿恩海姆在电影方面及意大利语写作方面所取得的成就。他们的研究走在各国研究的前列。很显然，国外阿恩海姆研究总体上也主要集中研究阿恩海姆中晚期以绘画、建筑为核心主题的格式塔心理学美学思想，对阿恩海姆早期格式塔心理学美学思想有所关注，但关注的还不够，而且这些研究只涉及了阿恩海姆早期电影美学，完全没有提及阿恩海姆早期关于无线电艺术的相关美学专题。

综上所述，国外对阿恩海姆美学思想的研究跟国内状况相似，首先集中于其中晚期格式塔心理学视觉艺术理论的研究。在早期美学研究上，主要集中对阿恩海姆早期电影艺术美学思想的研究，基本忽视了对无线电艺术的早期美学思想研究，也未专门讨论其早期视听审美感知、媒介理论、作者美学、认知美学以及早期与中晚期美学差异等问题。可见，到目前为止，国内外阿恩海姆研究都还没有出现一部专门讨论阿恩海姆早期美学思想的专著，阿恩海姆早期美学思想在国内

[①] 参见 https：//www.rudolfarnheim.it/。
[②] 史风华：《阿恩海姆美学研究的现状》，《中国中外文艺理论学会年刊》（会议论文）2009年版。

外还有待充分的展开。

第三节　本书结构安排

本书分为三个部分，即绪论、内容主体和结语。主体内容部分一共有七章，分别讨论了阿恩海姆早期美学思想的学术背景和理论基础、阿恩海姆早期审美感知理论、早期格式塔心理学简化美学原理、早期作者论美学思想、早期媒介美学思想、早期认知美学思想以及阿恩海姆早期与中晚期美学思想的关系研究。

第一章是绪论，主要对阿恩海姆早期美学研究现状、本书创新点、研究意义等问题进行概述。

第二章对阿恩海姆早期美学思想的背景和理论基础进行了梳理与介绍。阿恩海姆早期美学主要以电影和无线电两种新媒介艺术为研究对象。现象学、德语世界的艺术史研究、早期先锋电影艺术实践构成了阿恩海姆早期美学的学术背景。格式塔心理学和西方形式主义美学既是阿恩海姆早期美学的背景也是其理论基础。在本章，笔者把格式塔心理学和西方形式主义美学看作是阿恩海姆早期美学思想的两个核心理论基础进行了介绍。值得一提的是，形式主义美学构成了阿恩海姆早期非常重要的理论基础。这一点与中晚期格式塔心理学美学的形式主义特征并不相同。也就是说，形式主义美学对阿恩海姆早期和中晚期具有不同的地位和作用。

第三章对阿恩海姆早期电影、无线电艺术中的格式塔心理学美学原理进行了总结，展现了阿恩海姆早期对格式塔心理学理论的运用。阿恩海姆早期美学思想主要运用了格式塔心理学的完形倾向理论，找到了电影作为艺术的心理学基础。但同时，在本章，笔者指出阿恩海姆早期简化美学原理并非真正的格式塔心理学简化原理的美学运用，而是存在一种形式化的简化美学原理。这种原理的主要特征关注艺术作品纯粹形式的简单，而不是把简化看作是主体与客体交互作用中的简化加工能力。总体而言，阿恩海姆早期对格式塔心理学原理的运用并不全面，掺杂了形式主义美学思想，因此使其早期美学思想呈现多元、丰富的特征。

第四章讨论阿恩海姆早期审美感知理论，主要涉及电影的视觉审美感知和无线电艺术的听觉感知。讨论了影响审美感知的形式因素、阿恩海姆审美感知的形式性质及其美感的来源。阿恩海姆早期的审美感知论是一种普通的形式审美直觉感知，其美感来源于主体对艺术对象有意味的形式的直觉把握。它不同于中晚期的视知觉完形能力的加工。

第五章讨论了阿恩海姆早期关于电影和无线电艺术作者美学。在作者层面上，阿恩海姆对不同的艺术形式提出了不同的作者观，如他坚持认为电影的作者是一个集体、团队，导演、演员、编剧、灯光师等参与人员都分享了作者的身份。电影的作者并非霸权式的导演。而针对无线电这种声音艺术，他却持有一种霸权式的编剧中心主义，以文本作者为主要的绝对作者，贬低无线电导演、演员、播音员在艺术中的创造性作用。阿恩海姆早期媒介艺术作者理论因不同媒介艺术对作者做出了不同的规定，表现出很多的张力、多元的特征。

第六章讨论了阿恩海姆早期媒介艺术美学思想。媒介艺术美学一般分为乐观主义、悲观主义和温和客观的中立派。阿恩海姆属于客观温和的中立派。但国内媒介研究并未对阿恩海姆早期温和客观的媒介艺术美学思想引起足够的重视。事实上，在20世纪30年代，阿恩海姆早就与法兰克福学派的悲观派与本雅明的乐观派形成了三足鼎立，对媒介文化及其美学思想进行与之完全不同的客观的理性的现象学的描述。阿恩海姆既对新媒介的文化功能持乐观的态度，也对其消极方面持否定的悲观态度，这种观点让他对媒介文化、大众文化能够以一种冷静的眼光审视，避免了片面的极端态度。早期阿恩海姆温和客观的媒介美学思想应该在媒介文化研究史上占有一席之地。

第七章从当代认知美学出发，考察了阿恩海姆早期以格式塔心理学、形式主义美学为基础的认知美学，主要讨论了阿恩海姆影像的完形认知、审美认知注意和作为直觉的审美认知等问题。他的完形认知美学指出了主体审美认知过程的无意识性加工模型，丰富了当代认知美学的思想与内容，对当代认知美学挖掘人类的审美认知的规律提供一个新的视角与路径。

第八章是对阿恩海姆早期美学与中晚期美学思想的转向、异同关系的整体思考的一章。它通过前面章节对阿恩海姆早期美学思想几个主题的横向切入，让我们看见其早期美学主题、美学基础、美学原理、学术对象与中晚期的差异与同一，分析了阿恩海姆早期美学转向的深层原因以及在其整个美学阶段的地位。通过梳理早期与中晚期几个主要美学问题的差异，如表现论、简化美学原理等，文章的意图在于展现阿恩海姆早期美学作为格式塔心理学美学初级阶段的多元与矛盾，以及它对中晚期美学的奠基性作用，最终完成对阿恩海姆整个美学思想的透视与理解的深化。

结语部分是对阿恩海姆早期美学思想的贡献、不足及其当代价值的总结。

第二章　阿恩海姆早期美学背景、影响和理论基础

每一种思想的诞生都不是超验王国里某个神秘他者的撒播，而是作者在其浸润的社会中人生遭际、时代精神以及思想话语相互碰撞的结果。研究阿恩海姆的早期美学，不得不对阿恩海姆早期美学产生的学术背景及其影响进行考察。这方面的考察可从三个方面入手，即阿恩海姆在创作早期相关著述时学术界主流的哲学话语，主要涉及现象学哲学；阿恩海姆在创作早期相关著述时学术界主流的美学话语，主要涉及德国 19 世纪到 20 世纪初的艺术史研究相关话语；阿恩海姆在创作早期著述时，与之同时代的相关新媒介艺术实践活动，主要涉及 20 世纪 30 年代之前的电影史及电影理论。阿恩海姆早期学术研究活动时间并不长（1928—1940），研究对象主要有电影、无线电艺术两种新媒介艺术。阿恩海姆早期美学思想是指阿恩海姆运用格式塔心理学结合形式主义美学对新媒介艺术进行初步研究。因此，格式塔心理学是其早期美学思想的理论基础。形式主义美学思想也对阿恩海姆早期美学造成了不可低估的影响，但阿恩海姆本人并没有对其进行指明，形式主义美学理论作为一个隐性的理论幽灵引导着阿恩海姆早期的美学思想。

第一节　早期美学思想的理论背景及其影响

每个美学家的思想都受到其他思想的影响。这些思想作为背景和资源影响着美学家美学思想的形成、特征，甚至是矛盾。因此，从理论背景入手对了解一个美学家的思想是研究者的基础工作。阿恩海姆早期生活在20世纪初的欧洲，此时期欧洲的文化、艺术、哲学正经历着天翻地覆的变化，如胡塞尔的现象学哲学理论在欧洲正如火如荼地上演；此时期法国人发明了电影，阿恩海姆的青年时期，正是无声电影的时代，关于电影的各种流派和理论作为其理论背景也影响到阿恩海姆本人的早期美学思想；德国艺术史的心理学主义研究路线和形式主义路线在欧洲已成为重要的艺术史理论研究方法，而阿恩海姆本人也在这一学术背景下成长，其艺术研究方法和理念必然会影响到阿恩海姆。接下来，本章将一一考察阿恩海姆早期美学思想诞生的背景及其影响。

一　现象学理论

格式塔心理学受到了当时德国流行的以胡塞尔（Husserl）为中心的现象学哲学的影响，尤其是胡塞尔现象学的本质直观思想对格式塔心理学影响甚大。李维对这种观点有所认识，他说："它的（格式塔心理学）哲学基础导源于现象学，并用大量的研究成果丰富和充实了现象学，遂使欧洲逐渐形成一股现象学的心理学思潮。"[①] 胡塞尔现象学哲学的最终目的是把现象学建构成一种"哲学方法"，即"通向认识真理的一条道路"。这里的真理不是自然科学的真理，而是"彻底的没有成见的认识"，一切自然科学的或其他意见的确证的始基与来源。胡塞

[①] ［德］考夫卡:《格式塔心理学原理》，李维译，北京大学出版社2010年版，第11页。

尔现象学一般分为两个阶段，即早期的静态现象学和晚期的动态现象学阶段。静态现象学即意识结构的纯粹描述与呈现。而动态现象学其动态在于时间维度的流变，即从时间意识分析意识的结构，原初印象、滞留、前设成了纯粹时间意识的结构。动态现象学或发生现象学是以时间意识分析为特征，是本体论性质的意识分析，为知识、认识科学寻找一个非自然主义态度的具有绝对的客观性和普遍性的知识的基础。胡塞尔的现象学必须清除心理主义和自然主义态度中的成见，而这样一种任务只能由现象学的还原方法来完成，使得现象学作为一种真正的哲学是一种严格的科学。胡塞尔认为，为了达到这一目的只能通过现象学还原进入纯粹的先验意识领域。知识科学以及客观性都要从纯粹的先验自我得到奠基。因此，现象学方法一般可简略为两个步骤，即本质还原和先验还原。本质还原去掉自然主义态度，先验还原则去掉了意识存在的设定。自然主义态度把外在的对象当作自在存在的对象，认为它是无须以人的意识为存在前提的自在存在的客观对象。人死了也是存在的。一朵花的绽放，即使我没有看见它的绽放，也是在绽放的，不以我的意识为转移。要去掉这种自然主义的态度，就需去掉主客二元对立的思维及其蕴含的实在对象的自在性，因而悬搁这种自然主义态度对外在实在物存在的自在设定后，再排除主观的心理主义从而直观地看，就是内在地看。从现象学的本真的意识本身来看，直观对象，既确保了意识的独立性、对象的内在性，为明见性奠定了基础，也消除了主客二元对立的思维方式。在现象学还原过程中，胡塞尔强调直观的作用。传统直观理论认为，直观是低级的经验主义的感知，是为逻辑、概念等理性的高级认知活动提供感性材料的基础性感知。胡塞尔的直观是本质直观，这种直观能够直观事物的普遍的本质观念，如红色的苹果，本质直观可以直观到"红"这个普遍的观念，这个红不以人的改变而改变。"现象学是在对象对意向意识的如何显现之中来考察对象，就是说，现象学不仅直向地询问对象，而且询问对象的'认识方式'。而作为本质直观的方法，现象学从这个意识关系中揭示先天之物。"[1] 本质直观不是一种直觉、感觉地去感知，也不是一种心理学意义上的心理感知，这种感知总是一种个别物、个别感性质素的感知，本质直观所看到的是一种纯粹观念世界，即本质的自身呈现。因为本质自在、自身呈现，因而意识的直观切中对任何人而言都是明见的，因而本质直观超越了唯我论、相对主义，而具有了一种普遍的、绝对的明见性。胡塞尔的现象学用无中介的直观取代概念的推论和玄虚的思辨，悬置各种成见和前概念，追求绝对公正的中性观察和直观描述是胡塞尔自始至终的根本立场，在这个意义上胡塞尔的"事物"就是非外在的物理的、实在的对象，绝非心理学意义上的心理表象，而是非外在的非心理的独立于两者的纯粹观念、本质、类、范畴，它们是内在的由内感知直观地切中的。不是超越的，超越的就是外在的，外在的就没有明见性。超越的感知对象是意向朝向意识之外的对象的感知。

胡塞尔的这种本质直观学说强调了直观中的对象的非心非物的超二元论色彩，对格式塔心理学知觉的先验性和直觉性、整体性的影响是很大的。格式塔的知觉非个别元素的知觉，而是整体的知觉，超验了主客二元论。同时在知觉对象中，知觉感知到对象并非纯粹心理的也非纯粹物理的对象，而是心物的统一物，这个物就如同现象学的先验自我构造的意向性客体之物一样。格式塔知觉的直觉性，对成见、过去经验的排除也与现象学的还原方法类似，而格式塔心理学主张的知觉先验的完形组织功能也与胡塞尔的先验自我的构造性功能相似。本质直观强调在直观中切中普遍的明见的本质，而格式塔知觉也强调在知觉的感知中一下子把握对象的本质。这些理论上的相似性都可以

---

[1] ［德］埃德蒙德·胡塞尔：《现象学的方法》，倪梁康译，上海译文出版社2016年版，第30页。

明显地看出格式塔心理学对胡塞尔现象学理论的吸收与借鉴。阿恩海姆早期美学思想的理论基础之一就是格式塔心理学，这种理论间的关联让阿恩海姆的美学思想受惠于现象学哲学及其思维方法。阿恩海姆本人也提到了胡塞尔的本质直观理论，并对其进行了赞许："直觉是人类智慧的最高层次，因为它达到了对先验本质的直接把握，而我们经验中一切事物之呈现正是由于这些先验本质。在20世纪里，胡塞尔（Edmund Husserl）学派的现象学家们又声称，本质直观是通向真理的可靠之路。"① 阿恩海姆在此处提及胡塞尔的本质直观，显然是在为自己知觉的整体性、直觉性寻找相似性的理论话语认同。当然，我们也就不能认为阿恩海姆的"格式塔倾向"就跟胡塞尔的本质直观是等同的，两者的差异也是巨大的。胡塞尔的现象学更具有理性主义传统的抽象思维，而阿恩海姆继承了西方近代以来实验心理学美学的实证性和科学性的特征。

二 19世纪末德国艺术史理论研究

要更全面地了解阿恩海姆早期美学思想的前因后果，就需要从更广阔的学术背景出发，对阿恩海姆早期美学思想形成的背景做更周全地了解。阿恩海姆早期美学还以19世纪欧洲艺术史理论研究为背景，主要是德国艺术史研究中的形式主义理论和心理主义理论。国内两位阿恩海姆美学思想的研究者史风华和宁海林都对近代科学对阿恩海姆思想的影响进行了论述。② 因此，笔者不再赘述。考虑到阿恩海姆本人是德国人，德语是其母语，早期学术活动主要都在德国，因而本文认为德语国家的艺术史研究传统是影响阿恩海姆早期美学思想的最重要

---

① ［美］阿恩海姆：《艺术心理学新论》，郭小平等译，商务印书馆1996年版，第17页。
② 关于哲学与科学对阿恩海姆思想形成的影响，可参见史风华《阿恩海姆美学思想研究》和宁海林《阿恩海姆视觉形式动力理论研究》两本书的相关章节。

学术背景之一。笔者将对这一艺术史研究传统及其对阿恩海姆的影响进行简易的论述。

19世纪50年代伊始，欧洲文化艺术界发生了重要变化，"多年来被人们所崇尚的思辨理性受到普遍怀疑，多年来被思辨理性所压抑的直观感性开始重新复活。"① 这个时期实验美学兴起，自下而上的研究方法方兴未艾。实验美学强调对艺术的审美经验的分析。它对19世纪早期的形式主义美学产生了影响。由于抛开了形而上学思辨传统对美的本质的抽象论述，使得这个时期形式主义美学理论家能够把美学的核心问题放在形式与美感之间的关系之上，"认为美感是建立在形式之上的，审美判断只是对形式的判断。"② 在这种历史条件下，"形式理论在德语国家的艺术评论家和艺术家费德勒、希尔德勃兰特、李格尔、沃尔夫林、沃林格以及艺术心理学家李普斯、费歇尔等人的研究中建立起来"③。他们代表了德国此时期视觉艺术研究的两条路线。以费德勒（Federer）、希尔德勃兰特（Hildebrand）、沃尔夫林（Wolfflin）、李格尔（Riegl）为代表的形式主义路线，着眼于视觉形式的结构分析，认为艺术的本质在于其形式。以费歇尔（Fischer）父子、李普斯（Lipps）、沃林格（Worringer）为代表的心理主义路线利用移情心理学相关理论成果，以主体的内在情感阐释艺术作品的形式，认为形式是主体情感的外化。德国视觉艺术研究不仅是纯形式的研究，抛开社会、文化、政治、经济、伦理道德、时代精神等外部因素，从知觉的视角出发对形式进行探讨，同时还对把形式看作是主体内在精神的体现，把形式看作是"有意味的形式"。

费德勒（Federer）是德国艺术理论家。他反对黑格尔理性主义哲

---

① 彭立勋：《西方形式美学》，南京大学出版社2008年版，第211页。
② 牛宏宝：《西方现代美学》，上海人民出版社2002年版，第29页。
③ 曹晖：《视觉形式的美学研究》，人民出版社2009年版，第1页。

学对艺术抽象的认知活动,认为哲学家把自己建构的理论运用到艺术解读之中,"通过这样的工作,他满足了知识的要求,然而,他的努力却不会增加他对艺术本身的真正理解"①。费德勒认为只有用艺术家的观看方式才能真正增加对艺术的理解。这种观看方式是"形相世界的清晰与他个人内在精神的必需在视觉观念中合二为一"②。艺术家的这种观看方式就是一种"格式塔"观看方式。在运用格式塔的眼睛观看时,主体的观看不是对对象的某个局部部位的分裂地观看,而是对艺术品整体结构关系瞬间直觉的全局或总体把握。费德勒的"格式塔"概念强调了知觉的直觉性与整体性特征,这与阿恩海姆的格式塔内涵是相同的。格式塔本身就是一个德语词,它的基本内涵在德国文化传统中被延续下来,并且被格式塔心理学派韦特海默(Wertheimer)以及阿恩海姆所接收、沿用。费德勒与阿恩海姆两人的相似之处表明了阿恩海姆受到费德勒影响,或者说受到德国艺术史研究传统的影响。但是两人的概念还是有差异的。"费德勒理论暗含着德语国家的传统思想,即找寻视觉形式与人的精神结构的对应关系,用形式来体现对世界和生命的认识,体现出文化史的内涵,而阿恩海姆的理论完全是艺术心理学范畴的。"③

沃尔夫林(Wolfflin)是德语国家中最重要的形式主义美学理论家之一。他的老师是瑞士著名历史学家布克哈特(Burckhardt),他注重从社会风尚等外部因素出发,对人类文化艺术的变更提出阐释。沃尔夫林受到希尔德布兰德的《形式问题》的影响。沃尔夫林曾经热情赞美《形式问题》一书,认为该书的出现带来了一种新的研究艺术的方法。沃尔夫林艺术史的主要研究方法是,从视觉方式的角度阐释视觉

---

① 张坚:《视觉形式的生命》,中国美术出版社2004年版,第30页。
② 张坚:《视觉形式的生命》,中国美术出版社2004年版,第40页。
③ 曹晖:《视觉形式的美学研究》,人民出版社2009年版,第6页。

艺术形式风格的转变，致力于"发展一种极端细致的视觉形式分析方法"①。他认为"视觉也有自己的历史"②，艺术家的视觉观看方式是艺术创作的基础，它制约着艺术作品，因此只有从艺术家的视觉观看方式出发才能真正理解艺术风格的变迁历史。沃尔夫林根据视觉方式的变化发展归纳出五对二元辩证关系的范畴，来描述文艺复兴时期与巴洛克时期艺术风格的变迁。这五对二元范畴是，线描与图绘、平面与纵深、封闭与开放、多样性与同一性、清晰性与模糊性。这五对范畴体现了从文艺复兴时期到巴洛克时期艺术家视觉观看方式的变化与不同，它们制约着每个相应时期的艺术品的风格。但是它们没有高低贵贱之分，其中并没有任何价值高低判断。沃尔夫林运用视觉方式分析艺术风格历史的变迁，实质上是在强调视知觉的不同风格对艺术品风格的影响。视觉的风格就是艺术的风格。阿恩海姆一生的学术著作都重视视知觉的分析，只不过阿恩海姆着重强调了视知觉与艺术形式方面的完形关系，强调视觉观看的动力、简化组织本能，他早期也把艺术作品的观看看作是一种视知觉的形式感知。从两人都强调视知觉的重要性来看，阿恩海姆无疑受到了德语国家视觉形式主义美学的影响。

李格尔（Riegl）是奥地利艺术史家，与沃尔夫林处于同一时代，他的艺术史研究方法包括艺术意志的概念受到沃尔夫林的赞誉。《风格问题》《罗马时期工艺美术》《荷兰集体肖像画》是其思想的代表作。李格尔与沃尔夫林的艺术史研究具有同样的倾向，都致力于寻找千变万化的艺术品形式风格背后统一的原则与规范。不同于沃尔夫林的"视觉方式"，李格尔提出了他的艺术史理论中的核心概念，即艺术意志。李格尔的艺术意志概念的含义是一种具有心理主义色彩的形式自

---

① 张坚：《视觉形式的生命》，中国美术出版社2004年版，第79页。
② ［德］沃尔夫林：《艺术风格学导言》，潘耀昌译，中国人民大学出版社2004年版，第13页。

身发展的取向。艺术意志实质上就是艺术形式本身的发展意志，即形式的意志，是一种拟人化的表达。"艺术意志是自足地产生的，不是一种对外在于艺术本身的目标的反应，艺术意志与诸如传达观念、模仿自然、服务外在于视觉形式创造和欣赏的功能等目标都没有关系。"[①] 艺术意志推动着艺术形式的发展变化。李格尔从心理学吸取养分，把这种发展变化呈现为三对二元概念，即触觉的与视觉的、近距离观看与远距离观看、平面和空间。不难看出，李格尔的艺术意志与阿恩海姆的"格式塔倾向"具有某种相似性。

费德勒、希尔德勃兰特、沃尔夫林和李格尔的形式视觉美学继承了康德（Kant）美学的传统，"从主体知觉角度探索艺术家在审美创造过程中知觉方式的变化对艺术形式所构成的影响"[②]。这一研究路径对阿恩海姆艺术与视知觉关系的分析构成了重要影响。19世纪末20世纪初，德语国家艺术史研究的另一传统是心理主义或称感觉主义。艺术史形式主义研究都强调艺术形式、风格发展的内在的自律规则，艺术史理论家以一种客观冷静的态度面对眼前的艺术作品。因为只有冷静客观的态度，才能排除对艺术品的情感体验、内在精神向度的投瞩。正因为形式主义研究排除了社会内容、情感体验，使得他们的艺术史研究是不全面的。心理主义弥补形式主义研究的盲点与不足，主张从主体的生命情感出发阐释艺术形式问题，认为艺术形式是主体生命、情感、意志的感性外化。心理主义艺术史研究传统主要代表人物是费歇尔父子、李普斯、沃林格。

费歇尔（Fischer）父子反对形式主义艺术史研究传统，认为形式主义者把美寄托在艺术作品纯粹形式之上而忽略主体的情感因素，是错误的。费歇尔父子并不否认艺术作品形式因素的作用，而是认为艺

---

① 张坚：《视觉形式的生命》，中国美术出版社2004年版，第96页。
② 曹晖：《视觉形式的美学研究》，人民出版社2009年版，第6页。

术形式是基础,只有在主体"移情作用"的影响下,艺术形式的美才产生。"审美主体从来不会只以视觉的和计算的官能来感知对象,而是用他自由的、理想化的和协调的性格和禀赋来感知它。"① 李普斯继承并扩展了费歇尔父子的移情学说。不同于形式主义者把艺术形式的历史演变归为艺术的自足的形式意志,李普斯把艺术形式历史变迁归为审美主体的移情作用。由此,他认为波形线条之所以让人感觉到美,是因为审美主体把自己的内在的情感移置进线条之中的结果。言下之意,李普斯认为任何艺术形式,色彩、形状、点、面等因素,都是因为主体情感的移入。自然物体对象,重峦叠嶂的山脉、在清风中吹拂起舞的柳条、悲伤的色彩等皆是审美主体移情的结果。这种论述,跟阿恩海姆对艺术与视知觉关系的研究很相似。但它们的相似是表面的,因为李普斯强调外在形式之所以具有情感特征是因为主体情感的投射,而阿恩海姆认为艺术作品的形式的内容、精神象征来自主体内在生理力与艺术品外在物理因素中异质同构的张力。每一个艺术品都是一个完形,每一个"完形"都是一个主体与作品交互作用影响的力的式样。这种力是艺术作品象征与表现的基础。李普斯更偏重从情感心理学对艺术品的情感及其审美进行说明,而阿恩海姆则从生理学、物理学、格式塔心理学对艺术与主体的审美交互关系进行说明。可以说,阿恩海姆的生理学倾向,在一定程度上为李普斯的移情学说提供了更加科学化的论证。阿恩海姆可能会说,主体之所以会移情,就在于主体在观看时引起的内在生理力在心理层面上的对应物。这种对应物与外在对象的形式方面的组织形成的力也是同构的。虽然两人在内涵上存在巨大的不同,但他们都表现出从艺术与主体的交互关系出发看到审美、艺术问题。阿恩海姆中晚期对"移情说"的批判以及早期从形式出发

---

① 张坚:《视觉形式的生命》,中国美术学院出版社2004年版,第122页。

研究作品情感、内容的方法都显示出阿恩海姆受德语国家心理主义艺术史理论研究背景的影响。

沃林格（Worringer）是德国艺术心理学家，他的最知名的著作即《抽象与移情》。在《抽象与移情》一书中，沃林格接受了费歇尔父子、李普斯的移情学说，但他在移情之外，还提出了"抽象冲动"，认为艺术创作活动受到人类深层心理需求的推动。如此，在沃林格那里人类艺术活动就受到了两种深层的心理需求的影响，即抽象与移情。沃林格借用李格尔的"艺术意志"范畴来命名人类深层次的心理需求与需要。"对于'绝对艺术意志'人们应理解为那种潜在的内心要求，这种要求是完全独立于客体对象和艺术创作方式的，它自为地产生并表现为形式意志。这种内心要求是一切艺术创作活动的最初契机。"① 沃林格关于艺术意志的思想对阿恩海姆的格式塔心理学美学有明显的影响。阿恩海姆说："我们要感激沃林格，因为他指出了，在特定条件下抽象的形式可以是逃避生命的象征，但是我们现在明白了，从基本的和典型的意义上说，它之所以被采用是处于相反的目的。抽象是将一切可见形象感知、确定和发现为具有一般性和象征意义时所使用的必不可少的手段。"② 牛宏宝也指出阿恩海姆受沃林格的影响："我们看到了阿恩海姆的视知觉的完形倾向于沃林格的'抽象冲动'的'形式意志'之间，在美学精神上的内在一致。"③

阿恩海姆的早期美学思想是格式塔心理学美学的组成部分；阿恩海姆是德国人，母语是德语，其格式塔心理学美学明显受到了德语国家艺术史研究形式主义与心理主义美学思想的影响，因而其早期美学

---

① ［德］沃林格：《抽象与移情》，王才勇译，辽宁人民出版社1987年版，第10页。
② ［美］阿恩海姆：《艺术心理学新论》，郭小平、崔灿译，商务印书馆1996年版，第77页。
③ 牛宏宝：《现代西方美学》，上海人民出版社2002年版，第315页。

思想受到德语国家艺术史两条研究传统的影响是毋庸置疑的。形式主义者注重从知觉分析出发研究艺术形式的变迁，实质上知觉与形式始终是形式主义者艺术史理论思想中不能分离的一体两面。心理主义者对抽象、移情在艺术作品的审美与创造中的作用，同样表明形式与主体的不可分离性。而这恰恰是阿恩海姆早期格式塔心理学美学的重要特征，强调把形式与主体结合开来，艺术形式始终是主客体交互作用的结果。他们在各自理论体系中的核心范畴，也呈现出一定的家族相似性，如费德勒的格式塔、李格尔的艺术意志、沃林格的形式意志与阿恩海姆的格式塔意志。从此来看，阿恩海姆早期美学思想理论基础虽然是格式塔心理学相关原理，但是在美学思想、特征上面，我们可以说他完全是德语国家艺术史传统、美学传统的直接继承者。

三 欧洲早期电影理论与流派

电影艺术是阿恩海姆早期美学主要研究对象之一。当时一些著名的电影理论与流派对阿恩海姆早期美学思想给予了充分的养料。阿恩海姆早期美学思想大致形成于 1928 年至 1940 年。在早期的《电影作为艺术》和《电影批评文集》两本书中，阿恩海姆结合着很多西方早期电影作品阐述了他早期的电影美学。如卓别林（Chaplin）、普多夫金（Pudovkin）、爱森斯坦（Eisenstein）、威恩（Wayne）、杜邦（DuPont）等导演的作品。从时间上来看，电影从 1895 年的发明到阿恩海姆早期美学思想的形成（1940 年），已有近半个世纪的发展，这期间已经有德国心理学界的明斯特伯格（Munsterberg）的电影心理学、法国杜拉克（Dulac）的"纯电影"理论，以及达达主义、表现主义、印象主义先锋电影等。早期西方经典理论及电影作品无疑对阿恩海姆早期关于电影的美学思想产生了影响。本节将对早期西方电影理论及电影流派及其主张进行概览式介绍。

"1895年12月28日,历史上最著名的一场电影放映出现了。放映地点是巴黎大咖啡馆的一个房间。"① 放映的影片是卢米埃尔(Lumiere)兄弟摄制的《水浇园丁》,如图2-1和图2-2所示。从此,电影诞生,并迅速在世界各地发展起来。电影发明的初始,电影的基本诉求呈现为现实主义的风格,即对真实世界的再现。正是这种卢米埃尔兄弟的机械录制,使得早期大多欧洲知识分子否认电影作为一种艺术。法国电影史学家萨杜尔(Sadoul)对卢米埃尔兄弟的评价是:"停留在某种技术水平上的卢米埃尔的现实主义未能给予电影它所应当具备的主要艺术手法。"② 随着电影的发展,欧洲少许理论家开始为电影作为艺术进行辩护。1911年,艺术家卡努杜(Canudo)发表《第七艺术宣言》以及《第七艺术的美学》,第一次为电影作为艺术进行辩护。他从电影影像的独特语言出发,认为电影艺术的可能性植根于电影的影像。影像的价值来自电影的节奏。电影节奏是平面的游戏,是造型的音阶。电影不是叙事,没有情节,是形式不同的照片游戏。艺术家卡努杜的辩护具有明显的形式主义的倾向。

图2-1 电影及电影放映机的发明人卢米埃尔兄弟

① [美]波德维尔:《世界电影史》,范倍译,北京大学出版社2014年版,第28页。
② [法]萨杜尔:《世界电影史》,徐昭等译,中国电影出版社1995年版,第20页。

图2-2 《水浇园丁》是卢米埃尔兄弟对故事片的一次探索

德国心理学明斯特伯格从心理学角度对电影作为艺术进行了辩护。明斯特伯格认为对电影的研究必须借助于心理学，他于1916年出版了《电影：一次心理学研究》。该书由两部分构成，即心理学部分和美学部分。心理学部分是该书的主体部分，论述了纵深、运动、注意、记忆、想象和情绪相关问题。美学部分探讨了电影的目的及其意义等美学问题。明斯特伯格电影心理学的主要观点是："影戏服从于心理的法则而不是外部世界的法则。"[1] 他把人的主观心理活动作为电影的法则，突出了电影制作的主观性，因而明斯特伯格认为电影不是机械的现实世界的再现记录，而是对现实世界的创造与改造。他通过对运动、注意、记忆、想象的研究，证明"电影不存在于银幕，只存在于观者的头脑里"[2]。明斯特伯格的意思是，电影作为艺术不仅是艺术家创造、改变世界的结果，而且观众积极的心理机制的参与共同完成了电影的创造。从心理学的角度，证明了观众在电影接受活动中的积极作用。他还把电影不同形式、手法与主体的心理活动进行比附，认为特写镜头是某人对某物的特别关注，移动镜头是注意力的移动，闪回镜头则

---

[1] 杨远婴：《电影理论读本》，世界图书出版社2013年版，第32页。
[2] 王志敏：《电影学：基本理论与宏观叙述》，中国电影出版社2003年版，第204页。

是人的记忆活动。明斯特伯格是第一个把心理学原则应用于电影研究的学者，从他开始，经阿恩海姆、米特里（Mitri），形成了经典电影理论史上的一个重要流派，即电影心理学流派。

1927年法国先锋派理论家杜拉克提出了"纯电影"理论。杜拉克主要在叙事电影与纯形式电影二元对立结构上建构自己的理论主张。电影发展到20世纪20年代，欧洲的叙事电影、美国的经典好莱坞电影蓬勃发展。尤其是好莱坞的商业类型片，充斥着欧洲的电影市场。杜拉克认为情节类型片电影不是艺术。真正的电影艺术不需要情节，也不需要表演，它应该是借助各种节奏、形式创造出"眼睛的音乐"和"视觉的交响乐"。杜拉克的纯电影理论的"纯"主要表现出对情节、故事的排斥，从而完全把电影影像制作成一种形式的乐音，如图2-3所示。这也是她把"纯电影"叫作"形式电影"的原因。

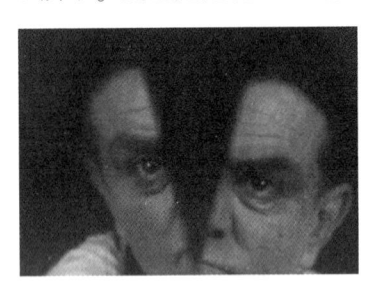

a) b)

图2-3 杜拉克作品《贝壳与僧侣》（1926年）

可以看出20世纪早期的电影形式主义理论对电影作为纯粹形式的艺术做了有力的辩护。这个时期正是阿恩海姆青少年时期，这些理论思想必然对阿恩海姆早期美学思想产生了重要影响，他始终从无线电、电影的形式因素入手进行艺术合法性辩护就是证明。而明斯特伯格的电影心理学则为阿恩海姆从心理学角度研究电影提供了重要的参考。

20世纪20年代，电影中商业与艺术的二元对立，使得一批欧洲先锋艺术家掀起了电影史上第一次现代主义浪潮，出现了一批先锋电影流派及作品。早期欧洲先锋电影流派主要包括法国印象主义、达达主义、超现实主义和德国表现主义。这些先锋电影流派及其实践、艺术主张对阿恩海姆早期美学也构成了重要影响。

法国印象主义电影是先锋派运动的先声，主要代表人物及其作品有德吕克（Delluc）的《狂热》、莱皮埃（Le peel）的《黄金国》、杜拉克（Dulac）的《微笑的布德夫人》、冈斯（Gonce）的《车轮》等。印象主义电影受到德吕克"上镜头性"理论的影响。"上镜头性"理论是杜拉克"纯理论"电影的雏形。它强调电影艺术中形式和画面的运动特性，轻视电影作品中的内容。印象派电影的共同的美学特征表现为，对形式印象的偏爱和对自然物象的主观性处理。这种电影美学特征的产生来自印象派电影大师对摄影技术、技巧的创新，他们希望运用新的摄影技巧来表现人的主观心理和精神态度。印象派电影虽然主张突出人物的主观心理活动，但是达到这一效果始终是通过对电影的形式、特性的创造性使用而获得，表现了印象派电影对电影形式语言的偏爱。

达达主义电影以"巴枯宁的打倒一切，排斥一切，精神大于作品，形式大于内容以及破坏即是创造为哲学基础，以杜拉克的'纯电影'理论为艺术依据"①。主要代表作品有，雷伊（Rayy）的《回归理性》、莱谢尔（Leshell）的《机器的舞蹈》、克莱尔（Claire）的《幕间休息》、杜尚（Duchamp）的《贫血的电影》等。由于受到"纯电影"理论的影响，达达主义电影美学风格除了表现出否定一切传统美学价值的解构、嘲讽、戏谑的特征之外，还表现出对电影影像形式奇异视觉效果的追求，如图2-4所示，"《机器的舞蹈》中采用的木马、楼梯、玻璃球等日常生活中常见的东西，使它们在电影里动了起来，仿

---

① 曹毅梅：《世界电影史概论》，河南大学出版社2010年版，第64页。

佛被赋予了生命,让观众的眼前闪动着现实生活无法给予的神奇视觉体验"[①]。这种视觉效果来自达达主义者对表现技巧的标新立异和重视。达达主义电影流派持续了两三年的时间后被超现实主义取得。超现实主义的"超现实"是对理性、意识之外的无意识世界的呈现。超现实主义电影的哲学基础来自伯格森的直觉主义和弗洛伊德的精神分析学。主要代表作品有,杜拉克的《贝壳与僧侣》、布努埃尔(Bunuel)的《一条安达鲁狗》、科克托(Cocteau)的《诗人之血》等。超现实主义具有达达主义的反叛性、反逻辑性、非理性特征,强调无意识、性意识。它"在很多方面都模仿了达达主义,尤其是对正统审美传统的蔑视。像达达一样,超现实主义也试图找到令人惊奇的拼贴并置"[②]。但与"纯电影"表现出不同,超现实主义电影中的影像是具体的人物、环境,而且能够叙事,但只是一种超理性、超逻辑的精神分析式语言的叙事。超现实主义电影美学是它运用电影蒙太奇反映人物内心隐秘的精神活动的实验,扩展了人类用影像来表现精神世界的技巧。

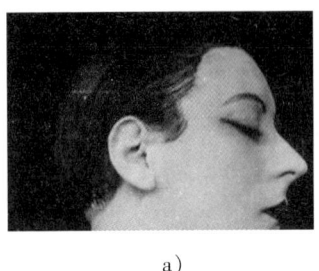

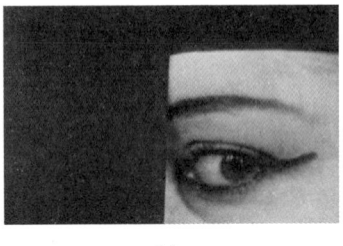

图 2-4 莱谢尔的达达主义电影《机械舞蹈》的画面

德国表现主义电影是在其表现主义绘画与戏剧影响下发展起来的。第一部表现主义电影是《卡里加里博士的小屋》,如图 2-5 所示。1925 年,阿恩海姆还对该电影进行了影评,表达了自己对该影片的看

[①] 曹毅梅:《世界电影史概论》,河南大学出版社 2010 年版,第 67 页。
[②] [美] 波德维尔:《世界电影史》,范倍译,北京大学出版社 2014 年版,第 235 页。

法。《卡里加里博士的小屋》讲述了一个名叫卡里加里的博士使用催眠术控制"凯撒"供人观看玩耍，同时他也成为卡里加里博士控制的杀手工具。《卡里加里博士的小屋》是对德国政府权威以及战争的讽刺与批判，卡里加里隐喻失去理智的德国，而被控制的"凯撒"则是被德国政府的权威控制而失去自我的人民。在这部影片中，"一切远近距离，光线照明，物体形态和建筑物都被电影技术扭曲改变，成了一个变形、变态的世界。人物的服装是奇形怪状的、夸张的形体动作、夸张的面部表情"。[①] 这种特征正是表现主义电影突出的视像特征。美国电影学者波德维尔在研究德国表现主义电影时指出："最明显和最普遍的表现主义特征是变形和夸张的使用。在表现主义电影中，房子常常是尖的和歪的，椅子是长的，楼梯是扭曲和不平衡的。"[②] 德国表现主义电影的视像风格得益于他们对电影技巧的重视。"跟法国印象派一样，德国表现主义以各种不同的方式使用各种各样的媒介表达技巧——场面调度、剪辑和摄影手法。"[③] 可见，德国表现主义电影也表现出对电影形式的偏爱。

a)   b)

图2-5　德国表现主义电影《卡里加里博士的小屋》

[①] 黄琳：《世界电影理论及其流派概论》，重庆大学出版社2007年版，第17页。
[②] ［美］波德维尔：《世界电影史》，范倍译，北京大学出版社2014年版，第142页。
[③] ［美］波德维尔：《世界电影史》，范倍译，北京大学出版社2014年版，第141页。

综上，我们可以看出，20世纪20—30年代，欧洲电影理论及电影流派对电影的形式表现出极大的重视（纯电影理论、先锋电影流派），电影形式风格、摄影技巧也在先锋电影的实践中获得巨大的进步。心理学方法也被运用于电影分析中（明斯特伯格）。阿恩海姆的早期电影美学运用完形心理学对电影的特性、技巧进行了理论分析，他同时把心理学与形式、技巧结合起来，为电影作为艺术进行了辩护，提出了电影正是因为对其特性的缺陷艺术的使用而呈现出与现实的差异，才成为其艺术的观点，又运用完形心理学对蒙太奇技巧的使用奠定了理论基础。没有明斯特伯格的电影心理学、杜拉克的纯电影理论和早期先锋派电影的实践，阿恩海姆是无法把完形心理学与电影特性结合起来对电影进行艺术辩护的。20世纪早期欧洲电影理论与电影流派的实践构成阿恩海姆早期美学思想的重要背景和话语资源。

第二节　早期理论基础：格式塔心理学与形式主义美学

国内外很多研究者都把阿恩海姆美学的理论基础看作是格式塔心理学，如我国学者宁海林、史凤华等，国外学者如丘普奇科（Cupchik）、沃斯德根（Verstegen）等。但经过认真梳理研究发现，早期阿恩海姆的理论基础存在格式塔心理学与形式主义美学的双重奏。早期美学思想中的形式主义美学的存在造成其早期美学并未形成完整的格式塔心理学美学，但也为中晚期阿恩海姆美学思想严重的形式主义倾向埋下了伏笔。我们都知道，国内研究者都指出阿恩海姆格式塔心理学具有浓厚的形式主义倾向，导致对社会环境等外在因素、对美学活动重要作用的忽视。但对这种形式主义化的格式塔心理学美学原因并没有给出具体的答案。当然这些研究者不可能给出答案。因为不去看一看阿恩海姆早期美学的具体形态，人们不可能发现形式主义美学在其早期美学中的重要地位与价值，也不能回答为何阿恩海姆中晚期格式塔心理学具有严重的形式主义倾向。

一 格式塔心理学

理论家思想背后总有一个或几个理论基础构成其创造性思想生成的理论动力。如精神分析美学对弗洛伊德精神分析心理学的借鉴，马克思主义美学对马克思主义理论的借鉴，结构主义美学对索绪尔语言学理论的借鉴，等等。这些创造性的美学理论思想背后无不有一个核心的理论根基。从阿恩海姆一生的学术经历来看，作为一个艺术心理学教授，他的美学思想生成的理论动力之一来自格式塔心理学。阿恩海姆早年在柏林大学跟随格式塔心理学韦特海默（Wertheimer）、柯勒（Koller）等人学习心理学。韦特海默还是阿恩海姆博士学位论文《表现问题的实验心理研究》的指导教师。阿恩海姆丰富的心理学知识，尤其是格式塔心理学知识为他终生的学术研究活动打下了理论基础。关于电影、无线电的美学思考，就是他对格式塔心理学理论相关原理的最早应用。因此，我们有必要了解一下什么是格式塔心理学及其原理。

西方现代心理学始于冯特（Wundt）的元素主义，其间经历了心理学家铁钦纳（Titchener）的构造主义、詹姆斯（James）的机能主义、明斯特伯格（Munsterberg）的应用心理学，到华生（Watson）、斯金纳（Skinner）的行为主义时，格式塔心理学席卷了德国。格式塔心理学主要反对冯特的元素主义和美国行为主义心理学派。冯特的元素主义把人的意识经验分成基本元素，然后对这些元素的性质及其复合的规律进行研究。他把意识经验分为感觉和情感两个基本元素。

美国行为主义把心理学研究对象集中在人的行为,人的行为是受外在环境的刺激而产生的,宣扬环境决定论。格式塔心理学主张对人的意识进行现象学描述,反对把人的心理现象分为不同的元素。人的知觉是格式塔心理学研究的核心对象,认为人的知觉是整体性的,具有积极的主动性和组织能力。知觉到经验绝不是对物质对象的机械复制,而是通过了主体知觉"完形"加工组织后的物我统一体,其中"完形"即格式塔(Gestalt)。该词在德语中有两个意思,第一个意思即指客观的物质对象的外在的形式因素,如物体的形状、大小、色彩、硬度等;第二个意思指"具有一种特殊形状或形式的特征,例如,'有角的'或'对称的'是指具体的三角形或曲调,而非第一种含义那样意指三角形或时间序列的概念"[①]。两种意思的区分很明显,第一种是一种物理属性,而第二种是具体的主体在具体的经验中感知到的直接的整体,是心物合一之物。这种观点明显与元素主义和行为主义心理学针锋相对。元素心理认为知觉是人们感知到的具体的各种元素的相加。而行为主义则认为人的知觉是受到环境的刺激生成的反应,缺乏主动性,是机械的复制式反应。在格式塔心理学看来,人的知觉是积极主动的,而且是整体性的,任何一种经验现象,"其中的每一成分都牵连到其他成分,每一成分之所以有其特性,是因为它与其他部分具有关系。由此构成的整体,并不决定于其个别元素,而局部过程却取决于整体的内在特性"[②]。格式塔心理学主要代表人物有韦特海默、考夫卡、柯勒和勒温。格式塔心理学提出了很多理论观点和知觉组织原则,这里对格式塔的同型论、场论和格式塔知觉组织原则进行简要介绍。韦特海默在似动现象实验中,发现屏幕上先后出现的两束光线,在达到一定的时间限度时,人们会把两条光线看作是一

[①] [德]考夫卡:《格式塔心理学原理》,李维译,北京大学出版社2010年版,第2页。
[②] [德]考夫卡:《格式塔心理学原理》,李维译,北京大学出版社2010年版,第3页。

条从左往右的运动光线。韦特海默把这一现象叫作似动现象,并根据此现象提出了同型论。同型论认为"在心理或意识经验与作为其基础的大脑活动之间必然存在着一致性"①。"当一个人胆怯、害怕或精神饱满、高兴或悲伤时,时常表示出他的身体过程的进程和这些心理过程所进行的进程是完全相同的格式塔。"② 这一句应该是同型论最通俗的解释了。阿恩海姆在中晚期借用同型理论对艺术的情感表现、内涵与意义进行非二元论的解释,反驳了形式主义者或主体主义者单方面地从作品形式或主体内在情感解释艺术作品的情感表现的问题。但阿恩海姆早期美学中,并没有看见这种解释,或许由于其早期理论发展的不完整,使得其早期美学思想更多地从艺术特性与知觉的完形组织的关系的好坏判断艺术优劣的问题。这无疑是早期美学思想的遗憾与不足。

格式塔心理学场论是勒温(Lewin)创造的一种心理学理论。爱因斯坦在物理学中提出了场论,他对场的定义是"相互依存的事实的整体"。勒温根据物理学中的场论在心理学中提出了场论,认为"任何一种行为,都产生于各种相互依存事实的整体,而且这些相互依存的事实具有一种动力场的特征"③。场论包括了勒温的两个主要概念,即动力与结构。阿恩海姆中晚期直接借鉴格式塔心理学的场论,认为人的"大脑皮层本身就是一个电化学力场"④,其中充满了生理力。观看者在观看静止的绘画时能够体验到一种具有倾向性的张力,就是"活跃

---

① [美] 舒尔茨:《现代心理学史》,叶浩生等译,中国轻工业出版社2014年版,第379页。
② [美] 舒尔茨:《现代心理学史》,杨立能等译,人民教育出版社1981年版,第301页。
③ 叶浩生:《西方心理学史》,开明出版社2012年版,第178页。
④ [美] 阿恩海姆:《艺术与视知觉》,滕守尧等译,中国社会科学出版社1988年版,第10页。

在大脑视觉中心的那些生理力的心理对应物"①。格式塔心理学场论构成了阿恩海姆视觉艺术表现的理论基础。与异质同构理论一样，阿恩海姆早期美学思想也并未运用场论思想来解释艺术作品的张力及其表现，他早期关注了完形知觉的简化组织原理。完形或格式塔是一种被知觉积极组织后的完形形式，而非客观的物理形式。阿恩海姆早期美学思想更多地运用了知觉的这种积极的主动的完形倾向，或曰简化倾向、完形意志。这些完形知觉组织原理、规律是以同型论、心物场论为总纲的。知觉完形组织律最终指向的也是异质同型、心物场论，指向的是一个良好的优化的简化"形式"。这些具有完形倾向的知觉组织原理主要包括以下几种。

图形—背景原理。图形—背景原理认为，人的知觉中的注意中心总是有一个相关的背景作为基础的，强调了人的知觉并非单一地对视觉对象的感知，而是一种整体性的连续性的感知。在图形—背景组织原理帮助下，人们总是会把小的、明亮的、突出的部分看作图形，把大的、暗淡的、整平的部分看作背景。人的知觉只有在有了一个背景之后才会更好地感知。图形—背景原理并非是固定的，而是可以转换的。知觉可以把背景当作图形，把图形当作背景。图形—背景知觉的转换意味着注意中心的变更。在艺术创作中，由于人的知觉的图形—背景定律，使得艺术家往往考虑把重要的表现的内容置于中心的地位，给予浓墨重彩。最能表现图形—背景视知觉原则的是一幅名为"人脸花瓶幻觉"的图片，如图2-6所示。该图会随着观看者视知觉注意点的移动呈现不同的图像。

---

① ［美］阿恩海姆：《艺术与视知觉》，滕守尧等译，中国社会科学出版社1988年版，第11页。

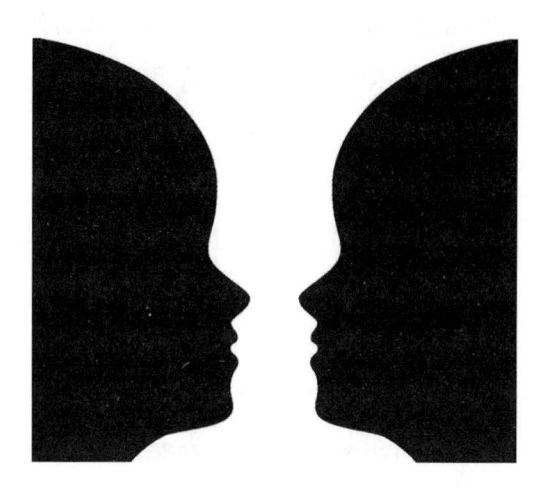

图 2-6 人脸花瓶幻觉图

接近性原理。完形知觉的接近性原理认为,人在知觉时,会把时间上或空间上比较接近的部分组织成一个完整的整体。比如,由一百个圆点组成的队列中,人们会把这条队列直接感知为一条直线,而不会把它们看作是一个接着一个的圆点的组合。图 2-7 就是视知觉接近性原理的体现,四条直线朝同一中心靠拢并留出一定的空白。观众会根据视知觉的接近性原理把该图中空白处组织加工成一个圆形或正方形。

图 2-7 接近性原理

完整闭合倾向原理。完整闭合原理指在知觉中,人们会主动地把残缺的图形知觉为一个完整的图形。如站在远处看见火车穿过隧道的情景,虽然观看者只能观看到火车的一半车厢,但他能够知觉到整个火车的存在。图2-8是一组虚线构图,根据完整闭合倾向的视知觉简化原理,观众者会主动把未闭合连接的虚线组织加工成一个圆圈。

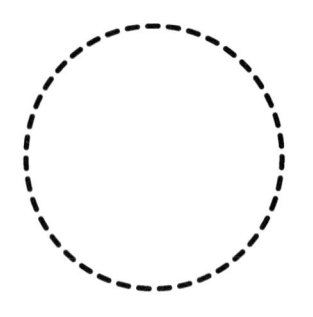

图2-8 完整闭合倾向原理

相似性原理。该原理认为特性相似的对象容易被经验为一个整体。例如在一堆混乱的几何图形中,如果它们形状不同、距离各不同,颜色也各不相同,那么那些形状相似的或色彩相似的会被主体主动自然地经验为一个整体。图2-9体现了形状相似与色彩相似的视知觉简化原理,如观看者总是会把圆形组加工成一条直线或一个整体,把正方形组加工成一条直线或一个整体。

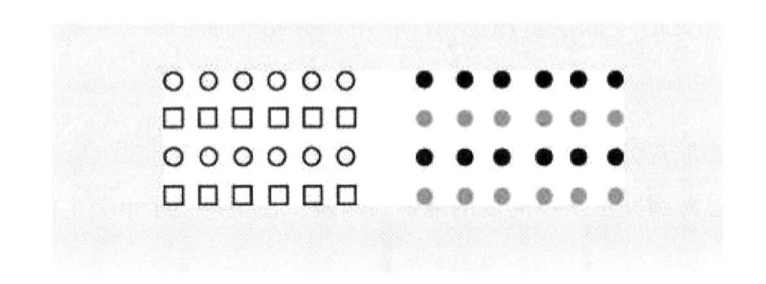

图2-9 相似性原理

以上是主要的几种完形知觉组织原理,即格式塔倾向原理。韦特海默把这些组织原则称之为图形优化趋势定律(Law of Granananz),又称为知觉简化原理。这一原理表明人在面对那些复杂的、混乱的、模糊不清的、残缺不全的图形时，知觉具有一种一下子把该图形组织成一个最明晰的、整全的、简化的、匀称的图形的倾向。被简化组织后的图形叫作"最优格式塔"。格式塔倾向原则也是人先天具有的一种简化倾向，是先验的、刹那的、直觉的。因为知觉的这个特性，格式塔心理学家往往反对经验主义的学习方法，主张顿悟学习理论。阿恩海姆早期美学思想运用到了上述原理，把它当作美学规律对有声电影进行了批判，也对无线电艺术的声音简化进行了讨论。格式塔心理学的知觉简化理论是阿恩海姆早期美学的主要理论基础。

二 形式主义美学

纵观国内外阿恩海姆美学思想研究者，我们会发现一个共同现象，即在讨论阿恩海姆格式塔心理学早期美学思想的理论基础时，都只注意到了其显性的格式塔心理学基础，对阿恩海姆早期美学思想另一重要的理论基础即形式主义美学则完全忽略了。阿恩海姆一生的学术思想，都与形式概念紧密相连。他在中后期对艺术与视知觉的关系的分析，是从艺术作品的形式与视知觉的完形观看着手的。早期阿恩海姆对无线电艺术、电影艺术的媒介特性的心理学美学分析也是从两种艺术的形式分析开始的。在论及早期艺术的审美感知与简化原理时，阿恩海姆完全从单向度的纯形式出发，甚至忽视了审美主体的完形能力，使其陷入了传统形式主义美学研究。笔者认为，是阿恩海姆中晚期美学思想与格式塔心理学的紧密相连，致使我国研究者如滕守尧、史风华、宁海林等人，忽视了早期与中晚期美学思想上资源的差异，在不同时期美学思想的理论基础问题上做了同一性的独断。史风华在其研究著作中指出阿恩海姆早期电影、无线电美学思想是对格式塔心理学的首次使用。但没有系统研究阿恩海姆早期美学思想而忽视了形式主义美学思想在阿恩海姆早期思想中的重要性。国外的研究者，如肯特（Kent）、托马斯（Thomas）、格尔克（Gercke）等人莫不如此。托马斯在1995年与阿恩海姆的一次访谈中，提及了阿恩海姆早期的美学研究方法。他说："对你来说那是一个让你在写作中见证一种新的艺术形式诞生的机会。对艺术和写作的爱好成为令人激动的激情，而格式塔心理学为你提供了把两者结合起来的一个方法。"①古托·阿里斯达科（Guto Aristaco）在讨论阿恩海姆早期阶段电影、无线电美学思想时说道："电影和任何一位电影理论史学家都很感激阿恩海姆第一次对新表现媒介的反自然主义研究所做的巨大而深刻的贡献，以及他作为第一个运用格式塔心理学工具来阐述美学理论的人。"②但如果我们研究阿恩海姆早期美学思想，就会发现，阿恩海姆早期美学思想具有坚实的形式主义美学理论基础。

形式主义美学思想自古有之，从毕达哥拉斯学派对"美在比例"的强调，到中世纪神学美学上帝即美即和谐、整一的神学形式，再到古典主义美学对理性形式的遵从，再到现代美学对形式自足性的确立，形式主义美学可谓蔚为大观。真正让形式获得审美现代性，把形式作为美学自足、自律的本体，却肇始于康德对美的本质的规定。康德认为美的质的规定性是无关利害感的纯粹愉悦。审美判断"不直接涉及对象本身或联想到对象本身。例如，对罂粟花的鉴赏，只是从它形式的合目的性获得愉快"③。康德的这种审美无关利害的观点对19世纪形式主义美学以及审美现代性的确立影响甚大。赵宪章指出"康德是德

---

① Kent Kleinman、Leslie Van Duzer，*Rodolf Arnheim：Revealing Vision*，Michigan：University of Michigan，1997，p.7.
② Kent Kleinman、Leslie Van Duzer，*Rodolf Arnheim：Revealing Vision*，Michigan：University of Michigan，1997，p.35.
③ 朱志荣：《康德美学思想研究》，上海人民出版社2016年版，第102页。

第二章　阿恩海姆早期美学背景、影响和理论基础

国古典哲学的创始人，同时也是现代西方形式美学的奠基人"①。在康德美学影响下，唯美主义宣称艺术的目的就是艺术本身，即艺术形式，对艺术本身超功利的形式的纯粹欣赏。唯美主义最早涉及了艺术形式的自足性和本体性。在前面的分析中，笔者指出19世纪德语国家艺术史作为阿恩海姆早期美学思想的背景。其背景就是一种思想诞生的资源与基础。19世纪德国家艺术史研究是形式美学在艺术研究领域的直接表现。阿恩海姆对他们从形式入手研究艺术史的方法应该有过充分的吸收和认可。这个时期，以费德勒、希尔德勃兰特、沃尔夫林、李格尔为代表的形式主义路线，着眼于视觉形式的结构分析，认为艺术的本质在于其形式。他们的艺术史研究一方面是纯形式的研究，抛开社会、文化、政治、经济、伦理道德、时代精神等外部因素，从知觉的视角出发对形式进行探讨，同时还对把形式看作是主体内在精神的体现，把形式看作是具有内容的形式。克莱尔·贝尔"有意味的形式"的观点可以说达到了形式美学的顶峰。他认为，艺术作品的色彩、线条等形式的组合可以激发审美主体的情感。把艺术作品的形式看作是有意味的，而不是空洞的。当然他所说的情感并非日常生活中的情感，而是一种"终极情感"。克莱尔·贝尔（Claire Bell）和19世纪德国艺术史研究对形式的重视，从形式出发探讨艺术作品内容的方法可以说对阿恩海姆的影响是巨大的。因为只要我们认真阅读阿恩海姆早期著作中的论述，就会发现他与19世纪德国艺术史研究方法和克莱尔贝尔"有意味的形式"理论的相似性。如阿恩海姆在《无线电：声音的艺术》中说："渐强和渐弱是自然因素，也是最重要的因素，是表征和传递紧张和放松的精神最直接的手段。"② 在《电影作为艺术》中说，

---

① 赵宪章：《西方形式美学》，南京大学出版社2008年版，第125页。
② Rudolf Arnheim, *Radio: An Art of Sound*, Translated by Ludwing and Herbert Read, New York: Da Capo Press, 1971, p.41.

"通过形体表现思想","物质对象和具体事件构成电影表现的全部可用材料。但是,电影通过这些材料表现心理过程"①。这些论述艺术作品内容和意义的方法,都是从外在纯粹的形式入手的与19世纪到20世纪初形式主义美学研究方法惊人的相似。

从时间上来看,阿恩海姆早期美学研究活动集中于1928—1940年。这个时期正是西方现代形式主义美学确立的时期。牛宏宝在《西方现代美学》中就指出,"从1915年到20世纪30年代末,此间建立了独立自足形式之构成原则的现代主义"②。克莱尔·贝尔"有意味的形式"理论在1913年提出。阿恩海姆显然是在形式主义美学的耳目濡染的情况下成长起来的。因此,完全可以下这样一个结论,形式主义美学理论构成阿恩海姆早期美学思想的理论之一,与格式塔心理学理论形成二足鼎力。格式塔心理学为阿恩海姆早期美学思想提供了艺术的心理学基础。在具体的审美感知、审美认知问题上,则受到形式主义美学理论的影响。在早期,格式塔心理学与形式主义美学原理的双重影响,这使阿恩海姆早期美学并未形成一个独立的格式塔心理学美学,其中表现出来的矛盾性、丰富性和多元性就是两种理论基础相互倾轧的结果(以上相关看法在后面的章节中将具体展开)。但国内外众多研究者,对此都未成产生清晰的认识。笔者认为,这主要是因为国内外研究者都很少系统而完整地爬梳阿恩海姆早期美学思想的缘故。总之,笔者认为,西方形式主义美学是阿恩海姆早期美学一个的理论基础之一,其影响对早期美学举足轻重,甚至延伸到了中期和晚期更成熟的格式塔心理学美学。

---

① [美]阿恩海姆:《电影作为艺术》,邵牧君译,中国电影出版社2003年版,第104页。
② 牛宏宝:《西方现代美学》,上海人民出版社2002年版,第9页。

第三章　纯形式的简化：阿恩海姆早期美学原理

阿恩海姆在其早期三本著作中明确表态，把格式塔心理学原理运用到电影、无线电艺术研究当中去。笔者以1954年英文版的《电影作为艺术》中译本以及1971年英文版《无线电：声音的艺术》为统计对象，对书中阿恩海姆明确显示出格式塔心理学思想的话语进行了统计，一共发现6处。第1处出现在《电影作为艺术》自序中的第2页，第2处出现在正文的第23页，第3处出现在正文26页，第4处出现在正文第158页。这些论述表达了格式塔心理学的基本原理内涵，如阿恩海姆所说："最基本的美学冲动之一来自人类渴望避开自然界扰人耳目的复杂性，因而努力用简单的形式来描绘使人眼花缭乱的现实。"① 阿恩海姆在《电影作为艺术》一书中，主要是把格式塔心理学的简化倾向原理运用到电影研究中，提出了影像部分幻觉理论，同时为电影蒙太奇技巧论提供了心理学基础。他最终的理论志趣，是要为他的电影艺术论提供合法性支撑。电影作为艺术是因为电影技术的缺陷可以被技巧化的使用，从而致使电影影像与现实存在差

---

① ［美］阿恩海姆：《电影作为艺术》，邵牧君译，中国电影出版社2003年版，第158页。

异，这种差异构成了电影艺术的基础。而这种差异特性之所以能够被观众正常地观看，不至于产生不适感，原因就在于完形心理学提出的主体的格式塔意志。如此，有了知觉的格式塔意志才有电影影像差异存在的合法性，有了电影影像存在的合法性也就有了电影作为艺术的合法性。这其实是循环因果的过程，构成了阿恩海姆早期电影视觉美学论证的内在逻辑。格式塔心理学美学相关论述在《无线电：声音的艺术》中，一共只出现过两处。第一处出现在该书"导论"，该文间接表明阿恩海姆对以声音为主要媒介的无线电广播艺术的美学研究的理论基础是格式塔心理学相关知觉原理。因为作者只是在此处表明，关于无线电的研究是早期电影研究所用方法的再次使用。"这本书是已经在电影研究中使用的美学研究方法的另一篇论文。"① 第二处出现在该书中的《赞美盲播》一文。文章在第一句就表明一个艺术创作的普遍的美学原理："艺术普遍通用的简化原理即它只需容纳那些本质性的成分，而无需其他任何成分。"② 这句话直接明了地表明了阿恩海姆对格式塔心理学知觉简化原理的运用。这篇文章写于1932年左右，也就是写于《新拉奥孔》（1938年）之前。该论文写作的模式与《新拉奥孔》相同。它们都是在文章开头了提出作者坚实的理论基础，然后以理论基础为依托，对作者想要辩护的艺术形式进行论证。从这两篇文章的主要内容来看，它们都是以格式塔心理学的知觉简化原理为依托，对单一知觉的艺术式样进行美学辩护，排除艺术式样中的其他知觉的存在，如《赞美盲播》一文排除内在的视觉与想象，把无线电广播艺术定性为一种纯粹的听觉艺术；而《新

---

① Rudolf Arnheim, *Radio: An Art of Sound*, Translated by Ludwing and Herbert Read, New York: Da Capo Press, 1971, p.18.

② Rudolf Arnheim, *Radio: An Art of Sound*, Translated by Ludwing and Herbert Read, New York: Da Capo Press, 1971, p.133.

拉奥孔》则是排除电影中的声音，对听觉进行悬置，把真正的电影艺术定格为纯粹视觉的无声电影。因此，可以看出，阿恩海姆早期美学思想是以格式塔心理学的知觉简化原理为基础的，这一研究路径为他中晚期从格式塔知觉与艺术的关系入手进行美学研究活动打下了初步基础。但是，早期美学思想中格式塔心理原理又与中晚期美学中的格式塔心理学原理存在一些差异。这种差异主要体现在简化原理的两种取向上。阿恩海姆早期美学中的简化原理以两种形态存在，即主客交互的真实的"完形"和作为纯形式的简化（也即艺术作品形式的简化）。这种差异恰恰体现了阿恩海姆早期美学思想的多元性与丰富性。因此，有必要对阿恩海姆早期美学思想中的格式塔心理学相关原理的美学使用进行系统梳理，以此发现阿恩海姆早晚期美学思想的差异与发展过程。

第一节　早期美学中的格式塔心理学简化原理

在整个阿恩海姆格式塔心理学美学活动当中，主要有三大格式塔心理学美学原理，知觉简化原理、场论以及异质同构论。早期阿恩海姆主要是运用了具有积极主动的组织能力的知觉简化原理。具体而言坚持了格式塔心理学的完整倾向原理、接近性原理和图形—背景原理。此时期，阿恩海姆的格式塔心理学美学发展处于初级阶段，整个心理学美学的系统并不完善，而且显得稚嫩，因此并未发展出后期更为完备的场论与异质同构的美学思想。阿恩海姆早期美学思想中的格式塔心理学美学原理主要是对知觉简化原理的遵从，主要把它们运用到蒙太奇、影像部分幻觉理论以及无线电艺术中的"盲播"等几个方面。

一 完整闭合倾向原理

阿恩海姆的蒙太奇理论和部分幻觉理论是早期格式塔心理学美学原理的集中体现之一，并且两者息息相关，不可分离来看。在这一小节，笔者将讨论阿恩海姆电影部分幻觉理论对格式塔心理学完整闭合倾向原理的早期美学运用。阿恩海姆认为电影影像在观众的观看中是部分幻觉的，但是观众并不会在部分幻觉中感觉不真实，是因为观众运用了完整闭合的视知觉组织能力。也就是说，观众的观看不是一种机械地复制地自然主义的观看，而总是被观众的眼睛完形组织后的观看。

在早期《电影作为艺术》一书中，阿恩海姆讨论了电影影像在时空上与现实生活的差异。在现实生活中，一个人在时空中的活动是连续性的。他无法突然从今天的生活跳到明天的生活会中去，只能是一点一滴地把今天的时间度过，然后才能进入明天。空间上的转移也是如此，我不可能从中国一下子穿越到欧洲。"生活里的……时间和空间是连续不断的。"[1] 但在电影影像中，时空是随时可以跳跃的。人物可以在这个镜头中出现在北京，而下一个镜头他就已经出现在上海的机场了。时间上同样如此，一个镜头是人物在今天吃早餐，而下一个镜头他却在明天躺在灵柩里，死去了。阿恩海姆认为这种差异是电影蒙太奇技巧造成的。蒙太奇可以把时空上不同的东西剪辑在一起，连续地放映出来。这里，阿恩海姆为电影作为艺术辩护的逻辑是，蒙太奇技巧造成了影像时空与现实的差异，这种差异是电影成为艺术的基础，因而是蒙太奇构成了电影作为艺术的基础。

但是蒙太奇作为在艺术上存在的理由又是什么呢？难道蒙太奇把

---

[1] [美] 阿恩海姆：《电影作为艺术》，邵牧君译，中国电影出版社2003年版，第17页。

时空关系上不同的画面组织起来不会给人造成困惑或眩晕的感觉吗？阿恩海姆认为实际情况却不是如此。因为电影和戏剧、照片的幻觉是部分的。他对戏剧、照片和电影的部分幻觉论进行了论述。戏剧的幻觉是部分的。戏剧表演中的房间"只有三面墙，介于舞台和观众之间的第四面墙没有了"。但"任何观众都把舞台上的房间只有三面墙看成是理所当然的。同自然之间的这种差别是舞台技巧所必需的……幻觉只是部分的"①。照片的幻觉也是部分的，但是它没有戏剧强烈。这是由于照片只是一个扁平的静止的瞬间，"它并不像在剧场里那样可以利用实际的空间和实际的时间过程来加强幻觉"。电影介于戏剧和照片之间。电影如同戏剧表演一样，也发生在一个黑漆漆的实际房间中。但是电影画面保留着照片扁平的某些特征。因而电影如同戏剧一样，只造成部分幻觉。但电影不同于戏剧的地方在于，它没有彩色，没有声音，没有立体感，而且受到银幕边缘的限制。"因而它的真实性便恰好被消减到最令人满意的程度。"② 早期电影是黑白片，阿恩海姆认为人们观看黑白片并没有感觉不真实或不符合现实自然主义的特征，而是把黑白的影像看作一个完整的影像接收下来；只有当彩色片诞生之后，观众才发觉原来早期影片的色彩是与现实不同的。这都说明观众观看的幻觉是部分的。只要部分地再现了现实，观众就可以把对象组织成一个完整的对象。在论述了戏剧、照片、电影都只造成观众的部分感觉之后，阿恩海姆得出结论："上述情况构成了'蒙太奇'在艺术上存在的理由。"③ "上述情况"也就是观众的部分幻觉理论。部分幻觉理论构成了蒙太奇在艺术上存在的理由。问题是，为何部分幻觉理论能够为蒙太奇在艺术上的存在提供理由呢？而且也有人对部分幻觉理论

---

① ［美］阿恩海姆：《电影作为艺术》，邵牧君译，中国电影出版社2003年版，第20页。
② ［美］阿恩海姆：《电影作为艺术》，邵牧君译，中国电影出版社2003年版，第21页。
③ ［美］阿恩海姆：《电影作为艺术》，邵牧君译，中国电影出版社2003年版，第21页。

提出了批评。批评者从心理学出发，认为"只有一个幻觉的全部细节很完整的时候，它才会是强有力的"①。阿恩海姆认为，这种批评的心理学理由是过时的。阿恩海姆从格式塔心理学的完整闭合倾向知觉原理对此批评提出了反驳。他认为，人的知觉完整闭合的"完形加工"的能力能够通过部分补全整体，而且"正是这个事实使艺术成为可能"②。阿恩海姆的意思是，由于格式塔心理学的完整闭合倾向知觉原理，观众能够在电影画面中通过看见部分真实，看见核心的、关键的部分，把画面把握为一个整体。如此通过视知觉完整闭合组织之后，观众就可以不必对电影中的缺陷、部分不真实产生不舒服的感觉。这个从部分到完整的观看过程其实是视知觉格式塔意志或简化倾向组织后的结果。显然，早期阿恩海姆部分幻觉理论坚持了格式塔心理学知觉简化原理，并把它运用到了对电影艺术存在的心理学基础的辩护当中。

部分幻觉理论是直接对格式塔心理知觉完整闭合原理的运用。阿恩海姆认为，蒙太奇技巧电影作为一种艺术的主要支撑，而部分幻觉理论又为蒙太奇提供了理论支撑，因而部分幻觉理论就为电影作为艺术提供了心理学的支撑。可见，格式塔心理学知觉完整闭合原理是阿恩海姆早期电影美学的理论基础。完整闭合的知觉简化原理也成为阿恩海姆早期格式塔心理学重要美学原理之一。

二　接近性原理

蒙太奇是电影存在的艺术基础。阿恩海姆的部分幻觉理论为蒙太奇建立了格式塔心理学知觉基础，也就是说，其实观众在观看电影时，对电影画面进行了完整闭合的知觉简化加工。蒙太奇得以在电影中存

---

① ［美］阿恩海姆：《电影作为艺术》，邵牧君译，中国电影出版社2003年版，第23页。
② ［美］阿恩海姆：《电影作为艺术》，邵牧君译，中国电影出版社2003年版，第23页。

第三章　纯形式的简化：阿恩海姆早期美学原理

在的心理学基础是完整闭合的知觉简化倾向。这是阿恩海姆早期电影蒙太奇理论中对格式塔心理学完整闭合知觉原理的使用。这一原理，在上一小节进行了说明，但主要是把它结合电影部分幻觉理论进行了论述。蒙太奇存在的格式塔心理学基础之一其实还包括知觉简化的接近性原理。在这一小节，笔者主要从蒙太奇的接近性知觉简化原理运用进行论述。

蒙太奇就是"把现实生活的场景记录在许多条可以连接在一起的胶片上"①的手法，从而让观众的观看成为一种融为一体的完整的运动视觉印象。阿恩海姆根据这种蒙太奇定义，提出了自己对电影的看法。他认为整个电影本身就是一个蒙太奇。因为电影是由各个独立的照片组合在一起的，通过快速的剪辑速度，使得各个分离的照片被组合成一个统一的整体。就此来说，整个电影（胶片）的运作都符合蒙太奇这种艺术手法，所以阿恩海姆对电影提出了独到的见解。"电影归根到底乃是单幅照片的蒙太奇——觉察不到的蒙太奇。"这是阿恩海姆根据蒙太奇原理对蒙太奇进行的一种新的类别的规定。电影的整个存在本身就是蒙太奇。我们知道，电影实质的画面是静止的。但是为何我们能够看见电影的活动影像呢？阿恩海姆运用格式塔心理学视知觉的接近性组织原理对此进行了科学的说明。格式塔心理学创始人之一韦特海默曾经做了一个著名的"似动现象"的实验。这一实验把两条光线分别以三种不同的时间间隔先后投影到一个黑色屏幕上。实验结果显示，如果两条光线的相继显现的时间间隔为 0.12 毫秒以上，观看者会看见两条光线一前一后地出现。如果把它们之间的时间间隔缩小到 0.60 毫秒，那么观看者直接看见的是一条直线。如果继续把时间缩小到 200 毫秒，观看者则直接看见一条光线从荧幕上快速划过。这是著

---

① ［美］阿恩海姆：《电影作为艺术》，邵牧君译，中国电影出版社 2003 年版，第 21 页。

名的格式塔心理学似动现象实验。在这个实验中，观看者看见一条运动的光线，实际上，它是两条静止的光线在一定时间内的先后呈现。它们并不是一条完整的运动的光线。但是观众却能够把它们把握为一个运动的整体。韦特海默据此提出了视知觉的完形倾向原理，认为人的知觉具有一种简化的本能，把看见的复杂的对象通过视知觉的简化组织把握为一个简单的和谐的平衡的式样。在这个似动现象中，其实是观看者运用了视知觉的接近性（又称连续性）简化原理。接近性和连续性是一种"某些距离较短或互相接近的部分，容易组成整体"[①]的知觉简化原理。阿恩海姆以韦特海默关于似动现象的实验为基础，也即以观众的接近性知觉组织能力为基础，认为完形的"知觉的连续性可以弥补时空上的鸿沟"[②]。只要让两个镜头之间出现的速度加快，那么适当地选择影像，就可以让某些生硬的不同时空的物体形成时空的统一性，同时也把静止的胶片上的影像知觉为一个连续的运动的影像。他以爱森斯坦《战舰波将金》中三个不同姿势的石狮的连续剪辑为例，对此进行了说明。三个狮子的影像，它们来自不同空间，第一个是躺着的石狮，第二个是坐起来的狮子，第三个是站立着张口怒吼的石狮，如图3－1所示。通过快速的剪辑速度，让它们连续出现，弥补时空的鸿沟制造统一的现象，就可以使本来生硬的死物活起来。胶片上这三个石狮都是静止的，但通过快速的剪辑组合，使它们看起来是一个狮子连贯的运动过程。这是观众视知觉的连续性或接近性的知觉简化组织能力的结果。"通过急速的活动，使客观上互相分开的物象给人以融为一体的印象，这也是电影蒙太奇所能达到的效果。"[③]

---

① [德]考夫卡：《格式塔心理学》，李维译，北京大学出版社2010年版，第9页。
② [美]阿恩海姆：《艺术与视知觉》，滕守尧译，中国社会科学出版社1987年版，第543页。
③ [美]阿恩海姆：《电影作为艺术》，邵牧君译，中国电影出版社2003年版，第77页。

第三章 纯形式的简化：阿恩海姆早期美学原理

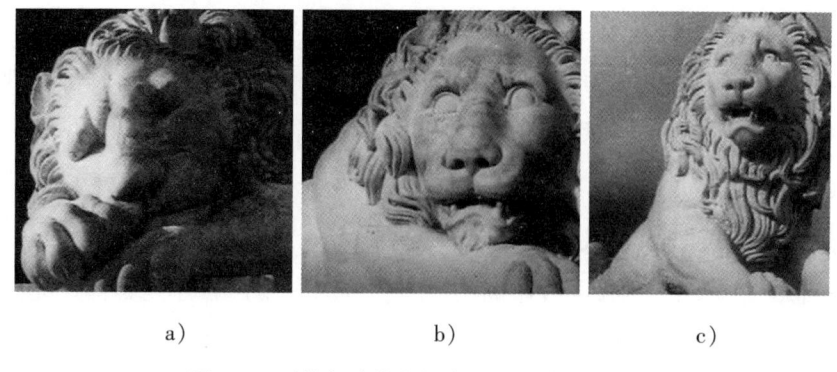

a)　　　　　　　　b)　　　　　　　　c)

图3-1 《战舰波将金》中石狮的蒙太奇剪辑

在早期《无线电：声音的艺术》一书中，阿恩海姆认为无线电蒙太奇也坚持了知觉接近性简化原理。阿恩海姆对无线电蒙太奇的看法基本移植了电影蒙太奇的观点，只不过无线电蒙太奇的剪辑是一种声音之间的剪辑组合，而电影则是影像之间的剪辑组合。阿恩海姆认为无线电蒙太奇一共有三种，即距离蒙太奇、并列蒙太奇和序列蒙太奇。"谈到蒙无线电广播，我们看到，理论上它也可以使用三种'蒙太奇'技术。当然，正如所看见的，广播角度的变化是有限的，只限于改变距离，因此我们在前面谈到距离时讨论了这种类型的无线电蒙太奇。"①

阿恩海姆认为无线电蒙太奇通过对声音的并列与序列的剪辑，"不再是一种分离，相反，它成为一种融合"。"场景和动作之间的间隔将动作分割成几个部分，而另一种剪辑的方法则将动作连接成一个连续的时间序列，这个时间序列虽然在空间上被分割，但在情节上却是紧密联系的。这些消减并不意味着时间的省略"②，而是始终保持着连续性和完整性。无线电广播通过声音的序列可以很好地改变场景。这种

---

① Rudolf Arnheim, *Radio: An Art of Sound*, Translated by Ludwing and Herbert Read, New York: Da Capo Press, 1971, p. 107.
② Rudolf Arnheim, *Radio: An Art of Sound*, Translated by Ludwing and Herbert Read, New York: Da Capo Press, 1971, p. 106.

场景改变，不仅推进了叙事进程，而且有时候也很好地表达了无线电广播所传达的情感和内涵。问题是为何这种场景的改变，却没有给观众造成一种断裂的非连续性的听觉感受呢？比如，"我们可能听见有人说：'再见，弗里茨。我现在要去找妈妈了。'然后是一个停顿，然后是同样的声音说：'晚安，妈妈，我回来了。'"① 观众显然会在听知觉的感知中把这一具有某种中断的声音把握为一个声音序列整体。无线电蒙太奇的并列剪辑技巧具有同样的效果。"无线电不仅通过连续的声音，而且还通过它们的叠加来实现其效果。"② 比如，把无线电史上最戏剧性的事件之一就是通过蒙太奇声音并列地剪辑而产生的。阿恩海姆描述了一个广播历史事件，在1932的新年夜里，冯·登堡（von Sternberg）总统正在向国民进行新年演讲，而此时突然广播中插入了共产主义者的声音。阿恩海姆认为这是一个奇特的无线电蒙太奇组合。因为相互对立的两个政治思想的重叠会产生一种奇异的权力的对立与博弈。在阿恩海姆看来，这种叠加是特别容易的，而多种文字叠加在一起是不可能的，也无法理解。"但正是这种音乐和文字（对话或朗诵）的戏剧性的反演，在电台的社论和类似的蒙太奇中产生了令人愉悦的效果，在那里各种东西被暂时的掩盖起来，将它们混合在一起，从而获得了一种松散模糊的纹理，简便地隐藏了蒙太奇的接缝。"③ 阿恩海姆所说的这种接缝的隐藏并非客观的存在的，而是主体通过听知觉的接近性或连续性的简化组织加工后的结果。

可见，阿恩海姆早期美学思想通过对格式塔心理学知觉接近性

---

① Rudolf Arnheim, *Radio: An Art of Sound*, Translated by Ludwing and Herbert Read, New York: Da Capo Press, 1971, p. 108.
② Rudolf Arnheim, *Radio: An Art of Sound*, Translated by Ludwing and Herbert Read, New York: Da Capo Press, 1971, p. 122.
③ Rudolf Arnheim, *Radio: An Art of Sound*, Translated by Ludwing and Herbert Read, New York: Da Capo Press, 1971, p. 107.

原理的运用为电影、无线电广播艺术中的蒙太奇理论寻找到了心理学基础，并为听知觉的感知寻找到了一种主动的、积极的完形知觉感知。接近性或连续性原理成为阿恩海姆早期美学思想中的简化原理之一。

三　图形—背景原理

格式塔心理学知觉简化原理当中有一条图形—背景原理。阿恩海姆早期美学把这一原理运用到了电影、无线电艺术的创作和审美接受分析之中。图形—背景原理认为"在具有一定配置的场内，有些对象突现出来成为图形，有些对象退居到衬托地位而成为背景"①。也就是说，人的知觉在活动时总是一种整体性的活动，其中包括一个图形和背景的相互配合和依赖。一般来说，"图形有依赖于背景"，"图形更加坚实，背景更加松散"②。图形的色彩鲜明，背景暗淡；图形面积比较小，背景面积大。图形与背景总是一个知觉活动中的整体，而不是孤立的、分离的元素。它们在我们的知觉中相互作用，彼此支撑。图形—背景的知觉简化原理表明，成为知觉注意中心的图形总要有一个背景。阿恩海姆要求艺术作品的创作和欣赏都要以此原理为基础。

在《电影作为艺术》一书中，阿恩海姆论述了通过照明而突出影像与现实视像的差异。因为差异构成了电影作为艺术的基础，因此，阿恩海姆认为电影的照明是一项可以利用的艺术技巧。他认为电影中，照明技术的使用应该遵从图形—背景的视觉简化原理。"给背景布光时，还决不能使背景的某些部分看来像是属于拍摄对象的，或使拍摄对象的某些部分看来像是属于对象的，这样会使人们看不清楚

---

① ［德］考夫卡：《格式塔心理学》，李维译，北京大学出版社2010年版，第9页。
② ［德］考夫卡：《格式塔心理学》，李维译，北京大学出版社2010年版，第155页。

拍摄对象。"① 这里阿恩海姆要求电影照明的使用不能不区分图形—背景的差异，不然会导致观众看不清所拍摄对象，导致视觉观看主次不明，使观众无法理解电影画面的内容，其实是对图形—背景知觉简化原理的遵从。

对电影拍摄过程中焦点的使用也要求遵从图形—背景原则。它可以引导观众观看和注意中心。"例如，可以用这种方法来表现一个靠前景和另一个在后景深处的人之间的对话。这种方法可以迫使观众按照导演的意图先看一个人，再看另一个人。"②

在《无线电：声音的艺术》中阿恩海姆运用此知觉简化原理，对音乐与麦克风不同的距离所具有的不同的表达性功能分析中，对无线电艺术的音乐的安排要遵守图形—背景的知觉简化原理进行了简单的论述。他认为在无线电广播剧中，"附带的音乐必须在整个过程中保持足够远的距离；一定不能因为音乐需要稍微大声一点就被推到前台，从而混淆了问题。如果是使用音乐来连接场景之间的间隔，就应该将音乐放在靠近的位置，使音乐从与主要对话相同的距离发出声音，这样听众就会意识到，音乐不是作为伴奏或背景音乐，而是作为一种独立的，同样重要的，作为前景的表演"③。阿恩海姆在此对音乐使用的艺术性的考虑进行了分析。应该把背景音乐与独立的音乐区别对待，考虑到与麦克风的不同的距离。背景的音乐应该始终保持较远的距离以作为背景隐没到后面烘托主体的声音。这是对听知觉的图形—背景简化原理的坚持。同时，也是对听众的审美感知中的图形—背景完形感知原则的尊重。

---

① ［美］阿恩海姆：《电影作为艺术》，邵牧君译，中国电影出版社2003年版，第13页。
② ［美］阿恩海姆：《电影作为艺术》，邵牧君译，中国电影出版社2003年版，第97—98页。
③ Rudolf Arnheim, *Radio: An Art of Sound*, Translated by Ludwing and Herbert Read, New York: Da Capo Press, 1971, p. 68.

对无线电艺术场景的制作,阿恩海姆也要求坚持图形—背景的知觉简化原理。他说:"制作人员的任务很大程度上是通过不断的新的印象来吸引(注意力),因此,他应该根据感觉使用交替的平面和透视场景,即空间分割起伏变化的场景,然后在一定范围内保留具有距离细微差别的固定场景,将场景粗糙地分割成背景和前景的场景。在一些场景中主要动作是在前面进行的,而在后面进行的场景则是在后面进行的。如果他在不迷惑听者的情况下成功地做到这一点,视角就会变成一种'声音指针',这不仅增强了形式,同时也丰富了意义。"[1] 主要动作需要被置于图形部位,次要的动作则需要被置于背景的位置。这种图形—背景的安排符合听知觉感知的原理,如果运用得好,不仅增强无线电作品的形式感,而且能够突出重点,丰富作品的意义。

阿恩海姆从图形—背景原则出发,对无线电通过声音的图形—背景式的安排能够比视觉图像更简化地表达出某种情势的优点进行了说明,其中就坚持了图形—背景的知觉简化原理。他在书中举例具体的例子来说明这一点,在无线电广播播放两个人物在船上谈话的场景时,无线电广播导演可以把两人在船头的谈话放置在声音的前景,而把两个人物背后的其他船舶、工人的声音放在背后。通过这种鲜明的前后的处理,听众能够根据听觉的图形—背景知觉原则,把人物背后的声音当作背景声音,如船舶引擎的声音,并把它们处理成不重要的、杂乱无章的声音。相反,两个人物及其谈话会被自然地看作是主要行动或主要声音。观众这个过程中,自然地调节知觉的感知对象,从而完成对广播艺术的欣赏。但是对于视觉艺术图像来说,前后背景置放的不同的人物、物体,可能并没有听知觉的声音的前后背景的放置那么方便。因为人们的观看,可能会看到前景中的物体与背景中的物品是

---

[1] Rudolf Arnheim, *Radio: An Art of Sound*, Translated by Ludwing and Herbert Read, New York: Da Capo Press, 1971, p. 107.

一样多,甚至背景的物品如果更生动、鲜艳,可能还会颠倒观看秩序的主次结构。"与丰富的视觉世界相比,听觉世界形式更贫乏。通过这种形式贫乏的单调的噪音,听觉世界为极严格的创作提供了可能性,这种可能性在视觉艺术中是极少可能的。"[1] 显然,阿恩海姆认为,声音比视觉更能简化地完成呈现背景的任务,而且在前景与背景中能够很好地做出区分。声音的使用可以很好地满足格式塔心理中的图形—背景原则,从而使得艺术作品形式及其表达更简化。

第二节 早期纯形式简化美学原理及其反思

早期美学思想不仅对具体的知觉简化原理进行了运用,以此来论证电影、无线电艺术的合法性,为现代新兴的电子媒介艺术找到了坚实的格式塔心理学美学基础。在这一阶段,阿恩海姆对格式塔心理学知觉简化原理的美学运用还表现在对默片和无线电"盲播"的辩护和赞美之中。但这时的知觉简化不同于蒙太奇、部分幻觉等理论中对主体知觉的简化加工的参与,已经脱离了具体的知觉过程。在默片和"盲播"的艺术辩护中坚持的格式塔简化原理没有了具体的知觉的参与,仅仅成为一种形式主义美学的简化原理。阿恩海姆实质上是把格式塔心理学知觉的能动作用的组织加工过程得到的简化观念当作了一个静态形式简化原理,削足适履地让艺术事实符合抽象理论,而不是从实际的审美实践出发进行理论验证,因而使早期阿恩海姆美学简化原理出现了纯形式主义面向,并使其早期美学思想对电影、无线电艺术以及审美感知的观点呈现形式主义美学特征。这样阿恩海姆间接地从形式主义美学为新兴媒介艺术做了合法性辩护。

---

[1] Rudolf Arnheim, *Radio: An Art of Sound*, Translated by Ludwing and Herbert Read, New York: Da Capo Press, 1971, p.170.

一　电影艺术形式的简化：默片辩护

《新拉奥孔》是阿恩海姆早期电影美学思想的重要文献之一，该文完成于 1938 年。而在此之前，阿恩海姆就完成了对无线电艺术作为一种自足的纯粹的声音艺术的理论论证的文章。这篇文章即《赞美盲播：来自身体的解放》，收录在《无线电：声音的艺术》一书中。这两篇文章是阿恩海姆早期美学思想最重要的文献。它们的写作模式基本相同，都声称坚持格式塔心理学简化原理，坚持主张一种纯粹单一的知觉艺术，反对多种知觉的复杂联合。因此，这两篇文章是阿恩海姆早期美学思想中形式主义美学简化原理的集中体现。

法国文艺理论家莱辛（Lessing）《拉奥孔》一书的副标题是"论诗与画的界限"，主要探讨诗歌与绘画两种艺术的美学规律，着重探讨了两种艺术在美的标准、构思、题材等方面的异同和界限。阿恩海姆的《新拉奥孔》显然是在模仿莱辛《拉奥孔》一书的精神主旨，对不同艺术的表现手段结合问题进行了讨论。但"《新拉奥孔》实际上是对《拉奥孔》精神的彻底的背离，文章是名不符实的"。《新拉奥孔》一文的基本特征是武断和抽象，没有具体实例，与《拉奥孔》的充分饱满的论证相差甚远。真正对有声电影持完全否定性态度的文章，也就是这篇《新拉奥孔》。1957 年修订版的《电影作为艺术》"完全删除了旧版中专门论述有声电影的章节，而代之以从根本上否定有声电影的《新拉奥孔》"[1]，表明阿恩海姆到了 20 世纪 50 年代依然对有声电影保持否定性的态度。

在《新拉奥孔》一文中，阿恩海姆之所以对有声电影进行了否定性的批评，认为它是一种"杂种"的艺术，破坏了无声电影的艺术性，

---

[1] 邵牧君：《论阿恩海姆的电影艺术理论》，《世界电影》1984 年第 4 期。

主要的理由是它违背了简化美学规律。阿恩海姆认为，人的审美规律是用简单的式样表现复杂的东西。"有声片正因为违反了这些美学规律才变得如此糟糕。"① 根据这种简化美学规律，审美主体总是会把那些通过简单形式的作品表现了复杂东西的艺术作品看成是优秀的艺术作品。在这种情况下，艺术作品的形式、表现手段就成为问题的中心。阿恩海姆在《新拉奥孔》一文中对一般艺术作品中的表现手段问题进行了思考，然后把这种思考的结论运用到有声电影中。对艺术作品"表现手段"的问题进行思考，不是说用什么样的方式或媒介来进行艺术创作，而是几种表现手段同时在一种艺术作品中的兼容性问题，即主要研究"艺术作品一般来说在什么样的条件下才能以一种以上的手段——诸如语言、活动中的形象、乐音——为基础"②。阿恩海姆通过从对现实的感知、戏剧、文学、歌剧等表现手段的兼容性分析入手，得出的结论是历来伟大的艺术家们都"宁肯使用一种表现的手段"进行艺术创作。"迄今为止，艺术家们还很少善于或愿意创作真正以一种以上的手段为基础的作品。"③ 他以莎士比亚（Shakespeare）、歌德（Goethe）、莫里哀（Moliere）、哥尔多尼（Goldoni）、克莱斯特（Kleist）等伟大艺术家的创作作为具体例子，说明了这些伟大的艺术家都是以一种单一手段进行艺术创作的。莎士比亚总是考虑到戏剧舞台的因素，而歌德的作品则表现出与舞台的远离关系。阿恩海姆的意思是文学作品的艺术就无法更好地在戏剧舞台中表现出来，而戏剧则无法通过纯粹的文学作品进行表现。历史上伟大艺术家们都愿意使用一种表现手段进行艺术创作，而他们的创作就是人类美学规律的直接体现。阿恩海姆最终的目的是想要说明艺术作品能够以一种单一的手

---

① ［美］阿恩海姆：《电影作为艺术》，邵牧君译，中国电影出版社2003年版，第156页。
② ［美］阿恩海姆：《电影作为艺术》，邵牧君译，中国电影出版社2003年版，第157页。
③ ［美］阿恩海姆：《电影作为艺术》，邵牧君译，中国电影出版社2003年版，第174页。

段表现复杂的东西，而且这是人类艺术的美学规律。虽然在对歌剧、戏剧、文学的分析中，可能都使用了一种以上的表现手段，但是这些各个表现手段"总是由不同的人来处理每一种手段"。它们的结合都是在更高级的水平上表现力的相似性的结合。

在对不同艺术品的表现手段兼容性问题进行探讨时，阿恩海姆谈到了两种水平上的结合问题。即初级水平的结合和高级水平的结合。初级水平的结合即人的各个感觉之间的结合，如把听觉和视觉结合在一起。高级的结合是指超越感觉生理上的高级的近亲关系而实现的结合。阿恩海姆认为，初级水平的结合在艺术作品中是不可能的。因为各个感觉本身是完整的而且是相互分离的。"在这个感觉现象的水平（低级水平）上，视觉现象和听觉现象的艺术结合是不可能实现的。"[1]但在更高级的水平上，阿恩海姆认为是以相似性或邻近性的抽象关系为基础构成的表现力这一更高级水平的结合是可能的，比如鲜艳的艳红色与节奏快、音调高昂的音乐在表现力上可能是相同的，它们能传达一种欢快、热烈的情绪，它们能在更高级的艺术表现力上结合在一起，但无法在纯粹的各自完整且分离的感觉（视觉和听觉）之间建立任何联系。恰恰因为这种原因，使得艺术作品可以利用若干种表现手段在艺术作品的结合中表现更高级的、深刻丰富的内涵。"但是来自不同感觉领域的表现方式在这一水平上所建立的相互联系，并不足以使它们成为协调一致的、能相互融合或交换的"[2]，因为初级水平上的作为各自完整感觉的分离始终存在，且起着重要的约束力，比如歌曲，它的主题可以通过音乐的声音表现出来，也可以通过歌词表现出来，在相似性上建立起来的表现力，能够让两者融为一个整体。但歌词与声音仍有各自的完整的特性，并且在初级的感觉水平上，两者不可能

---

[1] ［美］阿恩海姆：《电影作为艺术》，邵牧君译，中国电影出版社2003年版，第159页。
[2] ［美］阿恩海姆：《电影作为艺术》，邵牧君译，中国电影出版社2003年版，第161页。

结合在一起。阿恩海姆因此提出了几种表现手段在一种艺术作品中结合起来的条件，或者说几种表现手段在一件艺术品中的兼容性的基础是"必须有艺术上的理由"，即"它们必须相互补充，用不同的方式来处理同一个表现对象"①。阿恩海姆把上述看法运用到电影上，认为有声电影在画面与声音上的结合是不可能的，因此否定有声片。

总之，在《新拉奥孔》一文中，阿恩海姆通过对艺术作品的组成部分或表现手段的简化分析，论证了他所提出的美学规律，即"任何一种能靠它本身的力量创造出完美的作品的表现手段，总是拒绝同另一种手段结合起来"②。人天生的这种审美本能是用简单的式样表现复杂的现实。它被阿恩海姆当作所有艺术的一条美学规律接受下来。有声电影在阿恩海姆那里不符合这条格式塔心理学简化原理，因而被认为是一种杂种的艺术。因为它是声音与画面两种表现手段的尴尬结合。"有声片正因为违反了这些美学规律才变得如此糟糕。"有声片的声音与画面"作为两种手段为了吸引观众而互相争斗，却不是通过共同的努力来抓住观众……结果造成了一场乱糟糟的合唱，互相倾轧，事倍功半"③。默片是纯粹的单一视觉的艺术，它能够通过单一的视觉手段表现丰富的世界，因而电影不应该有声音，电影应该把声音区隔出去。因为默片的表现手段是单一的图像，符合简化原理这一美学规律。

从上述的分析可以看出，在早期美学思想中，阿恩海姆使用格式塔心理学的简化原理，对新兴的电影艺术进行了合法性辩护。他把一种真正的伟大的艺术看作是一种单一的表现手段或单一知觉的艺术。鉴于当代有声电影已经成为公认的完整的电影艺术式样，笔者不禁要

---

① ［美］阿恩海姆：《电影作为艺术》，邵牧君译，中国电影出版社2003年版，第168—169页。
② ［美］阿恩海姆：《电影作为艺术》，邵牧君译，中国电影出版社2003年版，第159页。
③ ［美］阿恩海姆：《电影作为艺术》，邵牧君译，中国电影出版社2003年版，第156页。

问的是，阿恩海姆宣称的那种纯粹的单一表现手段的自足艺术真的是自足的吗？真的是符合格式塔心理学知觉简化原理的吗？它们是真的简化式样，还是只是一种外观形式的简单呢？对于这些问题的回答还需要深入分析阿恩海姆早期美学思想中的简化美学原理，看看这种原理在阿恩海姆那里到底是一种什么样的原理。

从简化原理本身来看，阿恩海姆的论证是一种形式主义美学的论证。我们知道格式塔心理学强调知觉的整体性，反对把知觉分割成单个元素的简单相加，认为人的知觉具有一种积极的、主动的简化组织加工能力。也就是说，简化是主体自身的简化本能，即格式塔意志。简化出来的形象是一种"完形"，最优格式塔，它并非是一种客观的形象，也不是一种绝对主观的形象，而是主客交融的"完形"组织加工后的"形式"。因此，格式塔简化原理绝不存在于客体的形式一方，也绝不存在于主体的心理一方，而是两者的交织。格式塔心理学受到了胡塞尔本质直观的现象学方法的影响。这种方法主张克服主客体二元对立，从主体间性出发寻找世界的始基或绝对真理。格式塔心理学的知觉简化原理始终保持这种主体间性的特征。但是阿恩海姆早期在对电影等艺术进行辩护时遵从的简化原理存在一种明显的二元对立的倾向，使得简化不是主体间性视野下的知觉的简化本能，而是沦为一种艺术纯粹形式的简单式样，使得简化原理中的主体知觉对客体完形的映射转变成了一种艺术客体形式对简化原理的符合。如他说："最伟大的艺术用简单的样式表现复杂的世界"，"分离或重逢、胜利或屈服、成为朋友或成为敌人——所有这一类主题都是通过少数几个姿势简明地表现出来，例如一抬头或一举臂，一个人对另一个人鞠躬等等。这就产生了一种最有电影风味的故事，其中充满了简单的事件。随着有声片的出现，那种外部动作极少而心理刻画很细致的剧场型的剧本便代替了这种故事"。可以看出，简化表现为用外在形式的简单、单一表现抽象的情感或精神。这里说的简单是艺术作品客体的形式简单，而不是主体的简化组织倾向。而所谓的美学冲动也不是从审美主体通过其完形倾向能力对作品的简化加工，而仅仅是一种对形式简单的爱好。在此，阿恩海姆早期的简化原理已经不是审美主体具体的审美完形知觉的简化加工，是一种纯粹形式的简单的倾向。这种纯形式的简化在《无线电：声音的艺术》一书中同样存在。

二 广播艺术形式的简化：赞美盲播

在《赞美盲播》一文中，阿恩海姆同样首先提出一条艺术通用的简化原理，即在艺术作品中只容纳本质性的要素，其他非本质性的要素都不需要。[①] 这条原理跟《新拉奥孔》中的美学规律是同一原理，即排除艺术作品中的其他形式，保留某种艺术单一的纯粹的形式。遵从这一原理，阿恩海姆论证了无线电作为一种纯粹的单一的声音表现手段的艺术是一种伟大的艺术。因此，遵从这一原理美学简化原理，阿恩海姆对无线电艺术中的视觉想象的补充进行了否认。一般的看法是，无线电由于缺失了视觉元素，导致听众总倾向于通过想象的视觉画面来补充无线电听觉艺术的非完整性，认为刺激听众丰富的想象的无线电是一种优秀的艺术。阿恩海姆与这种看法针锋相对。他认为，"无线电广播的本质在这样的事实当中，即它通过听觉手段独自提供完整性。但不是自然主义意义上的完整性，而是提供事物的本质，一个思想的过程，一个表达的完整性。所有本质性的东西都在那儿——在这种意义上来说，一个好的广播是完整的"[②]。无线电艺术是一种纯粹

[①] Rudolf Arnheim, *Radio: An Art of Sound*, Translated by Ludwing and Herbert Read, New York: Da Capo Press, 1971, p.133.

[②] Rudolf Arnheim, *Radio: An Art of Sound*, Translated by Ludwing and Herbert Read, New York: Da Capo Press, 1971, p.135.

第三章　纯形式的简化：阿恩海姆早期美学原理

的、自足的、声音的艺术，不需要读者视觉想象的补充，排除了无线电艺术中存在的视觉因素。因此，他要求"无线艺术家必须掌握听觉的局限性。对他才能的考验是看他能否用听觉材料生产出一种完美的效果，而不是看他的广播能否鼓舞他的听众尽可能现实地以及生动地对遗失的视觉图像进行补充。相反的是，如果它要求这类补充，那么就是很差的作品，因为它没有成功地使用自己的资源，除了一点零碎的效果"①。那些让听众引起了视觉想象补充的无线电作品是一种很差的作品。由此出发，阿恩海姆对听众的审美接受过程也进行了简化的分割，拒绝审美听众的想象介入。听众的审美接受过程中也有一条接受的简化原理。"在艺术中，不仅有创作的简化原则，而且也有一个欣赏的简化原则。某种无法忍受的艺术家类型，鉴赏一件艺术作品时，用他的'想象'在作品中发现一件真正艺术作品的标准，并且通过作品刺激想象的强度来评价作品的价值"②，"无线电艺术的质量应该根据（在给定的意义上）即没有幻觉而仅限于声音的程度来判断"③。也就是说，在听众的审美接受过程中，一种真正的无线电审美体验是一种没有想象的体验，那些具有视觉想象介入的体验不是一种真正的审美体验。这种简化的审美接受观完全排除了接受主体积极的参与性与主动性，把无线电的听觉审美体验简化成纯粹的对声音的审美感知。想象、理性、判断等审美活动完全被悬置。这与其说是简化的审美接受原理，不如说是一种极其简单、粗糙的审美接受原理。从这里也可以看出，阿恩海姆早期美学具有浓厚的现代性特征，即坚持审美的纯

---

① Rudolf Arnheim, *Radio: An Art of Sound*, Translated by Ludwing and Herbert Read, New York: Da Capo Press, 1971, p. 136.
② Rudolf Arnheim, *Radio: An Art of Sound*, Translated by Ludwing and Herbert Read, New York: Da Capo Press, 1971, p. 134.
③ Rudolf Arnheim, *Radio: An Art of Sound*, Translated by Ludwing and Herbert Read, New York : Da Capo Press, 1971, p. 196.

正性,与后现代美学的拼贴、复制、杂糅等特征格格不入。如果说后现代美学特征的拼贴、复制、杂糅等特征会导致审美走向庸俗的消极影响,那么阿恩海姆早期对审美现代性的坚持对后现代美学具有很大的启示意义。

阿恩海姆还从声音在无线电中的表现功能比视觉手段的表现功能更直接、简单来论证无线电广播是一种伟大的简化艺术。比如,他认为在无线电中人物的呈现被简化为参与性的声音,比舞台艺术的人物表达更直接、简化。他以无线电广播剧中对守财奴这一人物形象的呈现为代表对此进行了论证。在无线电广播剧中守财奴被简化为硬币相互碰撞的声音。他认为这种通过钱币声音的直接性和简单性比视觉呈现更简单地表现了守财奴的人物形象和性格,因而无线电艺术能够用自身的简化的声音表现手段表达作品内容,它是符合简化美学原理的伟大艺术。

他对作为独白的声音的简化功能也进行了说明。他认为在舞台上,独白很容易产生无聊的效果或阻碍动作,但在无线电艺术中却恰恰相反。例如在广播剧《春天的苏醒》中,加博夫人(Hansen Rillo)和汉森·里洛(Mrs Gabor)在写给莫里茨·斯蒂费尔(Moritz Steffel)的信中的独白,如果出现在话剧表演的舞台上,那么可能比较难以理解其中内涵,但是通过广播演员纯粹声音的独白,信的内容与情愫就很容易被听众所把握到,因为信的内容都简单明了地转化成了加博夫人的声音,没有外在视觉的行动的表现干扰观众。这使得需要更多的道具和人物表演的舞台剧《春天的苏醒》转化成简单的纯粹单一听觉形式艺术的《春天的苏醒》。阿恩海姆认为,舞台艺术中人物的声音与视觉形象总是相互竞争的。这是舞台戏剧作品无法解决的矛盾。他坚持认为,艺术作品中的形式要素具有一种帝国主义特征。因为只有一种艺术使用其本质性的表达媒介才能成为一个优秀的艺术,因而排除了其他形式要素或表达媒介。因此，他要求在语言类艺术作品中，如果是可能的，就应该仅使用语言本身就足够了，让语言表达出作品的所有内容，无须其他媒介的辅助。同时，要是语言无法给出其所要传达的内容，则不要使用语言表达任何东西。他还指出，舞台与观众的眼睛的存在会导致外在动作、人物与声音的竞争以及手势与哑剧表演行为的竞争。舞台表演中的长篇大论会阻碍演员肢体动作的表现，尤其是当一个舞台剧的表演是一种自然主义风格时，这种矛盾会大大加强。因为自然主义的舞台表演风格，其服饰、动作、手势都符合生活中的习惯和情态，而书面语言的长篇大论很难符合这种舞台风格。在舞台艺术中，随着独白表演的出现，很多人开始抵制语言类艺术作品被转化成视觉艺术作品。抵制的目的是为了保持口头语言艺术的纯正性，达到最简化。两种艺术表现形式相互抵制的情况，在广播剧中不会出现，因为广播剧只有一种表达媒介，即声音。声音在广播剧中能够完成所有剧目需要表现的功能。广播剧主要的表现功能就是独白或声音的表达，这个通过广播剧的声音就可以独自完成。一个广播剧独白的场景几乎不需要任何外在的动作就能达到完美的效果。很显然，阿恩海姆认为，独白在无线电作品中的使用可以达到简化的作用，通过最少的外部行动，仅仅通过简单的声音就能把注意集中到核心、本质的部分。

阿恩海姆还论证了声音能够比视觉更简化地呈现神秘人物以及非人格化的人物。比如，在舞台上那些抽象的想象的神话人物，在舞台艺术中，必须通过视觉化的物像呈现，而这种物像的制作是比较繁杂的，这是一个舞台艺术的难题。但是这种人物的呈现特别适合无线电艺术。"如果'浮士德'中的梅菲斯托有一个偶蹄，那么奇伦就会把一个马身上的纸制马术绑在上面，最后浮士德自己会成为一把巨大的房子钥匙，这样他就可以打开母亲王国的大门了！这些想象虚构出来的承担痛苦的世俗人物——他们从符号成为博物馆的珍品——人物必须通过肉身表现出来——这个难题在无线电中得到了解决。例如，通过声音表示法，将钥匙交给现场进行相当具体的处理，但是只允许听者知道钥匙，并且不需要实际出现带有钥匙的'闪光'或闪烁的烟火装置。"① 这样声音就可以直接呈现复杂的神话人物，可以造成艺术作品在形式上的简化，而无须借助外在的视觉图像。他还举例说明声音可以比视觉更简单地把那些非人格化的文学形象呈现出来，如女巫屋子里会说话的猴子、公鸡、星星和树枝等。这些在现实中不存在的文学形象，若是通过舞台的视觉形象来表现，需要更多的舞台设计，这样作品就显得冗杂、繁缛，不符合简化美学原理。

　　阿恩海姆对无线电广播作为纯粹声音形式艺术的论证跟《新拉奥孔》如出一辙。只不过在《赞美盲播》一文中，他突出的是单一的声音表现手段的优越性。广播，一种纯粹的单一的声音的艺术具有视觉图像某些不具备的优势，而且能够表达出深刻的内涵，它总能达到最简化的地步。因此，阿恩海姆就得出结论，无线电广播艺术是一种伟大的纯粹听觉形式的简化艺术。他反对电视，支持无线电艺术的理由也是如此，因为无线电是通过声音单一的表现手段表达的艺术，而电视是声音与画面的结合，没有达到更简化的式样。在这里，阿恩海姆遵从的简化美学原理依然是艺术作品纯形式的单一、简单，而不是审美中主体运用其完形倾向对作品复杂形式的简化加工。如他本人所言："声音，以无线电的方式，以最小的感知内容，获得了几乎音乐风格化

---

① Rudolf Arnheim, *Radio: An Art of Sound*, Translated by Ludwing and Herbert Read, New York: Da Capo Press, 1971, p.181.

的简单的听觉形式。当材料很少时，艺术是很容易简单的。"① "在伟大的艺术中，最简单的形式不仅是最容易使用的，而且也是最难用到的。伟大的艺术总是使用最简单的形式。"② 由于去除审美主体积极主动完形倾向的加工能力，这里的简化是作品纯形式的简化，就使得阿恩海姆早期的美学观点较为片面，如他对广播想象的拒绝就是明证。

《赞美盲播》和《新拉奥孔》两篇文章写作时间都是20个世纪30年代，它们的风格、模式皆相似，即文章开头直接给出一条美学原理，然后通过"符合论"思维模式完成论证。笔者认为这种论证是反向的，而且是单向度的。意思即是说，先确认一个原理，然后从原理出发，让作品符合原理，让事实符合理论，从而自圆其说，完成论证。这种论证最大的缺陷就是对事实的阉割。仔细分析阿恩海姆在两篇文章中的写作模式，就能够证明上述看法。阿恩海姆总是首先提出一个所谓公认的简化美学原理（公认的就是不可怀疑的，也就是作为一种事实或观念存在的客体，是客体的东西就必然是客观存在的对象，而不是一种生成性的存在，而格式塔心理学中的简化是一种生成性的存在），然后从电影或无线电艺术本身的客观的形式的单一性来说明两种艺术符号简化原理。整个文章的中心都放在客观的形式因素或表现手段的多寡或优越性对比之上。比如在《新拉奥孔》中对历史上伟大的艺术家都是通过单一的表现手段创作艺术来说明伟大的艺术家都是简化美学原理的直接体现，因此他们使用单一的表现手段就说明符合简化美学原理，而默片符合这种单一表现手段，因此默片是伟大的艺术。在《无线电：声音的艺术》中大部分的篇幅都在论述声音可以比视觉更直

---

① Rudolf Arnheim, *Radio: An Art of Sound*, Translated by Ludwing and Herbert Read, New York: Da Capo Press, 1971, p. 110.
② Rudolf Arnheim, *Radio: An Art of Sound*, Translated by Ludwing and Herbert Read, New York: Da Capo Press, 1971, p. 180.

接简单地通过独白、声音并列呈现人物形象，表达情感内涵，等等。它们分析的重点都放在了艺术作品的形式上，阿恩海姆的工作就是论证了这些艺术作品的外观、形式是单一的、简单的，并且还可以表达出某些深刻的情感内涵、抽象人物，从而得出它们符合简化美学原理，属于伟大的艺术。问题是，任何一种单一的形式都可以通过某种安排来表达某种深度的内心冲突和精神内涵，如何说明单一的声音、图像能够表现情感内涵，就是一种简化的伟大的艺术。正如邵牧君所言"在《新拉奥孔》里，我们却从头到尾找不到一部具体影片的例子，整篇文章几乎全是从一个结论跳到另一个结论"[①]。邵牧君的看法是正确的，而且这种评价同样适合《赞美盲播》一文。虽然《赞美盲播》当中有一些具体的例子，但是这些例子只是阿恩海姆抽象的原理框架下的傀儡，不是从例子推导出原理，而是从原理出发，让具体的例子符合原理。因此阿恩海姆的论证是理论先行，把作为具体经验中的知觉的简化组织过程处理成了一个形式主义的艺术客体的简单式样。文章中看不见作为审美主体的具体的知觉简化的组织加工过程。正因为如此，我们就理解了为什么阿恩海姆早期关于无线电还有电影的艺术的观点作为一种美学思想总是与现实本身存在某种龃龉与隔阂的原因。这是他从抽象的纯形式简化原理的美学公式出发，对艺术作品进行逻各斯中心主义的阉割导致的，让艺术作品不断符合抽象的美学公式，远离具体的知觉、事实导致的。他坚持任何一种艺术只需要本质性的部分而排除其余部分的观点是一种本质主义的观点，完全排除了其他表现手段在艺术作品中的平等性权力。比如，电影在 1957 年就已经被公认为一种以声音与画面为主的艺术样式。但此时的他，依然否定有声电影的艺术合法性。让艺术作品适应简化原理本身只能导致艺术作

---

① 邵牧君：《论阿恩海姆的电影艺术理论》，《电影艺术》1984 年第 4 期。

品不断地削足适履，导致艺术的死亡。

阿恩海姆早期美学思想中的这种隐含的形式主义美学的简化原理让我们看见其早期美学思想是对格式塔心理学知觉简化原理的抽象移植，表现出阿恩海姆早期美学复杂性、多元性与丰富性的样态。在现实理论创作中，他的早期美学遭遇了某些现实瓶颈，这可能是他中晚期转向单一的视知觉艺术心理学研究的一个原因。当然，其早期格式塔美学原理也并非完全是纯粹形式化的简化，在电影蒙太奇、部分幻觉等理论中，阿恩海姆也坚持了某些主客交融的"完形"简化原理，这是本章第一节的内容。但他在为电影、无线电作为一种伟大的艺术辩护时，却更多地从形式主义美学的形式单一、简单之美出发，忽视了审美主体。因此，阿恩海姆早期简化美学原理就表现出了极大的多元性与丰富性、矛盾性与复杂性。

阿恩海姆早期简化美学原理对当代美学具有重要的启示意义。他反对声音等其他表现手段在电影艺术中的使用，虽然过于偏激，但其目的却是对电影的艺术性的追求，这种追求对当代电影的商业化和技术化倾向具有很重要的批判意义。它警醒当代国内电影创作不要过于玩弄花哨的表现手段，如3D技术、电脑特效制作等，而是要回归到电影的本性上来，坚持电影影像的叙事与艺术的结合。同时，他对形式简化的笃定、坚持，表现出他受现代性美学、形式主义美学的影响，这种坚持对当下后现代拼贴、戏仿美学的庸俗化、大众化倾向具有重要的启示意义。它让我们看见现代性美学对纯正、单一、专业化的坚持，某种程度上可以防止后现代美学走向庸俗化路径。

第四章　多元的感知：阿恩海姆早期审美感知论

审美感知是初级阶段的一种审美接受状态，是接受者与艺术作品在感知领域内的直接的交流。"审美感知是审美接受的第一个步骤，即美感的门户。"① 审美感知是审美感觉和审美知觉的统称。审美感觉是审美主体的各个感觉器官对审美客体的外在个别形式因素的直接被动的刺激—反应，其引起的美感是低级的生理性快感。审美感觉是审美知觉的基础。审美知觉是在审美感觉基础上对整个对象各个不同形式特征综合性的整体性的把握，具有积极性、整体性特征。滕守尧指出感觉与知觉的不同在于："感觉是对事物个别特征的反映，而知觉却是对于事物的各个不同的特征——形状、色彩、光线、空间、张力等要素组成的完整形象的整体性把握。"② 审美主体需要通过感觉和知觉才能同审美客体发生关系。审美活动有了审美感知的基础，才能使审美主体进入审美想象和审美判断及更高层次的审美经验，从而完成从低到高的整个审美活动。可见，审美感知是审美活动中不可或缺的部分。研究阿恩海姆早期美学思想不得不考察其复杂而矛盾的审美感知思想。他对感知的完形性的突出、对审美感知直觉性的强调、对艺术形式的

---

① 李添湘、易健：《论审美感知和审美想象》，《湖南教育学院学报》1995年第4期。
② 滕守尧：《审美心理描述》，中国社会科学出版社1985年版，第57页。

审美感知的重视等构成了他早期审美感知的重要内容。而他对审美感知与日常感知的对立、对联想和想象的矛盾态度,则让我们看见其审美感知理论的不足与缺陷。

第一节 两种审美感知理论:完形感知与形式主义审美感知

由于阿恩海姆早期美学存在两种理论基础即格式塔心理学和形式主义美学,所以阿恩海姆早期审美感知理论也由两个部分构成,即完形感知的艺术心理机制与单一知觉的形式主义审美感知论。完形感知在阿恩海姆早期美学思想中主要作为一种艺术心理学基础而存在,并没有过多地从接受者的审美经验视角出发,把接受者的审美感知看作一种完形的审美感知。在阿恩海姆那里,审美感知仅仅是一种单一知觉的形式感知,其美感建立在声音、图像等形式因素的对立、相似性的象征直觉体验之上。把阿恩海姆早期审美感知理论与中晚期审美感知思想相比较,可以看出,阿恩海姆早期审美感知美学思想与中晚期感知美学思想的差异。在中晚期,阿恩海姆把审美感知看作一种完形的审美感知,其中包含着审美主体积极的视知觉的完形组织加工,美感来自审美主体完形倾向的组织能力。而在早期,阿恩海姆更多是把审美主体的审美经验看作一种对艺术作品形式因素的直接的感知体验,其中没有过多的知觉完形组织加工的过程的参与。完形感知仅作为艺术心理学基础而存在,说明阿恩海姆在早期开始从事美学活动时,格式塔心理学还未能成为他主导的美学研究方法;在此时期,形式主义美学对阿恩海姆早期审美感知理论的影响甚大。正因为如此,使得阿恩海姆早期审美感知理论同样具有丰富性、多元性的特征,充满着张力与矛盾。

一　作为艺术心理机制的完形感知

在阿恩海姆所处的时代，"还有很多受过教育的人坚决否认电影有可能成为艺术"[①]。因为电影不像绘画创作过程那样，经过了画家的眼睛、手触等知觉的有机介入，它只是机械地复现世界物象。阿恩海姆认为这种观点需要系统地进行彻底的反驳。阿恩海姆要为电影是一门艺术进行辩护。阿恩海姆为电影辩护的理论基础就是格式塔心理学的完形感知理论。格式塔心理学认为人的知觉的感知是整体性，并不是对物像个别感觉元素的相加，而是具有完形倾向的积极主动的整体性把握。阿恩海姆接受了这种完形知觉观，并运用到为电影作为艺术辩护当中。在论述电影蒙太奇技术时，他说"也许有人认为，让那么多互不连贯的事件出现在同一个舞台上会使观众感到困惑。但实际上情况却不是如此。这是由于一个很微妙的事实，戏剧（或电影）所造成的幻觉只是部分的"。舞台上的演员在表演时，只需部分地跟现实中的人的谈吐、举止相似，就可以让观众产生全部真实的感受。舞台上的房间"只有三面墙，介于舞台和观众之间的第四面墙没有了"，但是任何观众都不会对这种只有三面墙的道具产生不真实的感受，而且会欣然地接受。这是因为观众的幻觉是部分的，而无须全部的幻觉来引导观众的欣赏。"舞台再现自然，但只是再现自然的一部分。"电影和戏剧一样，观众的幻觉也是部分的。"电影没有彩色，不给人以立体感，它又受到银幕边缘的严格限制，因而它的真实性便恰好被消减到最令人满意的程度。"电影通过把现实生活中的画面记录在许多条可以连接在一起的胶片上，把任何没有时空联系的事物并列在一起，通过一定时间的播放速度，把它们放映出来。这是电影蒙太奇艺术。蒙太奇使

---

① [美] 阿恩海姆：《电影作为艺术》，邵牧君译，中国电影出版社2003年版，第7页。

不同空间、时间的人物、事件可以连续地出现在一个完整的运动影像系列之中。但是却没有引起观众不舒服或不连贯的感觉。这也是因为电影的幻觉是部分的。观众在观看部分真实的影像时可以把它们组织成一个完整的、真实的影像,从而产生观看的和谐感。但是为什么观众的部分幻觉却可以产生完整的体验感受呢?阿恩海姆对此提出的解释是格式塔心理学的完形感知能力。他说:"在现实生活中,我们满足了解最重要的部分;这些部分代表了我们需要知道的一切。因此,只要再现这些最需要的部分,我们就满足了,我们就得到了一个完整的印象……同样的,无论在电影或戏剧中,任何事件只要言谈举止、时运遭际无不跟常人一般,我们就会觉得他们足够真实……正是这个事实才使艺术成为可能。"[①] 阿恩海姆这段话的核心思想是说,观众观看的电影、戏剧的幻觉是部分的,但他们具有一种完形组织加工能力(完整闭合倾向),通过观看部分而得到了一个整体。这种通过部分把握整体的完形感知能力构成了电影艺术成为可能的心理机制。如果没有观众的完形组织加工能力,那么观众只能看见一堆毫无联系的孤立的影像,这说明完形感知为电影艺术的观看与审美接受奠定了心理学基础。

在论述电影活动影像时,阿恩海姆也以格式塔心理学的完形感知观为电影活动影像找到了心理机制。我们知道胶片上的影像是静止不动的,而观众看见的电影影像却是活动的、连续的。阿恩海姆认为"通过急速的活动,使客观上互相分开的物像给人以融为一体的印象,这也是电影通过蒙太奇所能达到的效果"[②]。阿恩海姆根据格式塔心理学韦特海默的"似动现象"实验研究,对此做出了心理学的解释。他认为,电影静止的影像之所以会动是因为观众在观看时使用了视觉接

---

① [美]阿恩海姆:《电影作为艺术》,邵牧君译,中国电影出版社2003年版,第23页。
② [美]阿恩海姆:《电影作为艺术》,邵牧君译,中国电影出版社2003年版,第77页。

近性的简化加工，即把接近的物体把握为一个完形整体。也就是说，观众的视觉观看绝不是对电影影像的机械的刺激—反应，而是主体根据完形组织加工后的意象。有了观众的完形观看的能力，电影影像的活动及其观看才成为可能。因而完形感知、完形观看构成了电影活动影像的心理机制。很显然，早期阿恩海姆审美感知理论中完形感知仅仅作为艺术心理学的理论基础而存在，其目的是为电影艺术活动影像、蒙太奇技巧提供格式塔心理机制，从而为电影成为可能提供合理的心理学辩护。

我们知道，在《新拉奥孔》中，阿恩海姆从形式主义的简化美学公式出发，把电影艺术定性为无声电影，排除听觉、声音在电影及其审美接受中存在的合法性，通过理论对事实的阉割，最终的艺术作品也仅仅成为单一视觉图像形式的作品而已。它被阿恩海姆看作符合简化美学原理的伟大艺术。而在《赞美盲播》一文中，阿恩海姆则从同样的形式简化美学公式出发，论证了无线电艺术作为一种只有单一的声音表现手段的艺术是一种伟大的艺术，排除了视觉、图像在无线电领域存在的合法性。现在的问题是，如果这种形式简单的艺术是伟大的艺术，那么它必然给观众带来丰富的完形审美感知。事实会是如此吗？当然不是。格式塔心理学强调主体知觉的积极主动的简化组织能力及其过程，"最优格式塔"是通过主体"完形"加工组织后的主客合一的意象。阿恩海姆在早期为默片和无线电广播艺术辩护的过程中，按照抽象的、纯形式的简化原理，让艺术作品的客观形式简单、单调，并对作品单一形式的美学功能进行了阐释。面对这样一种形式简单、表现手段单一的艺术对象，审美接受者不可能发挥其积极主动的完形组织能力，甚至没有一种完形意志的驱动。因为我们面对的对象本身就是一个极其简单的对象，怎么会产生将其简化的冲动呢？没有了这种冲动的简化过程，更深层的审美体验、趣味就无从产生了。因此，阿恩海姆根据抽象的简化公式得到的艺术作品的接受，仅仅是对作品简单、单一形式的直觉反应或一种形式快感，根本不是主体积极主动的完形感知，因而这种直觉的简单形式的感知不是一种完形审美感知。虽然他认为通过单一的图像可以表现丰富的情感内容，但他在文章中所举的例子也只能是通过形式上的相似性或对立为基础建立的情感想象，并非主体主动的"完形审美"感知。

总体而言，在完形感知美学思想中，阿恩海姆的知觉完形感知可分为两个方面，即视觉完形感知和听觉完形感知，它们都是作为艺术的心理机制而存在。前者奠定了电影作为艺术的心理机制，后者奠定了广播艺术的心理机制。

二 形式主义的审美感知

对阿恩海姆来说，艺术作品最重要的元素是艺术作品的形式。不管是电影的色彩、无声、荧幕限制、摄影角度、蒙太奇，还是无线电广播艺术的声音的节奏、音调、旋律及声音蒙太奇等，在阿恩海姆眼中，都是艺术形式，构成艺术作品的核心要素。因此，早期美学思想中，形式是阿恩海姆讨论的重点，不管是从简化原理出发，把简化定格为外在形式的简化，还是在审美感知中对形式的直觉体验，形式都充当了阿恩海姆早期美学思想的中心对象。艺术作品外在的形式因素都对审美主体的审美感知构成了重要的影响。

在电影艺术形式对审美感知的影响的讨论中，阿恩海姆主要讨论了电影的摄影角度、黑白色彩、拍摄距离、画面的限制、特写、焦点等形式因素。阿恩海姆指出，视觉的审美感知之所以能够正常运行，在于我们的眼睛只能从一个角度看东西，"而且只是在物象反映出来的光线被投射到一个平面（网膜）之上的时候，眼睛才能感受到它"①。阿恩海姆表明了视觉的观看及其注意是建立在大脑视觉神经系统之上的。审美感知发生于人的大脑视觉神经系统。其大概流程是,起始于人的视觉对物象的注意,然后物理信息传输到视网膜形成影像,再传输到大脑皮层形成"心像"。电影影像是视觉艺术,人的视觉及其感知始终在观影过程中引导着我们的观影体验与审美体验。摄影机拍摄的角度或方位的不同在很大程度上影响着人类的审美感知,从而造成不同的艺术效果和审美体验。阿恩海姆认识到这一点,"为了取得特殊的效果","电影绝不是永远选择那些最能显示出某一特定物象的特征的方位"。他论述了克莱尔(Claire)《幕间节目》通过巧妙的视角造成的惊奇的效果来引起观众的审美注意,从一个透明的玻璃舞台下面仰拍一个跳舞的女孩。观众可以看见"她的纱裙像花瓣一样开阖,而在花冠中心出现了两腿的奇特表演……这样一个奇特的画面给人的快感开初是纯粹形式的"②,如图 4-1 所示。

a) b)

图 4-1 克莱尔《幕间节目》奇特的拍摄视角

通过创造惊奇的画面引起观众的审美注意,观众注意的影像还只是纯粹的物象,而不是物象的形式。他还论述了不同的视角引起观众

---

① [美]阿恩海姆:《电影作为艺术》,邵牧君译,中国电影出版社 2003 年版,第 9 页。
② [美]阿恩海姆:《电影作为艺术》,邵牧君译,中国电影出版社 2003 年版,第 31 页。

第四章 多元的感知：阿恩海姆早期审美感知论

对物象形式的审美感知。对寻常事物的拍摄，倘若换一个全新的摄影视角，就可以使观众对这个事物形式产生更多的注意，让观众产生某种惊奇的审美体验。在拍摄一个湖面上划船的场面时，摄影机可以从高空俯拍。观众就可以看见一副实际生活中很少见到的画面。如此，观众的注意就会从通常的对象转到对象的形式上去了。"观众会注意这条船完完全全是梭形的……由于整个对象显得很稀奇古怪，已往不受注意的东西就变得更加引人注目。"① 阿恩海姆还论述了在一定摄影角度合适的情况下，引起观众感知特定的对象，从而发现其中的象征意义。比如，可以使用仰拍视角来拍摄一个独裁者，这种视角可以增强独裁者在观众心中引起强权的压迫感与紧张感。在拍摄两个实体物体的相互遮挡时，合适的视角同样可以引起观众对其中象征意义的审美感知。对此，阿恩海姆讲述了亚历山大·罗奥姆（Alexander Rohm）拍摄的《一去不复还的幽灵》里的一个场面，一个刑满释放的囚犯背对着观众，在一条长长的两边石墙高耸的道路上走出监狱。之后，他在路边发现了一朵小花。这朵小花象征着他多年来失去的自由与美好时光。之后，他摘下这多小花，手握着拳头，对着监狱大门愤怒地挥舞起来。就在这个时候，摄影机的方向不变，却往后移动了几米，移动到监狱栅栏的后面。这时候，暗淡而粗粝的铁栅栏占满了整个画面。但此时，观众依然可以看见之前囚犯愤怒地对着监狱大门挥舞拳头的镜头。这个画面可以看出，在两个实际的物体之间（囚犯与栅栏），导演能够移动摄影机的位置，从而改变不同的观看角度，让观众感知到它们之间的相互联系。在这个镜头中，"监狱栅栏的视角"的使用，产生的艺术效果实际上是使囚犯与监狱（强权）成为两个对峙的主体。从那个视角观看，好像是有某个人（监狱长）在栅栏

---

① ［美］阿恩海姆：《电影作为艺术》，邵牧君译，中国电影出版社2003年版，第34页。

背后偷窥一样，又或者是监狱本身在观看他囚禁了多年的犯人的离去。在这种两个主体的对峙中，因犯多年被剥去自由的积怨在这个镜头和构图中被表达得淋漓尽致。对此，阿恩海姆也有阐释："正是摄影机的特定位置使犯人与狱门之间产生了有意义的关联。如果采用其他角度拍摄这个镜头，狱门的铁栅可能就不怎么引起注意，它的象征意义当然更加无人理会了。"① 可见，摄影机的角度或位置对观众审美感知的影响是巨大的。阿恩海姆的潜台词即是说，要加强审美主体的审美感受或体验，就必须对摄影机的位置或角度进行合理的选择和安排。

阿恩海姆认为黑白两色影响着观众的审美感知。"电影艺术家在只能使用黑白两色的条件下，反而取得了特别生动鲜明的效果。"② 他对刚刚出现的彩色技术在电影中的使用可能带来的艺术效果保持怀疑。如何艺术地利用电影中的黑白两色，影响观众的审美感知呢？阿恩海姆首先论述了黑白影像与其他技术如布光、摄影机同太阳的相对位置、调整反光板等措施的相互协调工作来构造电影优质的美学效果。其次，他把黑白两色看作永恒的象征手法。在黑白电影中，黑色与白色分别象征着黑暗、死亡、邪恶与光明、生机与崇高，这些"原始的然而永远有效的象征手法是取之不尽、用之不竭的"③。最后是利用黑白两色的对立与对比。在斯登堡（Sternberg）的《纽约的码头》中，导演用女孩白色的面孔、服装和头发同轮船司炉黑色外形形成对比，从而表现了两个人物内心的戏剧性冲突，如图4-2所示。

---

① ［美］阿恩海姆：《电影作为艺术》，邵牧君译，中国电影出版社2003年版，第38页。
② ［美］阿恩海姆：《电影作为艺术》，邵牧君译，中国电影出版社2003年版，第50页。
③ ［美］阿恩海姆：《电影作为艺术》，邵牧君译，中国电影出版社2003年版，第51页。

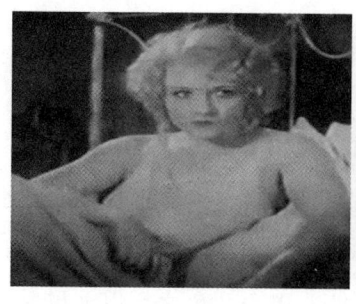

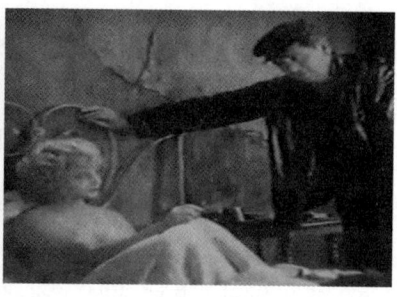

　　　　　a)　　　　　　　　　　　　b)
图 4-2　《纽约的码头》用黑白对立表现人物冲突

　　他还以格兰诺夫斯基（Granovsky）《生命之歌》中白色的手术袍、消毒纱布、药棉与医生黑色的橡皮套、黑色医疗器械的鲜明对比来说明这种技巧的艺术魅力。在《生命之歌》的影片中，导演通过这种对比表现了手术室令人紧张、压抑的气氛。在《彩色电影评论》（*Remarks on Color Film*）中，阿恩海姆根据黑白两种色调在色阶范围内的近似性，提出黑白两种色彩在黑白影片中的三种价值，我们在此可以把这三种价值当作三种美学功能来看待，即平等、对比、关系价值。三种价值的具体英文翻译如下。

　　（一）平等价值

　　第一，制作一个均匀的平面（比如一个均匀色彩的天空）。

　　第二，表现几个物体内容的相似性（比如在刘别谦的电影《风流寡妇》中的黑衣寡妇和小黑狗）。

　　第三，让两个物体融为另外一个物体（比如一个黑色前景与黑色背景的对立）。

　　（二）对比价值

　　第一，使一个物体在另一个物体之前突显（黑色前景立于白色背景之前）。

　　第二，在一个物体中形成分割面（如在《穿制服的女孩》电影中黑白相间的裙子）。

（三）关系价值

第一，使一个对象带出不同的阴影。

第二，让两个物体分开，既不是极端的相似，也不是极端的对比。[①]

以上三种美学价值最终都是为创造出一个优美的影像画面服务的。黑白两色象征功能也是重要的美学功能。黑白两色之所以能够影响观众的审美感知，是因为黑白片可以利用黑色和白色让影像背离自然的色彩，从而可以利用光影构造具有深远意义的画面。"荧幕形象之所以能为人理解和引人注意，主要因为它的原材料只有黑、白、灰三种色块。"阿恩海姆反而排斥贬低电影中的彩色，认为彩色没有艺术性，因为彩色只是更加逼真而已。他在1935年的《彩色电影评论》（*Remarks on Color Film*）中说道："有品位的人都认为彩色电影中的色彩是糟糕的，它们很不自然。"[②]

除此之外，在电影艺术形式方面，阿恩海姆还讨论了深度感的减弱、荧幕框架、特写镜头、摄影机距离、焦点的运用等形式对审美感知的影响。

对于听觉艺术来说，阿恩海姆认为"是听觉材料的特性和排序在处理听觉艺术"[③]。因此，在《无线电：声音的艺术》一书中，阿恩海姆讨论了无线电广播的距离、共振、音调、声音的序列和并列等形式因素对审美感知的影响。

声音的距离对审美主体听觉审美感知的影响很大。在日常听觉感

---

① Rudolf Arnheim, *Film essays and Criticism*, Translated by Brenda Benien, London: The University of Wisconsin, 1997, p. 19.
② Rudolf Arnheim, *Film essays and Criticism*, Translated by Brenda Benien, London: The University of Wisconsin, 1997, p. 21.
③ Rudolf Arnheim, *Radio: An Art of Sound*, Translated by Ludwing and Herbert Read, New York: Da Capo Press, 1971, p. 26.

知中，"我们的耳朵可以非常准确地区分左右两种声音。一种传来的声音，比如说，我们的右耳朵比左耳朵更早接收到，而这种时间上的差别是在不知不觉中察觉到的。另外，前后之间、上下之间的差别则不那么明显。原因很容易找到。前后两耳的方向是对称的。所以上下也是如此。也就是说，如果两个耳朵位于 L 和 R，我们可以确定声源位于左边 a，右边 c，前面直线 b。同样地，如果这些点位于 a、b、c 后面——但我们不能区分点 a 和 a'，点 b 和 b'，点 c 和 c'。因为这些对应的点被对称地设置为与两个耳朵之间的距离。因此，从理论上讲，我们根本不可能区分前后"[1]，如图 4-3 所示。无线电广播听觉感知不同于日常的听知觉感知的地方在于，"麦克风传送给我们的感觉可能根本没有方向，只有距离。也就是说，由声音方向引起的每一个声音的变化都被理解为一种距离的影响"[2]。"从直接传输到通过扬声器传输，我们发现了一个新的根本的限制，对于麦克风，左右之间的区分根本不存在！（每个听者都知道，在听对话时，他不可能说哪个说话者坐在左边，哪个说话者坐在右边。正如我们已经提到的，只有通过两只耳朵，我们才能区分左右；但是麦克风只有一只耳朵，即使我们设置两个麦克风，每个麦克风使用自己的发射器，我们通过两个扬声器倾听发射器的声音，也没有什么区别！当然，当音源不是在麦克风前面而是在侧面时，音调就会发生质的变化；然而，这些变化可能与声源站在麦克风后面或麦克风站在声源后面，或声音来自有一定距离的前面时所发生的变化没有区别。麦克风传送给我们的感觉区可能根本没有方向，只有距离。也就是说，由声音方向引起的每一个声音变化都被理解为一

---

[1] Rudolf Arnheim, *Radio: An Art of Sound*, Translated by Ludwing and Herbert Read, New York: Da Capo Press, 1971, p.54.

[2] Rudolf Arnheim, *Radio: An Art of Sound*, Translated by Ludwing and Herbert Read, New York: Da Capo Press, 1971, p.54.

种距离的影响。"①图4-4以系统的形式示出了麦克风M是如何在半径MX的深度处向不同方向（a, a', b, b', c, c', d, d'）靠近的。因此，很好地利用声音的距离可以制造出更好的无线电审美感知效果。

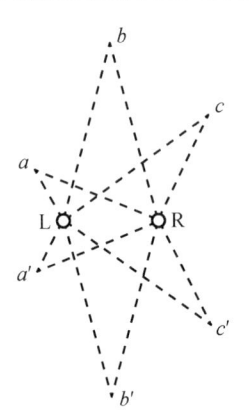

图4-3 日常听知觉中耳朵与声音的距离、方向示意图②

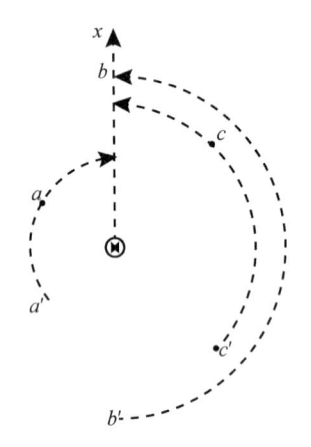

图4-4 广播麦克风与声源距离、方向示意图③

---

① Rudolf Arnheim, *Radio: An Art of Sound*, Translated by Ludwing and Herbert Read, New York: Da Capo Press, 1971, p. 55.
② 此图出自阿恩海姆《无线电：声音的艺术》（Radio: An Art of Sound）"方向与距离"一文，位于该书第53页。
③ 此图出自阿恩海姆《无线电：声音的艺术》（Radio: An Art of Sound）"方向与距离"一文，位于该书第55页。

第四章　多元的感知：阿恩海姆早期审美感知论

虽然在无线电中对声音距离的运用还处于初级阶段，制作人还不敢让声音离开麦克风过远，因为距离的声音的艺术性还未被挖掘。因而阿恩海姆认为早期无线电对声音距离的使用的艺术性还比较粗糙、呆板，就如同早期电影对声音、蒙太奇的使用一样。距离对审美感知的影响也还未充分体现出来。但是他还是对声音距离的艺术性使用及其审美效果进行了说明。他认为声音来自一定距离的印象，不一定由声源和麦克风之间的实际距离造成的。在无线电中，可以通过调节无线电音量的大小来制造歌手或乐队的接近或走远的效果，从而给听众制造完美的审美体验。还可以通过麦克风与屏幕的前后放置位置的不同来增加距离的效果，从而制造相应的无线电听觉世界，制造完美的审美感知。音乐与麦克风的距离问题的合理安排也可以影响听众的听觉感知。"附带的音乐必须在整个过程中保持足够远的距离；一定不能因为音乐需要稍微大声一点就被推到前台，从而混淆了问题。如果是使用音乐来连接场景之间的间隔，就应该将音乐放在靠近的位置，使音乐从与主要对话相同的距离发出声音，这样听众就会意识到，音乐不是作为伴奏或背景音乐，而是作为一种独立的、同样重要的、作为前景的表演。"背景的音乐应该始终保持较远的距离以作为背景隐没到后面烘托主体的声音，从而产生美好的听觉审美感知。麦克风和声源之间的正常距离很小，因此在无线传输中的正常音量必须调谐到一个被认为坐得离声源很近的听者范围上。演员在无线电中表演时，最重要的是演员表达的语气和音调。"正常的传输音调必须是播音员和听众之间的轻而亲密的对话的音调。物理条件要求这样做，因此，所有无线电表演，在测试广播是否适当时，也应首先测试它们在多大程度上满足这一要求。"① 如果广播员用大声的音调说话，那么由于声源与麦

---

① Rudolf Arnheim, *Radio: An Art of Sound*, Translated by Ludwing and Herbert Read, New York: Da Capo Press, 1971, p.71.

克风的距离很近,那么听众听到的只能是一些巨大的噪声。可见,声音的距离在无线电作品中作为一种可以自由安排的形式要素,通过不同的距离的安排从而引导审美主体的听觉审美感知。

声音的序列与并列是两种无线电声音的蒙太奇技巧。它们通过对不同声音的序列组合以及并列组合来完成声音的表达功能。对声音序列与并列的安排,直接影响无线电艺术作品声音的式样,从而产生不同的声音效果,是引导听觉审美感知的重要因素之一,也是一项非常重要的声音表达手法。阿恩海姆认为,在无线电广播中通过声音暗示场景的变化是非常容易的。比如,通过同一个人物的声音连续地并列,让听众感知到场景、空间地点的变化,推进广播剧故事的叙事进程,从而引导听众的审美感知。"我们可能会听到有人说,再见,弗里茨,我现在要去找妈妈了。然后是一个停顿,然后是同样的声音说,晚安,妈妈,我回来了。因此,不到一秒钟,我们就从一个地方跳到了另一个地方。"[1] 声音的并列的使用可以达到更好的审美效果。通过声音的叠加,"无线电广播可以直接让一个国家的战争与另一个国家的和平面对面,让一个地方的正午的喧嚣和与夜晚的宁静面对面,让城市证券交易所里舞蹈俱乐部的豪华音乐与一个乡村低矮的公共房屋里的钢琴音乐面对面。"可以让"教堂时钟在嘈杂的争吵声中发出宁静的铃声,或者当远处的葬礼行进的微弱回声中,突然出现了一只鸟在近处的活泼的鸣叫声。当志愿者们谈到德国的重建时,他们听到的是铁铲的声音,从而使这个词的抽象意义通过一个感官符号变得具体"[2]。这些声音的并置会产生一个新的完整统一体,一种抽象的精神内涵在这种并

---

[1] Rudolf Arnheim, *Radio: An Art of Sound*, Translated by Ludwing and Herbert Read, New York: Da Capo Press, 1971, p. 108.

[2] Rudolf Arnheim, *Radio: An Art of Sound*, Translated by Ludwing and Herbert Read, New York: Da Capo Press, 1971, p. 122.

置的对立中产生，观众可以直接通过直接的声音感受到这些抽象的情感内涵。可见，作为无线电声音的序列和并列的技术，对听觉的审美感知的影响是很大的，它直接引导观众的审美愉快。

除此之外，阿恩海姆还讨论了音乐录音、空间共振、播音员的语调等形式因素对广播艺术审美感知的影响，笔者不在此进行一一论述。

从上述论述中可以看出，阿恩海姆把艺术作品形式看作是审美感知的主要因素，并因此导致真正的审美感知就是对艺术作品形式的审美感知。不管是在电影中的色彩、荧幕框架、照明、深度感的减弱等形式因素，还是无线电广播中的距离、音调、音乐、共振、方向、运动、节奏等形式因素，都深深地影响着审美主体的审美感知，如他在对电影艺术发表看法时论述道，"除了有美学鉴赏力和受过训练的人以外，任何人都很难得会陷入无目的的沉思，去注视他邻居的手，研究电话的形状，或者其观察便道上阴影的变化"①。现实中的大多数人都没有注意观察其周围的各种形式，除了那些受到美学训练的专业人士，才会其观察周围事物的形状、色彩、光影。在《无线电：声音的艺术》一书中，阿恩海姆认为无线电广播研究"完全被形式的美学问题所占据"②，"艺术形式对鉴赏家来说不是奢侈的，而且它也不只是被那些了解它以及非常敬重它的人感知到"，"是听觉材料的特性和排序在处理听觉艺术"，"在广播剧中，题材当然不是无关紧要的。但是，我们应该认识到，它的力量在于声音，它对每个人的影响比对这个词的意义更直接，所有无线电艺术都必须以这个事实为出发点"③。"在声音和言语中重新发现乐音，将音乐、声音和言语结合成单一的材料，是

---

① [美]阿恩海姆：《电影作为艺术》，邵牧君译，中国电影出版社2003年版，第33页。
② Rudolf Arnheim, *Radio: An Art of Sound*, Translated by Ludwing and Herbert Read, New York: Da Capo Press, 1971, p. 19.
③ Rudolf Arnheim, *Radio: An Art of Sound*, Translated by Ludwing and Herbert Read, New York: Da Capo Press, 1971, p. 28.

无线电最大艺术任务之一。"① "主调和小调,快慢的节奏,音调的突然或逐渐起伏,响亮或柔和的音调——这些都是一种声音艺术的最基本和最重要的创作手段。"② 这些论述都把无线电广播看作一种以声音形式作为审美感知的艺术。可见,对于形式的关注与感知,对阿恩海姆来说既是一种审美体验,也是一种审美活动。审美感知就是一种对艺术作品形式的感知。阿恩海姆早期形式的审美感知表现出形式主义美学对他早期美学的影响。

第二节 形式审美感知的美感来源

阿恩海姆认为审美感知是对艺术作品形式的感知,对艺术作品内容、表现的情感的审美认知也是通过形式获取的。在审美感知过程中,产生的审美愉悦、美感的来源,形式成为最重要的因素。对审美主体在审美活动中愉悦的美感来源的看法自古有之。历来的美学家对美感根源的看法大体分为两个流派,即客观形式说和主观心理说。在古希腊美学还没有成为一门独立的学科,此时对"美"以及"美感"的看法都寄托于哲学本体论视域之中,但客观形式说与主客心理说都已有了初步的萌芽,只是还未形成系统、完整的审美学体系。波兰美学家塔塔科维奇就指出:"通常都相信美学原先是一种美的客观主义论,直到现代它方才演变成主观主义的学说。但在事实上,这种意见却是错误的。美的主观主义论早在古代和中世纪便已经存在了。"③ 直到18世

---

① Rudolf Arnheim, *Radio: An Art of Sound*, Translated by Ludwing and Herbert Read, New York: Da Capo Press, 1971, p. 31.
② Rudolf Arnheim, *Radio: An Art of Sound*, Translated by Ludwing and Herbert Read, New York: Da Capo Press, 1971, p. 30.
③ [波兰]塔塔凯维奇:《西方六大美学观念史》,刘文谭译,上海译文出版社2006年版,第203页。

纪，英国经验主义美学开始从审美主体心理出发研究美学问题，使得美感及其主观来源问题受到重视。他们把美感的产生机制归于审美主体的内在感官、审美趣味以及移情等心理因素。为了更清楚地了解阿恩海姆形式审美感知中美感的来源，首先简单考察一下美学史中对美感来源的一般看法。

一　美感来源的客观形式说

在西方文化史上，公元前8世纪至公元前5世纪被称为古希腊前期。此间的三百年古希腊产生了一批哲学家，他们是泰勒斯（Thales）、毕达哥拉斯（Pythagoras）、赫拉克利特（Heraclitus）等。这批哲人开始有意识地思考跟"美"相关的问题，其中毕达哥拉斯对美在比例的看法，具有浓厚的形式主义倾向。毕达哥拉斯认为世界的本源产生自数。数无处不在，构成了宇宙、人、自然物的基本要素，促进宇宙万物的生成。亚里士多德对毕达哥拉斯的思想有过评论："素以数学领先的所谓毕达哥拉斯学派不但促进了数学研究，而且是沉浸在数学之中，他们认为'数'乃万物之源。"① 既然"数"是宇宙万物的原理，那么世界的美就离不开数，这又涉及由数形成的比例观念，由比例而形成的艺术的结构美。因此，毕达哥拉斯提出了"美在比例"的看法。他说："就如马、牛或狮子做出最美的形象，都要注意每一种类的中心……定出事物各个部分之间的精确的比例对称。"② 他用数去规定音乐美，认为最美的音乐就是数的和谐："音乐是对立因素的和谐的统一，把杂多导致统一，把不协调导致协调。"③ 数是抽象的观念，比例是数的一定关系的表现。比例总是存在于宇宙万物之中。"所谓比例指

---

① ［古希腊］亚里士多德：《形而上学》，刘寿涛译，商务印书馆1996年版，第12页。
② 北京大学哲学系编：《西方美学家论美和美感》，商务印书馆1980年版，第14页。
③ 北京大学哲学系编：《西方美学家论美和美感》，商务印书馆1980年版，第14页。

的实际上就是数的关系,但由数到比例不仅在人类认知上是一个飞跃,就人类审美而言也是意义重大,因为数毕竟还是抽象的存在,比例则直接同知觉对象有关。"① 也许就是这个原因导致毕达哥拉斯认为事物的美在于比例的和谐、协调。因为自然万物的比例是可以通过视觉直接看见的。音乐也能通过耳朵感受到数的和谐产生的美。整个宇宙都是各种球体演奏的和谐交响乐。他关于黄金分割点,"关于人体、雕刻、绘画和音乐等比例关系的解说等,都是关于事物'数理形式'的美学规定"②。从数出发,毕达哥拉斯看到了数的比例关系产生的和谐感。因此,他认为宇宙最高的美就是数的和谐。毕达哥拉斯对美的看法是从生活的经验中总结出来的。早期古希腊哲学的研究从自然开始,他们面对自然世界,对自然进行客观的观察审视,试图从最高的抽象的某些原理中总结出世界的本源。在这一过程中,他们看见了大自然的形式的和谐,面对大自然的召唤,毕达哥拉斯"合乎逻辑地提出了世界万物之自然形式的最高美学理想——数的和谐"。美在事物的比例及其和谐,也就是把审美主体的美感体验的来源归于事物形式的比例,从客体视角来寻找美感的来源,第一次对美感的产生做出了客观主义的解释,可以说,看见了对象对于美感来源的重要作用。

毕达哥拉斯之后,赫拉克利特提出自己对美的看法,与毕达哥拉斯看法类似,他认为美也在于和谐。但不同于毕达哥拉斯从静止的外在的数及其比例来寻找美感来源,赫拉克利特认为世界充满了对立,总是在变化之中。他曾经提出了一个著名的断言,"一个人不能两次踏进同一条河流"。赫拉克利特的和谐之美是动态的斗争、对立生成的和谐之美。对此,我国学者张宝贵论述道,赫拉克利特对审美经验的一大贡献就是"第一个让审美经验动起来的人,并给审美经验提供了时

---

① 朱立元:《西方美学史》,上海人民出版社2009年版,第84页。
② 赵宪章:《西方形式美学》,南京大学出版社2008年版,第9页。

间载体和动起来的比例"①。但赫拉克利特说的动态的和谐依然是世界的、自然的、客观的动态和谐及其比例。因此从美及其美感体验来看，赫拉克利特对美的愉快体验依然是从艺术作品形式自身包含的动态的比例出发的。"按照亚里士多德的理解，赫拉克利特显然已经注意到了各种艺术中对立同和谐的关系……只有把高低、长短不同的音调组合在一起，才能形成和谐的曲调。"② 可见赫拉克利特关注的也是艺术作品的形式的美感，与毕达哥拉斯的美感产生机制具有相似性，都把美感的来源寄托在作品形式的比例之上。如果说两者有不同之处，也就在于毕达哥拉斯看见的是一个由数生成的静止的比例的美，赫拉克利特看见的则是由各种生死、静动、老少、雌雄等对立的斗争动态生成的和谐的比例的美。古希腊毕达哥拉斯和赫拉克利特对美在比例、美在和谐的看法对后世审美经验快感的来源产生了重要影响，因为他们从客观形式方面规定了美感的产生机制，开启了西方客观形式主义美感来源论。

　　古希腊之后，把审美经验快感来源归于客观形式的看法被中世界神学美学继承，其中主要表现在奥古斯丁（Augustinus）和阿奎那（Aquinas）两位神学美学家那里。当然，古希腊的形式美学主要是从自然科学以及自然哲学本体论的视野下发展起来的，他们所说的形式是事物本身的客观的外在形式。这种形式美感具有浓厚的人本主义特征，强调了感性审美经验。而中世纪神学形式美则是柏拉图的理念观与神学思想的融合。他们强调的美在于整一和和谐都是上帝的创造与具体表现。事物之所以具有和谐的、美丽的形式是因为上帝本身就是和谐的、完美的。他们的形式是事物外在的形式与上帝的结合。因此，中世纪神学视野下的形式审美感知具有浓厚的宗教色彩。这种形

---

① 张宝贵：《西方经验观念史》，上海交通大学出版社2011年版，第55页。
② 朱立元：《西方美学史》，上海人民出版社2009年版，第81页。

式美感具有很强的神性的或神秘主义特征,贬低人的感性在美感体验中的合法性地位。"上帝正式接管了哲学的本原,也成为审美经验的主体。"[①]

奥古斯丁(Augustinus)是一位真正的神学美学家。他早年生活放荡,沉迷声色,在此时期认为审美经验的快感来自整一、和谐、比例等形式方面的因素。他说:"什么会吸引我们,使我们对爱好的东西依依不舍?这些东西如果没有动人之处,便绝不会吸引我们。"[②] 在这里,奥古斯丁把美看作事物本身的动人之处,那么审美主体对事物欣赏的美感体验就必然来自事物本身的这个"动人之处"了。这个动人之处在奥古斯丁看来就是事物本身的和谐、比例、整一的形式。然而奥古斯丁对美感的看法在晚期发生了转变。他对自己以前沉浸于低级的感官形式的美感到自责。他认为对那种低级感性的美的沉浸令他走向了深渊。入教之后,他对美及其美感的看法归于绝对的他者,即上帝。他说:"是你,主,创造了天地;你是美,因为它们是美丽的。"[③] 这个时期,奥古斯丁认为最高的美是上帝,自然的美、万物的美的来源都是上帝创造的。因为上帝是至善、至美者,是绝对的圆满、整一、和谐,其他的存在者都是他的创造者。有了最高的美,那么其他的美也就有了美的来源和理由。其他美都是相对的美、低级的美。一种纯粹的美感体验的获得就是一个不断从低级的感性美上升到对上帝的美的过程。这种上帝的美感体验就是对绝对的整一、和谐的体验。奥古斯丁的神学美学始终在外在感性形式与上帝、绝对与相对之间进行论争,并且始终以对上帝之美、绝对之美的归宿为宗旨。"不过,在把审美经验的主体交给上帝之后,奥古斯丁并没有抛弃对形式问题的重视,

---

① 张宝贵:《西方经验观念史》,上海交通大学出版社2011年版,第115页。
② [古罗马] 奥古斯丁:《忏悔录》,商务印书馆1996年版,第64页。
③ [古罗马] 奥古斯丁:《忏悔录》,商务印书馆1996年版,第253页。

而是力图把两者结合起来","这时候,奥古斯丁讲形式的着眼点在于毕达哥拉斯学派的数的和数的组合,仿佛这种抽象的数成了上帝在世间的代言者"①。比如他在《论音乐》一问中说:"数始于一,数以其相等和相似而为美,数为秩序之组合","一切事物之形成初皆有赖于与数相等与相似之形式、有赖于这种形式美之硕果"。这是美在数、比例的直接表达。但是奥古斯丁认为世人之所以能够看见美,是因为上帝的光照,让事物有了鲜明性。"由于这种鲜明性,事物之美的客观因素——秩序性、和谐性和均衡性才鲜明地显现出来。"② 因为上帝的光照外在事物的客观形式的美才具有了鲜明性,才被世人所获得。这种观点是把客观形式的美给予了一个神学的奠基,把美从自在、自主、自由的领域关押进神学的领域,从而让美学成为神学的婢女,让上帝获得至高无上性,最终把美感的来源机制交付给上帝对形式的创造以及光照。说到底,奥古斯丁对的美的认识,实质上是用毕达哥拉斯客观形式的美与上帝进行了一个隐喻认知的操作,用上帝代替了客观的外在的形式的秩序、和谐、均衡。对上帝的美的体验就是对外在的形式的秩序、和谐审美体验的一种宗教式的体验,其美感的核心产生机制还是在于形式的和谐,但已经披上了厚厚的神学外衣。这也是中世纪美感说对主体及其感性经验的不断压抑与排除的结果。这或许可以说明形式作为美感产生的一个重要因素,神学家为了维护上帝的绝对地位,不得不变相地以上帝的外衣让形式继续在美学当中存活下去。如果这种论断是对的,就说明形式确实是审美主体美感来源不可或缺的要素之一。

中世纪神学美学另一位代表者是阿奎那(Aquinas)。阿奎那最著名的美学理论即提出了美的三要素理论,整一、比例和鲜明。他在

---

① 张宝贵:《西方经验观念史》上海交通大学出版社 2011 年版,第 117 页。
② Maurice de Wulf, *The Philosophy and Culture in the Middle Ages*, Princeton:1922, p. 28.

《神学大全》中对美的这三个条件进行了说明，"美包含三个条件：全整性（Integritas）或完满性（Perfectio），因为那些残缺的事物都是由于残缺而丑陋的；适当的比例（Proportion）或和谐（Consonantia）；最后是光明或明晰（Claritas），凡是被称作美的事物都具有鲜明的色彩"①。整一、比例和鲜明都是事物的形式要素。整一是阿奎那认为事物之所以美的第一个条件，可见它的重要性，但是阿奎那对它的明确解释并不多。整一，又可以称为完满。他认为"完满是就一件事物在实体方面是完满的而言的。而且，这种完满即是那整体的形式。而这种形式又是由那使其各个部分得以成全的整体产生出来的"②。可见所谓的美的整一就是事物各个部分作为一个完整的整体的连贯存在，其中没有任何残缺不全。部分与整体构成了一个不可分离的统一体。我们可以理解为事物形式上的完整性。美的第二个条件即比例。比例在阿奎那那里既有客观的数学的量的关系，也有某种形而上学的神学色彩。前者，把美限定在客观的纯粹形式方面；后者具有某种宇宙论的色彩。此时的比例作为一种先在的原理，是之所以成为一个和谐的美的整体原因。所以他说"比例不是一种形式，如人习惯于所想的那样，而莫若说是质料接受一种形式时的态度"，"因为美的事物固然各居其位而且万事万物还根据各自的比例，互相结合为一体的"。比例是一种态度，质料接受形式的态度，也是宇宙结合在一体的原因。上述比例的解释不免有点先验化的味道。其实是在论说宇宙、秩序、自然界之所以具有一种美好和谐的秩序的原因，乃是因为一种先在比例。万物在比例之中各司其职，从而显得秩序、均衡、和谐。当然，比例的根

---

① ［意］托马斯·阿奎那：《神学大全·第2卷》，段德智译，商务印书馆2013年版，第182页。
② ［意］托马斯·阿奎那：《神学大全·第5卷》，段德智译，商务印书馆2013年版，第311页。

源也是上帝的创造。因为上帝是绝对的、和谐的、完美的。所以阿奎那的比例不管是客观形式的，还是先验的某种相处"态度"，都是为了证明上帝的至高无上性。美的第三个条件即鲜明性，根据阿奎那的说法，是指事物具有鲜明的色彩，是客观形式主义的颜色。同时，鲜明性在阿奎那美学思想中还指一种理性的光辉，一种来自上帝的光照，在人体那里则是一种发自内心的道德光辉。关于美的三要素说，阿奎那始终是从形式概念来谈的，"所以美在于适当的比例……美属于形式因的范畴"①，但是他的形式又似乎总游离于纯粹的物质的客观形式之外。笔者认为，这是由于阿奎那的美学是以神学为基础的原因，他要用基督教神学对毕达哥拉斯以来的自然客观形式主义进行有意无意地改造，把对自然客观形式的美感体验转化成对上帝的完美神学形式的宗教体验，把在世的感性的具体的美飞升到天堂的理性的形式的美。如他所说，"上帝赐美于万物"，"事物之所以美，是由于神住在它们里面"。② 但不管怎么样，"整一、比例和鲜明，无论在它们的本体论或认识论意义上说，都是形式的因素。阿奎那的美在三要素说，因此最终是将客观性的美放到了形式上面，以整一、和谐、明晰为形式显现自身的三种不同方式"③。既然形式三要素在阿奎那美学中如此重要，并且是美之所以美的条件，那么对于美感的愉悦体验就必然是对形式的体验。没有了这三种形式，那么审美主体的美感经验本身就不复存在了。

  以奥古斯丁和阿奎那为代表的中世纪神学美学，我们可以看出此时把美的条件归于上帝，但是它们都是通过形式看见美的，上帝是形式美的根源，而形式是美的具体的展现。形式就是上帝的显现。看见

---

① 北京大学哲学系编：《西方美学家论美和美感》，商务印书馆1980年版，第67页。
② 北京大学哲学系编：《西方美学家论美和美感》，商务印书馆1980年版，第66页。
③ 朱立元：《西方美学史》，上海人民出版社2009年版，第352页。

美的形式就是看见上帝的美。形式美即上帝美。二者相互交织的关系说明形式不管是上帝的奴婢，还是它的显现的物质载体，都在审美经验中具有不可或缺的重要意义。而中世纪神学美学对于美感产生机制的看法也经历了一次从自然的客观形式观转向神学的客观形式观的嬗变过程。而经历了文艺复兴之后，人的地位的复苏，感性的重新尊重，人的理性的再度苏醒，启蒙的到来，一种新的美感产生机制即自律的艺术形式即将诞生。

赵宪章在对西方形式美学史进行梳理时，指出西方形式美学经历了三座高峰，即古希腊古罗马、19世纪美学和20世纪美学。"古希腊罗马美学和德国古典美学被认为是西方美学史上的两大高峰，这对于描述形式美学的发展大体上也是合适的。需要修正和补充的只是，以德国古典美学为代表的19世纪美学是西方形式美学的第二个高峰。20世纪则是它的第三个高峰。"笔者对此有不同的看法，笔者认为西方形式美学一共经历了四次高峰，即古希腊古罗马、中世纪、18—19世纪以及20世纪。总体来看，古希腊的形式美学是以自然主义的客观形式为主导；中世纪发展成神学主义的上帝形式美学；18—19世纪则以自律自足的艺术形式为主导；20世纪则是自律自足的艺术形式的延伸，不过此时期的艺术形式美则以语言学为基础，如俄国形式主义、美国新批评、法国结构主义和后结构主义等。相应的笔者认为，对于美感来源的客观形式说也经历了三个阶段。笔者再次把后两个阶段放在一起来论述。相对于前两个阶段，后两个阶段属于艺术形式自律得以确立的阶段。在此时期，美学家纷纷把审美愉快经验的来源建立在艺术作品本身自足的形式之上，而首先受到影响的就是19世纪的唯美主义。

唯美主义对于美感来源于艺术作品本身自律的形式的观点，直接受到了康德对于美的质的规定性的影响。康德认为，美是一种不涉及概念的非功利、无目的的合目的性的愉悦感，把美以及美感从知、意的心理结构中独立开来，给美以及美感寻找到了一块纯净的天空。美感来自纯粹的艺术作品形式的直接感受，不涉及功利、欲望、感官。唯美主义者认为形式是艺术之所以为艺术、美之所以美的根本，把美局限在狭窄的艺术作品本身的形式因素之上，因而提出了"为艺术而艺术"的口号。唯美主义运动的最早提倡者戈帝叶就对艺术与功利、道德、政治的结合提出过尖锐的批评。因此，唯美主义者都反对艺术成为政治、道德的附庸。"他们把艺术看作一种特殊的现象秩序，一种特殊的材料秩序。""一味地追求形式技巧的雕琢和规整也就必然成为唯美主义的理想。"① 可以看出，此时期的形式主义观与古希腊、中世纪形式观的不同，虽然它们都强调形式是美的重要条件或根本，但是古希腊都是从哲学本体论来谈论形式，形式只是世界的本源的一个附庸或表现。中世纪的形式则成为神学或上帝的婢女。此时的形式都还不是艺术自律的形式。到了唯美主义，美学已经经历了培根（Bacon）、鲍姆加登（Aumgarten）、康德（Kant）等人对其学科自律的建构，开始把美的认识转移到艺术作品本身，从而才有了唯美主义的自律形式观。美是独立自足的艺术本身的纯粹的形式，那么美感必然是纯粹的形式美感。艺术作品本身的纯粹形式成为审美主体美感的来源。这种美感不是世界本源的表现或自然界的比例或和谐，也不是上帝的完美的光辉，而是艺术作品本身的形式，是艺术形式，不是本源形式，也不是上帝的形式。但唯美主义的形式美感也存在很大的缺陷，因为形式美感仅仅是纯粹的无内容的形式，其中没有道德、政治、善，也没有任何的情感内容，导致了内容与形式的机械的二元对立。

唯美主义之后，英国艺术批评家克莱夫·贝尔（Clive Bell）提出

---

① 赵宪章：《西方形式美学》，南京大学出版社2008年版，第216页。

"有意味的形式"的观点,是美感的客观形式观的发展,他克服了唯美主义者空洞无内容的美感形式观。克莱夫·贝尔对艺术的研究是从审美情感和对象形式两个方面进行的。他站在唯美主义立场上,坚持从形式入手看待艺术的本质,但是又不赞同唯美主义空洞的形式主义观点。他提出的"有意味的形式"就是对唯美主义空洞形式观的改造和完善。首先,所谓的"有意味的形式",就是通过简化删除了不必要的非本质部分的因素,从而留下纯粹的艺术作品形式的因素。这些非本质的因素就是政治、道德、功利、生活中的情感等外在因素。经过删除后,艺术作品就成为艺术作品本身,就只剩下纯粹的形式了。其次,这个形式又是有意味的形式。这个意味就是纯粹形式的意味。按照克莱尔·贝尔的观点,这个"意味"就是对"终极实在"的审美感受,它是艺术本身的某种审美愉悦,类似于"宇宙的情感意味"。克莱尔贝尔,强调这种审美情感意味绝不是来自生活中的情感。"因为我们在欣赏一件作品的时候,并不需要从生活中带进来任何东西。"[1] 克莱夫·贝尔的这种观点不免有点神秘主义的意味,因为他既强调对纯粹艺术形式的唯美主义,又认为对这种纯粹形式的体味中有某种并非来自外在生活中的情感意味。这种脱离了具体生活经验的情感意味,终究还是某种空洞的幻想。因此,"有意味的形式",在笔者看来,仅仅是克莱夫贝尔在坚持唯美主义的观点之下,借用审美情感和内容对之进行的失败的改良。因为"有意味的形式"是纯粹的唯美主义的形式观,而其中的"意味"由于并非生活中的情感,也不知道是什么情感了。这种"有意味的形式"在某种程度上依然是空洞的形式,无内容的形式,因为它"不能担负指示意义、传递信息和启发教化等智性内容"[2]。

---

[1] [英]克莱夫·贝尔:《艺术》,薛涛译,江苏教育出版社2005年版,第14页。
[2] 杨成立:《克莱夫·贝尔的"有意味的形式"思想述略——读克莱夫·贝尔的〈艺术〉》,《民族艺术研究》2009年第2期。

第四章　多元的感知：阿恩海姆早期审美感知论

克莱夫·贝尔把"有意味的形式"看作所有艺术的本质。"存在一种由视觉艺术作品所唤起的独特情感……如果找到唤起这种情感的所有对象的共同的或独特的属性，就解决了我所认为的美学中心问题，也就发现了艺术作品的本质属性。"① "有意味的形式"就是艺术作品的共同的独特属性。根据这种观点，他把美感的来源限定在艺术作品"有意味的形式"之上。"在他进行审美观照的时刻……他总是通过纯粹的形式来感受到这种情感的"②，个人的外在的生活内容、道德观念等对艺术作品的审美感受没有任何影响。这是典型的美感来源的客观形式论，是艺术作品的纯粹形式唤醒了审美主体的情感，而不是主体自身。他又把这种唤醒的情感与生活中的情感区隔开来，就完全把美感的来源局限在客观纯粹艺术形式之上了。似乎审美主体仅仅是一个神秘的审美接收器，在直接与艺术作品的接触中，从纯粹的形式中感受审美愉悦。一个没有生活情感的审美主义是很难产生真正的审美愉悦感的。可见，到克莱尔·贝尔这里，美感产生的客观形式来源已经发展到了登峰造极的地步。

美感的客观形式说是对审美主体愉悦感产生机制的重要一派，他们把人类美感的产生完全归于外在的客观的形式，看见了比例、数的和谐、色彩、节奏、平衡、线条等形式因素对审美感受的重要性，但由于存在严重的主客二元对立的倾向，忽视了主体在审美活动中的积极作用，忽视了经验、情感、同情、想象、理性等心理因素对美感来源的重要功能，从而导致这种观点存在很大的片面性，最终不能真正回答主体美感的来源问题。而对于美感来源的主观说则弥补了这一不足。

---

① ［英］克莱夫·贝尔：《艺术》，薛华译，江苏教育出版社2005年版，第3页。
② ［英］克莱夫·贝尔：《艺术》，薛华译，江苏教育出版社2005年版，第29—30页。

二　美感来源的主观心理说

古希腊哲学在普罗泰戈拉（Protagoras）之前都是自然主义的传统，把世界的本原还原到世界中的某个要素，不管是泰勒的水、德莫克利特的火，还是赫拉克利特的逻各斯、毕达哥拉斯的数，都是在世界中存在的一个客观的对象。不同的是它们逐渐从感性的具体物质上升到抽象的观念。然而，普罗泰戈拉是一个转折点。他提出了"人是万物的尺度"的说法，即把人作为世界的本原、世界的中心，具有浓厚的人本主义色彩。从人本主义出发，普罗泰戈拉不从客观的形式出发解释美感，而是把美感的来源寄托在人身上。他曾举例说，要是人们把他们认为的丑陋的事物放在一起，再让人们把这些丑陋的事物中的漂亮的事物取走，那么结果会令人大吃一惊，那些丑陋的事物将会被全部拿走。因为关于美，"各人有各人的想法"[1]。按照客观形式派的看法，引起人的美感体验的东西来自客观的形式、比例、和谐。因此，人的美感体验可能是相同的，而且美的事物对所有人来说都是美的，丑的事物对所有人来说都是丑的。因为美的尺度比例是客观的，不以人的意志为转移。但是普罗泰戈拉从人本主义出发，把美以及美感的来源限定在了主观的人身上。正因为不同的人从自身不同的感受出发，才可能出现普罗泰戈拉上述状况，即让人把丑的东西放在一起，又让人取走其中所有美的东西，最终所有的东西再次被取走。"那便是说，审美经验的变化主导因素并非存在于外部世界，而是存在于人这个主体身上。"[2]不同的人会对不同的事物产生不同的审美体验。丑陋的对我来说是美丽的，而对他来说是美的东西对我来

---

[1] ［哈萨克斯坦］舍斯塔科夫：《美学史纲》，樊莘森等译，上海译文出版社1986年版，第6页。

[2] 张宝贵：《西方审美经验观念史》，上海交通大学出版社2011年版，第58页。

说是丑的。因此，一种真正的美的愉悦的经验就是由人决定的了。美感的来源在于主体，而不再是外在的客观的形式。具体对普罗泰戈拉来说，就在于人的感性。在普罗泰戈拉与苏格拉底关于"冷"与"不冷"来源的论辩中，可以看出这一点。苏格拉底认为，冷风吹过来，人感受到冷，是因为风自身是冷的。但是普罗泰格拉则认为："风对于冷的人来说是冷的，对没觉得冷的人来说则是不冷的……因而可以说，对于每个感知者来说，事物就是他所感知的那个样子。"冷是如此，那么美也必然如此了。这样，普罗泰戈拉可以算得上是第一个从人本主义的角度，把美感的来源确定在主体的感觉之上的理论家。他首次建立了朴素的美感来源的主观心理说，对后来的柏拉图（Plato）、伊壁鲁鸠（Epicurus）、英国经验主义美学都有深刻的影响。

柏拉图（Plato）的美学直接来自他的哲学观。他把世界的本源看作理念的分有。理念是绝对的、永恒的存在，可见的具体的万物是相对的、变化的存在。真理即理念。理念即事物本身，是抽象的普遍性、共相、种、概念，与个别的、具体的、感性的存在相对。柏拉图从这种哲学观出发，认为美就是美的理念，即美本身。美本身就是绝对的美、永恒的美。事物的美是相对的、低级的美。由于柏拉图反对相对的、低级的美，提倡抵达对理念的直接体味的美。因此，在柏拉图那里，存在两种美感，一个是相对的感性的美，一个高级的理性的美。柏拉图赞扬绝对的理念的美，鄙视相对的感性的美。他把只能认识到感性的低级的美的人看作在梦中，而只有哲学家和高明的诗人才能抵达纯粹的理念之美，而抵达的方式就是回忆或迷狂。柏拉图认为，诗人能够写出美妙的诗歌作品并非凭借其高超的技巧，而是因为他们得到了神灵附身的灵感进入一种迷狂状态。"诗人是一种轻飘的长着羽翼的神明的东西，不得到灵感，不失去平常理智而陷入迷狂，就没有能力创造。"① 可见诗歌的创造经验是一种近似迷狂的美感经验。只有凭借这种美感体验才能具有创造力。诗人需要凭借神的力量,但是神并不会主动降临,而是需要诗人通过一定的努力而抵达。也就是要让诗人"失去平常的理智",而这一个过程又是借助思维的理性作用获得的。柏拉图认为,人们可以借用理智的反省作用把杂多的感觉整合成统一的整体。而这种理智的反省功能就是柏拉图所谓的"回忆"。回忆能够让灵魂附体,并因而看见那绝对的最高的理念,"举头望见永恒本体境界那时候所见到的一切……有这种迷狂的人见到尘世的美,就回忆起上界里真正的美"②。诗人、哲学家要通过理智的反省而唤醒回忆,回忆理念的美。这种对真正的理念的绝对美的美感体验是审美主体自身通过理性的回忆能力而获取的。柏拉图确定了"体验美感必不可少的一种心灵的能力"③。柏拉图对美感来源的看法肯定了主体的理性能力的作用。这在一定程度上是对普罗泰戈拉把美感限定在人的感性能力之上的补充。

从普罗泰戈拉和柏拉图两人来看,我们认为在古希腊,对于美感来源的主观说已经涉及了主体审美能力的两个主要方面,即美感的感性审美能力和理性审美能力。若加上客观形式派从外观形式、比例来看美感的产生,因此古希腊已经触及了美感产生机制主客观两个方面,但真正揭示美感产生的真相要到20世纪的主客观统一说才得以完成。

古罗马时期把美感的来源归于主体的感性要属伊壁鸠鲁学派。该学派从主张享乐主义的生存伦理,把生活的终极目的看作对快乐的追

---

① [古希腊] 柏拉图:《柏拉图文艺对话录》,朱光潜译,人民出版社1963年版,第8页。
② [古希腊] 柏拉图:《柏拉图文艺对话录》,朱光潜译,人民出版社1963年版,第125—126页。
③ [波兰] 塔塔凯维奇:《西方六大美学观念史》,刘文潭译,上海译文出版社2006年版,第323页。

求，善就是快乐。"灵魂的快乐是最终意义的善，并是衡量感官快乐的标尺，归根到底，快乐的根底仍在感官。"①"物体的存在处处都可以得到感觉的证明。"② 这是强调感觉在认识论的重要性。同理，反映在审美经验上，伊壁鸠鲁坚持感觉主义的快乐观。"因为美如果不是令人快乐的就不是美的。"这种对美的看法，是把美等同主体的快乐经验。快乐的感觉就是美的。即使外在的对象的形式是多么不和谐、平衡、鲜明、整齐。可见，伊壁鸠鲁从主体内在快乐感受出发，把美感作为判断美的标准，同时也把美感的来源限定在了主体的主观感受之上，即感觉的愉悦之上。伊壁鲁鸠学派是古罗马美感主观心理说的代表，它传承了古希腊美感主观心理说的传统，对后来的英国经验主义美学有一定的影响。

中世纪神学美学基本是把美感建立在上帝的完美形式之上的。这个时期美感的来源是上帝的整一、鲜明、和谐的先验形式，既不是客观的外在形式，也不是主体的主观心理感受。但总体而言，中世纪神学对美感的看法可以归为客观形式一派。经过中世纪神学对客观形式以及主体心理主观审美能力的压抑之后，人的启蒙与苏醒，使得英国经验主义美学家认识到了具体感性的人在美感体验中的绝对作用。因而开启了英国经验主义的审美心理学传统，也开启美感人本主义的回归传统。他们从经验主义认识论出发，重视感性在认识中的作用，提出观察与归纳法，他们把这一方法"贯彻和应用于美学具体问题的研究中，必然会将注意力集中于观察和研究审美主体在审美鉴赏和艺术创造中的感性经验，分析审美主体经验的性质、特点和形成的规律"③。

---

① 张宝贵：《西方审美经验观念史》，上海交通大学出版社2011年版，第103页。
② [古希腊]伊壁鸠鲁：《自然与快乐：伊壁鸠鲁的哲学》，包利民等译，中国社会科学出版社2004年版，第5页。
③ 彭立勋：《审美学现代建构论》，海天出版社2014年版，第107页。

因此，他们美感看作来自审美主体的心理能力，提出了内在感官说、审美趣味说以及观念联想说等理论，对审美经验、美感的认识产生了重大的影响。

内在感官说由舍夫茨别利首次提出，哈奇生（Hutcheson）对其进行了继承和发展。"这种理论强调美与审美都是心灵的内部事务，与外在感官关系不大。"① 舍夫茨别利（Shattesbury）认为人具有一种不同于外在感官的内在感官。这种"内在感官"是一种专门的审美能力。人对美感的获得不是通过外在的视觉、听觉、嗅觉等感官获取的，而只是依靠其辨别美丑的内在感官。内在感官具有和外在感官感受外物特征相似的特征，即直接性，不需要理性、逻辑、推理的思考就能获得美感体验。"一种内在的眼睛分辨出什么是美好端正的，可爱可赏的，什么是丑陋恶劣的，可恶可鄙的。这类分辨既然植根于自然。"② 自然的意思就是先天的、直接的、自然而然的意思，就是内在感官本然的能力，不需要逻辑、理性思考能力。哈奇生（Hutcheson）全面继承了舍夫茨别利（Shattesbury）的"内在感官"说。不管是对内外感官及其功能的划分，还是对内在感官的审美能力的直接性、先天性的认识。不同的是，哈奇生对内在感官的审美能力做了非功利性的补充。他说："我们也有适宜于感知美的感官，而且这种快感不同于因期待利益的自私而生的快乐。"③ 把美感与功利、利害区隔开来是康德以来的传统，内在感官说也继承了审美无功利的观点。英国经验主义美学的内在感官说最重要的贡献是从主体的内在心理能力为美感的产生找到了一个心理机制，明确地把美感的来源归于主体的审美能力，壮大了

---

① 彭锋：《重提内在感官说》，《美育学刊》2017年第3期。
② 北京大学哲学系美学教研室：《西方美学家论美和美感》，商务印书馆1980年版，第95页。
③ 彭立勋：《审美学现代建构论》，海天出版社2014年版，第113页。

美感的主观心理说，加强了主体心理能力对美感产生的重要作用。但其缺点是"内在感官"具有某种猜测性，至今我们无法找到一个内在的专门的审美感官。而它与我们基本的感官快感区别，把主体的视听感官从美感产生来源机制中驱逐出去，或贬低感性感官的美感体验，实质是把审美、美感抽象化或神秘化了，是抽去了真正的美感的来源基础。如果真的存在一种审美的"内在感官"，笔者认为它可能相似于中国传统美学中的"心赏"，跟主体的想象或联想心理功能有关。视听感官是想象、联想的基础，其产生的美感也是第一层次的，而想象的美则是内在的第二层次的美。也许就是这样的原因，让"内在感官"学派贬低感官的快感，而认为只有内在感官体验到的美感才是高级的美感的原因吧。

审美趣味说是英国经验主义美学的重要理论，众多英国经验主义美学家都对这种主体的审美趣味发表了看法，其中包括培根（Bacon）、哈奇生（Hutcheson）、休谟（Hume）、博克（Bock）等人。休谟和博克对审美趣味进行了较为完整的论述，主要涉及审美趣味的含义、趣味的相对性和多样性、趣味的共同标准等问题。就趣味的含义来看，休谟和博克都把审美趣味看作主体进行审美活动的心理能力，是美感产生的重要心理功能。趣味作为审美能力，包括感知、情感、想象、判断力四种要素。不同的是，休谟认为审美趣味只有跟情感、感知、想象有关，无关理性判断力。这与他对人性的认识相关。休谟认为人性包括情感和理智两个部分，前者涉及善恶、美丑问题，后者涉及真理和知识问题。因此，趣味不涉及理性，也不涉及确定性的真理知识。这种认识促进了美的非功利性的认识，也促进了美与情感、想象的紧密关系，加快了康德及其后继者对美的自律性和现代性的建立的步伐。如他说："理性和趣味的范围和职责就容易确断分明了。前者传达关于真理和谬误的知识；后者产生关于美和丑、德行和恶行的情感。"在休谟这里，审美趣味具有情感、主观性和创造性的特征，没有理性判断力的位置。而理性只是揭示自然界的真理的知识。博克在此基础上，进行了补充。"在博克看来，同外在事物相联系的人的天赋能力就是感觉、想象力和判断力。而审美趣味就是以感觉为基础，感觉、想象力、判断力这三种天赋能力的共同产物。"① 博克认识到了理性是审美趣味能力的重要组成部分，比休谟的观点更进一步了。在审美趣味的共同标准和差异问题上，两人也基本相同。他们都认为审美趣味具有相对性。休谟说："世人的趣味，正像对各种问题的意见，是多种多样的。"② 但是，两人都没有滑向趣味的主观主义或相对主义，而是从共同的人性结构为审美趣味找到了共同的标准，从而使得美感的产生具有了共同的心理机制，不至于让美的判断形成公说公有理、婆说婆有理的相对主义局面。如休谟说："同一荷马，两千年前在雅典和罗马受到人的欢迎；今天在巴黎和伦敦还被人喜爱。"③ 这是对于艺术作品鉴赏趣味的共同性的坚持。休谟把这种共同性植根于抽象的"人类内心的原本结构"。博克与之不同的是，从外在的人类的共同的感性、感官结构出发，论证审美趣味的共同性。他认为所有人的感觉都是相同的，不管这些是什么民族、地域，还是什么阶层和学历。

17—18世纪英国经验主义美学还提出了审美的观念联想说、审美同情说，前者是从主体的想象能力说明美感产生的心理机制，而同情则是从人类心理同一性来说明审美愉快、悲剧快感等审美效果。审美同情说对后来里普斯的移情说影响很大。总的来看，英国经验主义美学把美感的中心放在主体之上，从心理学、生理学的视角对人的感

---

① 张玉能：《英国经验主义美学论审美趣味》，《安徽师范大学学报》2005年第5期。
② 古典文艺理论译丛编辑委员会：《古典文艺理论译丛（5）》，人民文学出版社1963年版，第1页。
③ 古典文艺理论译丛编辑委员会：《古典文艺理论译丛（5）》，人民文学出版社1963年版，第1页。

知、情感、想象、理性、判断等心理能力对美感的来源做了主观的解释，重新拾起了被宗教神学美学压抑的主体性美学。但其缺点是过于重视审美主体心理在美感中的作用，片面地忽视了审美客体在审美经验中的重要地位。它们的心理学视角为19—20世纪的心理学美学产生了重大影响，其中比较突出的是布洛的心理距离说和里普斯的移情说。

布洛（Bullough）在《作为艺术因素与审美原则的"心理距离"说》一文中对"心理距离"说进行了详细的解释。从文章的题目来看，布洛把"心理距离"作为艺术因素和审美的原则来看待的。也就是说，审美主体一定要与审美客体保持适度的距离，才能产生美感体验。据此，他还举了一个具体的例子来说明。如果大海上突然生起了浓浓的大雾，一些人可能会感到惊恐害怕，想象龙卷风就要来临，生命受到了威胁。这时惊恐的人们实质上与对象、物体（这里是大雾）保持了一种功利、利害、实用的态度。倘若人们与对象保持一定的距离，面对大雾，欣赏它的色彩、形状、密度等外在形式，那么就会产生一种赏心悦目的美感体验。他认为，面对相同的情境，不同的情感体验的原因，在于不同的主体对客体采取了不同的心理距离。美感来自"审美主客体之间的距离必须保持适当的度"[①]。布洛的"心理距离"说完全是从主体的心理角度来认识审美经验的。因为客观情境相同的人只有采取了一种非功利的心理距离才能产生美感体验。可见，外在的形式并不是主导美感产生的真正因素，真正的原因在于主体内在的与客体适当的心理距离。但是这种认识的缺点是，其前提条件就是把美定性为一种非功利观，实质上是把道德美、实用主义美学排除在外。当然，"心理距离"说确实在一定程度上为美感体验的产生提出了比较科

[①] 和丽君：《审美过程中功利与非功利的统一—布洛心理距离说新解》，《云南社会科学》2001年第1期。

学的说明，看到了主观心理在美感产生方面的作用。

19世纪下半期，受英国经验主义美学传统和费希纳（Fechner）实验心理学美学的影响，西方的美学研究出现了两个重要转变。在方法上，从自上而下的抽象的思辨方法转变为自下而上的心理实验方法；研究对象从审美客体转移到了审美主体，集中对审美活动进行心理分析，集中探讨"在美感经验中我们的心理活动是怎样的"等问题。里普斯（Lipps）的审美移情说，就是在这一潮流中涌现出来的一种理论体系。里普斯移情说是美感主观心理说的滥觞。里普斯认为，"主体是把自我活动移入对象，然后再反观和欣赏对象中的自我，这便是审美活动中的移情作用"①。在移情过程中，审美客体与主体的关系是，审美主体的情感投注到对象形式上，让对象充满"我"的生命与情感，而审美对象充注"我"的情感后，则审美主体在对象中对自我进行观照，从而达成审美主客体的合一。因此，里普斯的审美移情的美感实质是对自我的欣赏，而不是对客观对象的欣赏。他说："审美快感是对于一种对象的欣赏，这对象就其为欣赏的对象来说，却不是一个对象而是我自己。"② 审美移情说旨在说明主体自身及其情感的自我活动，才是审美活动中美感的根源，突出审美主体心理在美感产生中的重要作用，"但由于过分夸大了主体的作用，又否定了客体对象自身审美价值属性的决定性意义，自我的情感被抬到审美关系中第一性的地位"③，因此，具有强烈的美感唯我论倾向。所以，笔者认为，里普斯的移情说是美感主观心理说的顶峰，驱逐了审美客体的审美价值，与克莱夫·贝尔的"有意味的形式"驱逐审美主体情感的美感价值形成对立。

---

① 岳介先：《立普斯的移情说美学》，《江淮论坛》1994年第4期。
② 马奇：《西方美学资料选编》，上海人民出版社1987年版，第847页。
③ 岳介先：《立普斯的移情说美学》，《江淮论坛》1994年第4期。

历来对于审美经验、美感来源的问题总体上坚持着两条相互对立的解释传统,从毕达哥拉斯的数,到中世纪的上帝,再到克莱夫贝尔"有意味的形式"形成了美感客观形式说,从普罗泰戈拉的"人的尺度",到柏拉图的灵魂回忆说、迷狂说,到伊壁鸠鲁的感性快乐,再到经验主义美学的内在感官、审美趣味、观念联想以及里普斯移情说,形成了美感主观心理说。它们各自从自身的立场和视角找到了审美愉快产生的原因,但是都过于片面,忽视了美感是主客体交互作用的结果,从而未能真正解决美感的发生机制。作为科学的研究者,既要反对绝对的客观论,也要反对绝对的主观论。主观论是一种刺激—反应模式,客观论则是"一种附加模式"①。到了20世纪现象学的主体间性视域的产生,有些美学家开始意识到从主客体交融来看美感的产生机制。我国学者往往能够坚持从辩证唯物主义出发,对美感的来源问题做出合理辩证的解释,提倡"审美经验的发生过程既不是简单的客体向主体的运动,也不是单纯的主体向客体的运动,而是主客体之间相互作用和双向运动的结果"②。可见,只有从主客交融来看待美感发生的问题,才能得出真正较为正确的认识。而阿恩海姆的审美感知理论中,美感的产生的情况是什么样的呢?他属于主观心理派,还是客观形式派呢?

三 阿恩海姆美感的来源:有意味的形式的直觉

在早期,阿恩海姆认为,对艺术作品形式审美感知的美感来源于对作品形式的直觉式的感受,无须想象、联系、记忆、判断的介入,甚至还要排除其他知觉介入。因此,阿恩海姆的形式审美感知愉悦是自足的单一知觉的形式审美愉悦,其美感来源属于客观形式派。这与

---

① 刘晓丽:《美感,来自何处?》,《中国美学研究》2015年第2期。
② 彭立勋:《审美学现代建构论》,海天出版社2014年版,第28页。

其中晚期坚持主体知觉的简化本能，坚持主客体的力的同构解释美感、审美经验问题是完全不同的。这种差异也让我们看见阿恩海姆早期美学的多元性与复杂性。具体来说，阿恩海姆早期认为审美主体的愉悦感建立在形式相似性、组合、对立等直觉体验之上，没有涉及积极主动地"完形加工"的审美感知。虽然早期也涉及完形感知，但这种感知没有进入审美视域，只作为媒介艺术的心理机制而存在。形式主义的审美感知，在电影那里表现为对默片（无声影像）有意味的形式直觉体验，在无线电广播剧那里表现为对纯粹声音的直觉体验。他的形式审美愉悦感是一种单一知觉的直觉审美体验。他的美感来源与克莱尔贝尔具有某种家族相似性。因为他们都认为，美感来自对纯粹形式的直觉把握所体验到的某种意味，都排除生活经验中的情感在审美经验中的存在。下面我们结合阿恩海姆早期美学著作中的具体的论述来看他早期对于审美感知愉悦的发生机制。

在论述电影的审美感知时，阿恩海姆关注艺术作品的形式。他认为"绝大多数导演以及他们的雇主和观众并不关心形式，而只关心内容"[1]。可见，阿恩海姆把形式看作电影艺术性的主要因素之一。但阿恩海姆要求的形式具有某种意味，要传达出情感、象征的内涵。他说，"一个奇特的画面……如果它含有什么意义，它的价值还会更大"，"在选择角度时，常常只考虑它的形式力量，而不问它的意义"，"一部好影片中，每个镜头都必须对剧情有所帮助"。[2] 也就是说阿恩海姆不是纯粹的客观形式美感论，不是像唯美主义者那样要求艺术的美感体验只涉及纯粹形式，不涉及情感、道德、政治等内涵。他更接近克莱尔·贝尔"有意味的形式"的观点。只不过阿恩海姆并不排斥那种意味表现的是人类生活经验中的情感，而贝尔却要求"终极实在"的审

---

[1] ［美］阿恩海姆：《电影作为艺术》，邵牧君译，中国电影出版社2003年版，第104页。
[2] ［美］阿恩海姆：《电影作为艺术》，邵牧君译，中国电影出版社2003年版，第31页。

美情感。因此,阿恩海姆要求导演具有卓越的技巧,巧妙地安排艺术作品的形式,让观众发现形式中的力量和意味。"为了理解一件艺术作品,却必须引导观众去注意形式的这些特点。"① "光明对黑暗、代表纯洁的白色对代表罪恶的黑色、阴沉和焕发的对照——这些原始的然而永远有效的象征手法是取之不尽、用之不竭的。"② 在无线电听觉艺术中,他指出:"渐强和渐弱是自然因素,也是最重要的因素,是表征和传递精神紧张和放松的最直接的手段。"③ 可见,阿恩海姆总是从形式所具有的象征、内涵表达力出发来谈论形式的,这种类似的论述在早期著作中比比皆是。这说明阿恩海姆对形式的审美感知绝不是一种纯粹的、无内容的形式的审美感知,而是要从直接从形式之中直接感受到某种象征、意味。而这种意味、象征、趣味就是审美感知时美感的来源。阿恩海姆主张这种审美愉悦感来自主体对作品形式的一种直接的直觉式的感知,无须想象、联想、理性判断的介入。他说:"从无线电的角度来看,一个人必须清楚地知道,听者用内心的眼睛去想象的冲动是不值得鼓励的。相反,这对真正的无线电欣赏以及所能提供的独特优势造成一种障碍。"④ "无线电广播不能被想象","最基本的听觉效果并不在于把我们实际上所知道的话语或声音的意义传递给我们。声音的'表达特征'以一种更直接的方式影响着我们。它通过声音的强度、音高、音程、节奏和性质等无需任何经验就能理解"⑤ "这是一个更激进的步骤,以消除所有的因素仅从声音表演推

---

① [美]阿恩海姆:《电影作为艺术》,邵牧君译,中国电影出版社2003年版,第34页。
② [美]阿恩海姆:《电影作为艺术》,邵牧君译,中国电影出版社2003年版,第51页。
③ Rudolf Arnheim, *Radio*: *An Art of Sound*, Translated by Ludwing and Herbert Read, New York: Da Capo Press, 1971, p. 41.
④ Rudolf Arnheim, *Radio*: *An Art of Sound*, Translated by Ludwing and Herbert Read, New York: Da Capo Press, 1971, p. 137.
⑤ Rudolf Arnheim, *Radio*: *An Art of Sound*, Translated by Ludwing and Herbert Read, New York: Da Capo Press, 1971, p. 30.

断（无线电作品的好坏）……音乐是最纯粹的无线电作品。它表明，除了扬声器之外，没有任何东西，它不是从一个看不见的空间发出的声音，而是一个过程——可以说是扬声器本身的过程。它不需要对声音做出解释，只是需要对声音本身及其表达的理解。"① 在这里阿恩海姆反对想象等心理能力在美感中的存在，赞同的是通过对声音的直接的表达性的直觉感知获取其中的意味。这种意味就是通过声音本身的特性或不同声音的对比形成的象征、情感、内心冲突等，如他认为可以通过声音的对立表达表现精神冲突的对立和矛盾。"在阿尔弗雷德·多布林的戏剧作品《婚姻》中，雇主和工人之间的讨论不被认为是工厂办公室里的一次对话场景，而是以对话的声音形式在听觉上产生的一种听得见的精神冲突。"② "抽象的概念事实被翻译成感知世界的相应的感官特征。因此，在无线电节目中，轻蔑的想法变成了轻蔑的笑声。"③ 无线电艺术作品通过具体的、可感的形式表达了丰富的抽象的内容，听众则可以在听觉的直接感知中无需任何经验就可理解其中的内涵。他还否定抽象的理性能力在审美活动中的作用。他认为默片虽然是用影像表达，但它"不可能表达观念，因为语言在其中所起的作用太小"，"但是影片不一定缺乏思想深度"。④ 对此，他举了卓别林《淘金记》中的一个场景做例子进行分析。电影中卓别林以优雅的有条不紊的姿态表演了他烹调煮吃自己的肮脏的鞋子的场面，如图4-5所示。

---

① Rudolf Arnheim, *Radio：An Art of Sound*, Translated by Ludwing and Herbert Read, New York：Da Capo Press, 1971, p.196.
② Rudolf Arnheim, *Radio：An Art of Sound*, Translated by Ludwing and Herbert Read, New York：Da Capo Press, 1971, p.187.
③ Rudolf Arnheim, *Radio：An Art of Sound*, Translated by Ludwing and Herbert Read, New York：Da Capo Press, 1971, p.186.
④ [美] 阿恩海姆：《电影作为艺术》，邵牧君译，中国电影出版社2003年版，第112页。

a)　　　　　　　　b)　　　　　　　　c)

图 4-5　《淘金记》中卓别林烹吃皮鞋

阿恩海姆认为"这场戏用一种无比新颖的、生动活泼的方式表现了穷与富之间的对比"①。虽然他指出这种对比还可以通过把穷人和富人菜品的不同丰富度放在一起进行对比，但他认为这种对比是理性思考的结果。阿恩海姆反对理性逻辑在审美创造中的运用，认为这样会影响电影的审美体验，而是希望能够直接地以形象的形式展现出来。而这种表现手法恰恰是卓别林在《淘金记》所做的。"《淘金记》的这一场之所以卓越和有力，原因在于……卓别林突出了客观上不同的东西在形式上的相似，使这个对比极其鲜明地呈现在观众面前。"② 阿恩海姆在此为卓别林电影称赞的是用一种可见的、对比的形式突出了某种抽象的、丰富的精神内涵，足以看出他喜欢的形式是一种有意味的形式，而且观众对审美的感知也是一种通过具象可直接感知把握的艺术作品的美，从中获取审美快感，而不是经过理性的思考。

从阿恩海姆早期著作的具体论述中，我们可以看到阿恩海姆的审美感知的愉快来源有三个特性，即形式、视听直觉以及意味。这三个要素表明阿恩海姆的审美感知是一种没有想象、理性参与的直觉的审美体验，是一通过对比相似的巧妙设计来种对形式本身的特性直接

---

①　[美] 阿恩海姆：《电影作为艺术》，邵牧君译，中国电影出版社 2003 年版，第 113 页。
②　[美] 阿恩海姆：《电影作为艺术》，邵牧君译，中国电影出版社 2003 年版，第 113 页。

的有意味的把握。这些形式中的意味不是来自主体对对象的移情，而是主体从形式本身的对立、相似中象征的情感进行直接的体验。这就是把审美主体的审美体验、情感愉快的体验来源建基在客观的形式之上，是形式本身具有的象征和意味的直觉感知。因此，我们说阿恩海姆的美感来源属于客观形式一派，与克莱夫·贝尔具有某种家族相似性。

但是阿恩海姆一方面强调美感体验在于对艺术作品形式的相似性、对比的直觉的体验和把握，无须想象、联想、理性的介入时，他在有些地方又强调了想象、联想、理性在审美愉悦体验中作用。在电影的审美体验中，他说"可以强调某些部分，从而引导观众去揣摩这些部分的象征意义"。其中"揣摩"就是审美接受活动中审美主体使用联想、想象、推理等心理能力而获得审美认知和美感的过程。他还说："将注意力转向形式，使自己能判断这部机器、这对情侣、这个侍者是怎样描绘出来的。"① 这里的"判断"也是一个理性的思索过程。"必须引导观众去注意形式的这些特点，也就是说，他们必须陷入某种一定程度上不自然的精神状态。"② "不自然的精神状态"相当于布莱希特的"间离化"效果。我们知道布莱希特希望用间离化手段让观众产生陌生的感受，从而引导观众去思考现实的人生，而不是让观众沉浸在作品感情的体验中，迷失自我，失去自我。间离化手段的使用就是唤醒观众理性的自主思考能力。阿恩海姆在这里强调要通过创作与众不同的形式的艺术作品来引起欣赏者的不自然状态，从而引起一种陌生化的感受，引起观众的疑惑与反思，加深对作品的深度的理性的惊奇。这无意中强调了在理解一件艺术作品时，理性能力的重要性。

可以看出，在早期审美经验、美感来源的问题上，阿恩海姆对审

---

① [美]阿恩海姆：《电影作为艺术》，邵牧君译，中国电影出版社2003年版，第44页。
② [美]阿恩海姆：《电影作为艺术》，邵牧君译，中国电影出版社2003年版，第34页。

美直觉、联想、想象、理性判断在美感中的作用未能形成一个系统稳定的看法，他有意识地突出直觉在美感体验中的重要性，重视审美直觉，希望通过对艺术作品有意味的形式的直接把握，又无意识地看见了理性、想象、联想、判断在审美经验中的重要作用。说明阿恩海姆对美感的来源、审美经验的认识既受到形式主义美学的影响，也受到审美心理学的影响，但他未能在两者之间做出很好的融合。

　　早期的审美感知中美感的来源，阿恩海姆还保留了严重的二元论倾向，他把美感的产生建立在主体对作品形式的直觉体验把握中，其中主要因素在于艺术作品形式的相似性、对立形成的各种抽象的情感象征。说到底，美感的来源还是形式本身的表现力或象征性内涵，不是主体的移情和想象、理性推理或记忆、经验的刺激。这种把美感建立在形式本身的性质之上的理论是一种客观形式主义审美理论，忽视了主体本身的经验记忆、想象、理性推理在审美美感产生机制中的重要作用，具有严重的主客二元对立的倾向。此时期的美感体验，没有中晚期从主客相互作用的对话中形成的非心非物的"完形"、意象、力的结构的异质同构理论那么成熟，体现出阿恩海姆早期对审美经验、美感产生机制认识的片面性。中晚期的"形式"是主体与客体的融合构成的一个完形意象、一个力的结构，美感的体验享受来自主体的完形简化能力对客体外在形式的"完形"加工组织后的简化"形式"，是内容与形式的辩证融合，而阿恩海姆早期形式审美感知中的形式是一种艺术作品外在的物理形式而已，是纯粹的外观形式组织、组合、对立、相似性因素本身蕴含的某种表现性或象征。主体的完形组织加工能力并没有充分地运用其中。因此，阿恩海姆的这种纯粹外观形式的审美直觉体验的美感享受是一种客观形式论。但是，我们可以发现早期美学思想中对形式的对立、相似等因素形成的某种象征意味为中晚期的异质同构理论奠定了形式的基础。因为在中晚期，阿恩海姆认为物理客观形式本身就具有某种表现性，而这种表现性来自其本身的力的结构。只不过这时阿恩海姆还没有用格式塔心理学的场论来支撑他的"有意味的形式"，停留在传统形式主义的象征或隐喻的修辞美学立场。我国学者彭立勋在对审美经验进行系统的研究时，指出审美经验是一个多层次、多维度的心理过程，不能把审美感知、审美想象和审美判断看作各自独立的部分，这样会导致对主体审美活动进行机械的割裂。阿恩海姆早期审美感知思想、美感论恰恰对整个审美活动进行了机械的割裂，主张艺术作品形式在审美活动中的首要性，明确主张审美主体直觉审美感知能力，忽视了审美主体联想、想象、逻辑判断在审美中的重要作用。

阿恩海姆早期思想中存在各种话语资源的共存现象，他可能被各种话语资源所左右、所吸引，但始终无法对各种理论资源进行很好的掌控，还没有形成自己独特的理论体系，直到阿恩海姆《艺术与视知觉》《视觉思维——审美直觉心理学》等中晚期著作问世之后，阿恩海姆形成了系统的审美直觉心理学的美学理论。但正因为如此，我们看见了一个多元、丰富且充满张力的早期阿恩海姆，同时也看见了其早期美学作为一个中晚期美学的奠基，为中晚期形式主义美学与格式塔心理学美学的完美融合打下了坚实的基础。

第三节　对早期审美感知的反思

阿恩海姆早期的审美感知理论由两个部分构成，即作为艺术心理机制的完形感知和作为艺术形式审美的直觉感知。两种感知的存在构成了阿恩海姆早期感知理论的多元性和矛盾性。深度反思阿恩海姆早期审美感知美学，笔者发现其审美感知可以概括为单一知觉的形式审美直觉，其中包含了单一性（或纯粹性）与逻各斯中心主义、直觉性以及日常与审美经验对立的特征。阿恩海姆早期审美感知充满了多种话语的众声喧哗，充满张力，对当代美学具有重要的启示价值。

一 逻各斯中心主义

阿恩海姆审美感知论具有很强的单一性。比如，他在电影艺术中，主张有声电影是一种"杂种"的艺术，认为声音与画面相互斗争，它们通过不同的表现手段表现同一个东西，造成混乱，分散了观众的注意力。作品本身也显得杂乱无章、复杂，而不是简化。在无线电广播艺术中，他赞成纯粹的听觉审美感知，排除想象的视觉图像对听觉感知到的内容进行补充，认为无线电的本质是通过单一的声音材料自足地表达整体的艺术。"任何情况下的视觉都必须被排除在外，而且不能让听者的视觉想象的力量偷偷溜进来。雕像不能被赋予一层肉色，无线电广播不能被想象"[1]，"正如我们将看到的，当我们在视觉上补充无线电广播艺术形象时，它们就会变得毫无意义和不可信"[2]。他认为无线电是伟大的纯粹的声音的简化艺术。因为无线电广播通过声音可以独自表达各种精神冲突、人格化的动植物等，而舞台艺术则需要视觉图像与独白两种手段，而两者总是无法很好地协调。审美感知的单一性也就是一种纯粹性，他要求电影艺术只是一种纯粹的视觉审美感知，无线电广播艺术是纯粹的听觉审美感知。因此他还反对听觉在电影中的存在，反对视觉形象在无线电艺术中的存在。阿恩海姆的这种对单一知觉艺术或单一材料艺术的称赞的前提是形式主义的简化美学原理。他不管是在《电影作为艺术》还是《无线电：声音的艺术》中

---

[1] Rudolf Arnheim, *Radio*: *An Art of Sound*, Translated by Ludwing and Herbert Read, New York: Da Capo Press, 1971, p. 136.

[2] Rudolf Arnheim, *Radio*: *An Art of Sound*, Translated by Ludwing and Herbert Read, New York: Da Capo Press. 1971, p. 172.

都坚持从这条公认的美学原理出发，为电影、无线电作为艺术进行辩护。据此，他还否认有声电影和电视的艺术可能性，认为它们仅仅是一种纯粹的文化传播工具。在论述阿恩海姆早期简化美学原理时，笔者已经指出阿恩海姆早期的简化原理并非一种真正格式塔心理学简化原理，而是一种形式主义的简化原理。这种简化原理主张的是艺术作品客体形式、材料、表达手段的单一。阿恩海姆首先遵从这条模式，然后从艺术作品本身的某一单一表现手段出发，举出这种单一手段能够具有的表现力，然后从它具有的单一的表现力中得出结论，单一表现手段的艺术是一种符合简化原理的伟大艺术。这种论证过程是单向度的论证，缺乏足够的证据说明单一表现手段艺术（默片、无线电艺术）就是伟大的艺术。因此，阿恩海姆审美感知中单一性和纯粹性其实是一种单调性。这种单一审美感官的感知无法充分调动审美主体整个审美知觉、想象、逻辑等活动的参与。这种单一的知觉的审美感知，把主体审美感知分离为各个孤立的感觉器官的审美接受，没有认识到主体各个感觉是一个相互联系、不可分离的整体。他在默片中对听觉与声音的排除，在无声电影中对视觉与图像的排除，都把审美感知局限在单一的感觉领域，完全割裂了主体各个感觉的整体性联系，而这恰恰是对格式塔心理学知觉整体性的背离。格式塔心理学强调整体性，而人的知觉的活动恰恰是一个连贯的整体，是无法硬性地分割开来的。尤其是视觉与听觉总是作为一个整体在进行着感知。阿恩海姆其实在《电影作为艺术》一书中对此有所表述："我们的眼睛并不是一个独立于身体的其他部分而发挥作用的器官。"[①] 这句话可以看作格式塔心理学知觉观的表述。但是阿恩海姆在面对具体的艺术作品式样时，遗忘了格式塔心理学知觉的核心原则，把听觉排除在电影的审美感知过程

---

① ［美］阿恩海姆：《电影作为艺术》，邵牧君译，中国电影出版社2003年版，第24页。

第四章 多元的感知：阿恩海姆早期审美感知论

中，把视觉想象排除在无线电听觉艺术的审美感知过程中。这种单一知觉审美霸权其实在杜威的自然经验主义美学那里已经遭到了严厉的否定。汪堂家在《杜威的审美经验理论及其当代启示》中指出，杜威（Dewey）"基于感觉之间的潜在联系和互补功能，反对以'看'为中心的视觉主义的艺术哲学，也反对以'听'为中心的听觉中心主义的艺术哲学"①。

从表层来看，阿恩海姆的审美感知单一性或纯粹性来自形式主义美学的影响；从深层次来看，实质是阿恩海姆作为西方逻各斯中心主义传统的无意识接受，用逻各斯中心主义对艺术作品的表现手段、材料的多样性和丰富性以及对主体知觉本身进行了分割。解构主义者德里达认为，逻各斯中心主义是指"贯穿于西方传统形而上学乃至整个西方文化的一种思维模式。这种思维模式设定了各种各样的二元对立"②，如语言与文字、视觉与听觉、图像与声音、文化与自然等。德里达指出二元对立是逻各斯中心主义惯用的伎俩，它压制其后项，推崇前项，从而确立一种霸权。阿恩海姆在早期审美感知中，都是从视觉与听觉、声音与图画的两项对立中推崇其一，否定其一，从而确定某一单一表现手段或知觉的主导地位的，如在电影中对声音和听觉的压制，在无线电中对视觉和图像的压制。格式塔心理学本来具有很强的反逻各斯中心主义特征，强调整体性，反对人为的理性分割，强调刹那的直觉的整体领会，这与德里达（Derrida）对原初"延异"（Différance）的强调具有相似性。阿恩海姆本来的理论意图是想遵从格式塔心理学的整体性或简化原理，意想不到的是，可能由于他早期本身对格式塔心理学理论的理解还不够娴熟，导致对其理论基础的无意识阉割，其审美感知的单一性或纯粹性特征被形式主义美学充分占据，

---

① 汪堂家：《杜威的审美经验理论及其当代启示》，《中国高校社会科学》2014年第5期。
② 汪堂家：《汪堂家讲德里达》，北京大学出版社2008年版，第31页。

却蕴藏着浓厚的逻各斯中心主义传统。这一传统也导致其早期美学思想表现出诸多的矛盾性、复杂性和现代性特征。

二 直觉性与理性的龃龉

阿恩海姆审美感知论有很强的直觉性，表现为阿恩海姆审美感知过程中对艺术作品形式进行直接的有意味的把握和体味，其中没有想象、理性逻辑推理的参与。他在《无线电：声音的艺术》中，指出"最基本的听觉效果并不在于把我们实际上所知道的话语或声音的意义传递给我们。声音的'表达特征'以一种更直接的方式影响着我们。它通过声音的强度、音高、音程、节奏和性质等无需任何经验就能理解"[1]，"无线电广播不能被想象"[2]，"这是一个更激进的步骤，以消除所有的因素仅从声音表演推断（无线电作品的好坏）……音乐是最纯粹的无线电作品。它表明，除了扬声器之外，没有任何东西，它不是从一个看不见的空间发出的声音，而是一个过程——可以说是扬声器本身的过程。它不需要对声音做出解释，只是需要对声音本身及其表达的理解"[3]。对于电影的审美感知而言，也是通过电影形式方面的对立、相似等因素形成的某种具体可感的形式意味的直接感知，而不是理性的思索。在阿恩海姆的著作中有很多的例子，对此进行了说明。其中一个是《巴黎一妇人》的影片结束的场景，一对男女已经分手。导演让他们两人在熙攘的街道在各自不知道的情况下擦肩而过。阿恩海姆对此场景分析道："抽象的事实也被绝对忠实地化成了具体的形

---

[1] Rudolf Arnheim, *Radio: An Art of Sound*, Translated by Ludwing and Herbert Read, New York: Da Capo Press, 1971, p. 30.

[2] Rudolf Arnheim, *Radio: An Art of Sound*, Translated by Ludwing and Herbert Read, New York: Da Capo Press, 1971, p. 196.

[3] Rudolf Arnheim, *Radio: An Art of Sound*, Translated by Ludwing and Herbert Read, New York: Da Capo Press, 1971, p. 136.

式：两个人生活道路一度相交，旋又分离。但是用来表现这个抽象事实的具体事件却不落窠臼，它是非常新颖的。"① 阿恩海姆想说的是，电影通过具体的可感的形象化手段把那抽象的分手后的悲伤以及生活又不得不继续的无奈淋漓尽致地展现在观众的视觉当中。观众一看便体味到了其中的情愫。这种视觉的审美感知是纯粹刹那的直觉，而不需要过多的理性能力。因此，审美感知的直觉性表现为对审美感知过程中知觉直接的感知，反对经验、想象、理性等主体心理活动在审美活动中的作用。阿恩海姆对审美感知的直觉性的强调也是片面的。我们认为审美活动是审美感知、审美想象和判断交互循环的整体，而不是一个相互对立的或线性的过程。在日常的审美感知中，直觉性的审美总是很奇妙，欣赏者总拿它没办法，无法用理性的言语清晰地表达出来。久而久之，我们就把直觉看作纯粹非理性的，不涉及理性能力。事实上，并非如此，直觉虽然总感觉是刹那的、无以言表的神秘的体验，没有逻辑理性思维参与的体验，其实它的产生蕴藏着欣赏者长期的日常生活文化实践的智慧和历史人文传统的积淀。也就是说，它的瞬间的不假思索的迸发始终渗透着欣赏者长期积累的无意识的理性的认知逻辑和框架。因此审美直觉体验的产生，"实际上是'审美对象的刺激'和'过去经验在人脑中的复现'的统一，也就是说，是头脑里的记忆储存与审美对象刺激的某种一拍即合"②。我国著名文艺理论家王朝闻在论述直觉与理性的关系时也指出："有些近代美学家把直觉、概念等心理因素对立起来，或是把直觉经验与美感经验等同起来，认为只有形象的直觉性才是引得起美感的。在我看来，这样的论断至少不能概括我个人的审美经验。我的经验表明，直觉和思维，不是互相

---

① [美]阿恩海姆：《电影作为艺术》，邵牧君译，中国电影出版社2003年版，第115页。
② 李添湘：《论审美感知和审美想象》，《湖南教育学院学报》1995年第4期。

排斥而是互相依赖的。"① 那种没有经验和记忆的纯粹的直觉审美感知是不存在的。只是审美感知中的直觉是由于我们长期的经验而形成的无意识地反映。经验与记忆在这种刹那的审美直觉中下潜到无意识层次。因此,阿恩海姆早期审美感知的直觉性未能真正认识到审美活动的整体性或连贯性,忽视了经验、记忆、想象、理性在审美感知中的无意识作用。我们知道阿恩海姆中晚期美学中的审美直觉心理学反对视知觉与理性的二元对立,认为视知觉也是一种思维。这个时候,阿恩海姆说的视知觉是一种具有选择能力、识别、简化、抽象的完形知觉,是一种具有积极主动的组织加工能力视觉思维,其中包含着直觉与理性的交织。他说:"一切直觉中都包含着思维,一切推理中都包含着直觉"②,"类似概念、判断、逻辑、抽象、推理、计算等字眼,同样也是应该适用于描绘感官的工作"③。早期阿恩海姆的审美直觉还没有中晚期思想那么系统、完善。因为此时期阿恩海姆的审美直觉的感知并没有积极的"完形意志"的加工能力。他的形式的审美感知不是知觉的积极主动的选择、识别和简化,而仅仅是普通视觉、听觉等感性能力对形式的固有意味的积淀的无意识反应。但他的这种认识已经为后来的格式塔心理学的完形直觉奠定了基础。此时期的直觉性表现出形式主义美学对阿恩海姆的影响。

三 日常经验与审美经验的对立

"随着自然科学的发展,对世界的认识权力此时已经交付到科学理性手里,审美经验则称为审美想象和虚构的领地,逐渐从日常生活领

---

① 王朝闻:《审美基础》,生活·新知·读书三联书店2011年版,第111页。
② [美]阿恩海姆:《艺术与视知觉》,滕守尧译,中国社会科学出版社1984年版,第5页。
③ [美]阿恩海姆:《艺术与视知觉》,滕守尧译,中国社会科学出版社1984年版,第55页。

域中独立出来。"① 阿恩海姆早期审美感知就表现出把日常生活经验与审美经验对立开来的特征。他把真正的审美感知看作一种对艺术作品的审美感知,日常生活经验缺乏审美性。他认为电影"即使再现一个简单的物象也不是一个机械的过程,而是一个能好能坏的过程"②。"因此,把照相和电影贬为机械的再现……值得进行彻底的和系统的驳斥。"③ 在阿恩海姆看来,电影之所以成为电影的条件之一就是电影的影像并非现实的机械再现,而是经过了创造性的选择后的影像。因此,现实生活与影像的差异构成了电影作为艺术的基础。他反对各种技术的进步带来的完整电影的理由也是基于此,因为技术的进步带来影像的自然主义的再现,而这恰好构成电影作为艺术的威胁。他对黑白、荧幕框架的限制及时空的非连续性、深度感的缺失的强调都是要说明电影影像与现实生活的差异保证了电影成为一门艺术。因此,在他看来,电影影像是电影艺术的,是因为他与日常生活的不同。我们观看电影获得的审美感知,是因为这种观看的经验与日常生活中的自然主义的经验是不同的。例如,他否认日常生活中眼睛的视域的界限没有意义。"如果眼睛固着于某一个点的时候,我们所能看到的只是一个有限的空间。这个事实在实际生活中是没有什么意义的。"④ 日常生活中眼睛的观看具有一定的界限的特征构成了审美活动的聚焦,为审美主体限制了审美对象的中心,成为一个图形,而其余则隐没为背景。这种视觉特征在日常生活的视觉感知中为美感带来了生理基础。阿恩海姆却说现实中的视域限制没有任何意义,难道不是排斥了日常视觉经验具有审美的可能性吗?他认为日常生活的形象与作品中的形象具有

---

① 张宝贵:《西方审美经验观念史》,上海交通大学出版社2011年版,第11页。
② [美] 阿恩海姆:《电影作为艺术》,邵牧君译,中国电影出版社2003年版,第9页。
③ [美] 阿恩海姆:《电影作为艺术》,邵牧君译,中国电影出版社2003年版,第7页。
④ [美] 阿恩海姆:《电影作为艺术》,邵牧君译,中国电影出版社2003年版,第13页。

审美性差异。前者是模糊的，无审美性的要求；后者是精确的，有审美性的要求。"在正常情况下，我们从周围世界汲取的东西无非是一些含糊的暗示，仅仅足以确定我们实际的方向……因而毫不奇怪，在日常生活中视觉元素和听觉元素的不平衡结合并不会引起不舒服的感受。"① 阿恩海姆认为我们不会在意日常生活中形式的不完美、不平衡等现象，因为日常生活中的感知仅仅"确定我们实际的方向"。这实际上是把日常生活感知看作一种实用主义、功利主义的感知。所以，他认为，日常感知经验并非一种审美态度的感知经验，而是生存的手段："对于一般人来说，视力在日常生活中只是用以寻找他自己在自然界里的位置的手段。"② 他在《无线电：声音的艺术》中对日常生活经验与审美经验的差异也有过表述。他说："在音乐厅里，在'非功能性'的领域里，美是提供给我们的。但是，在声音作为一种交流手段的地方，在日常言语中，声音是贫乏的、迟钝的、没有美的。"③ 如此，他就把日常生活经验的审美性从审美经验、审美感知中排除出去了。持这种观点的大有人在。有学者就指出："日常体验是人对实在事物的感受，而审美体验尤其是艺术体验则是对实在事物的形象的感受。"④ 笔者认为把日常经验与审美经验区隔开来的观点其实是从艺术作品出发来认识审美经验的，其中还带有美无关利害的审美现代性观念。他们认为日常生活中的经验大多只是一种实用主义经验，也就是把审美经验严格限定在非功利的纯粹审美乌托邦之中。

日常生活经验与审美经验的问题一直是美学界争论不休的问题之一。不同立场的美学家都提出了自己的看法。虽然大多数理论家都赞

---

① ［美］阿恩海姆：《电影作为艺术》，邵牧君译，中国电影出版社2003年版，第157页。
② ［美］阿恩海姆：《电影作为艺术》，邵牧君译，中国电影出版社2003年版，第33页。
③ Rudolf Arnheim, *Radio: An Art of Sound*, Translated by Ludwing and Herbert Read, New York: Da Capo Press, 1971, p. 31.
④ 王苏君：《审美体验研究》，中国社会科学出版社2013年版，第173页。

第四章　多元的感知：阿恩海姆早期审美感知论

同日常生活经验与审美经验具有相关性，但是多数人都在两者之间进行了一种价值等级的区分，往往抬高艺术作品的审美经验，或某一终极者、上帝、绝对理念的审美经验，矮化日常生活经验的审美价值，如柏拉图认为一种绝对的审美经验是一种对理念的直觉的反省把握，阿奎那认为更完善高级的审美经验是对上帝的美的欣赏。黑格尔从它的"绝对理念"的辩证运动出发，认为自然美只是一种附庸的美，因为自然只是理念自我异化的第二阶段，还不是更完善的阶段，而艺术则是绝对理念的感性显现。因此认为对艺术的审美经验要高于对自然的审美经验。杜夫海纳（Dufrenne）的审美经验现象学从艺术作品出发界定审美对象，"把经验从属于对象，而不是把对象从属于经验，就要通过艺术作品来界定对象自身"①，这种界定的路径实质上也间接地把审美经验的界定从属于艺术作品。因此，杜夫海纳的审美经验也更多的是一种艺术作品的审美经验，日常生活经验中对象及其经验可能就被排除在审美经验大门之外了。

在现代美学中，对消弭审美经验与日常生活经验巨大鸿沟做出重要贡献的是杜威。杜威"重建了艺术与生活经验在美学上的深刻联系。他对日常生活经验中的审美特质的细致观察，以及基于经验与自然的连续性对自然美和艺术美的重新界定，对当代美学具有重要的启示意义"②。杜威的"一个经验"理论认为"最精深的哲学与科学的探索和最雄心勃勃的工业或政治事业，当它们的不同成分构成一个完整的经验时，就具有了审美的性质"③。当代日常生活美学也对审美经验的扩容做出了巨大贡献。在日常生活美学中，日常经验的审美性成为其理论关注的核心，使得消费购物、家居生活、日常交往、城市广场、身

---

① [法]杜夫海纳：《审美经验现象学》，韩树站译，文化艺术出版社1996年版，第7页。
② 汪堂家：《杜威的审美经验理论及其当代启示》，《中国高校社会科学》2014年第5期。
③ [美]杜威：《艺术即经验》，高建平译，商务印书馆2005年版，第59页。

体养护、户外旅行等方面的日常活动成为重要的审美经验。可见，审美经验不能仅仅只是对艺术作品的审美接受，日常生活经验本身就蕴含着巨大的审美性。

从审美经验的审美主体一方来看，任何一次审美活动都是一个主体的感官、想象、理性、判断共同参与的活动。而这些审美活动中的心理能力并非独一的审美器官，它们是作为主体整个生存活动的同一个心理能力。也就是说，不管是日常生活中，还是艺术作品的接受活动中，我们使用着同一个感官、思维、想象等心理要素参与其中。这是主体生存活动心理机制的同一性。"审美感知的范围和感性感知的范围实际上是完全一致的。"[1] 审美活动只是生存活动的一个组成部分。因此，不可能单独寻找一个审美器官来进行审美活动。日常生活经验的审美性与艺术作品审美经验中的审美性都来自同一种感知结构以及心理结构。阿恩海姆将日常生活经验与审美经验做出一定的区隔，把日常生活经验排除在审美经验之外，其实是跟他把审美感知当作一种（艺术作品）形式感知有非常大的关系的。

阿恩海姆早期的艺术审美感知与中晚期"异质同构"理论视域下的审美感知存在很大的差异。他在1949年发表的一篇《格式塔的表现论》一文中指出，根据格式塔心理学"异质同构"论。他认为不同物体或媒介（异质）的力如果在结构组织上相似（同构），那么同样的道理，身心关系就可以很好地理解。一个人身体上的生理力可能跟其心理力具有相似性。那么一个人的内在心理内涵就可以从他外在的身体的动作、行为来进行理解。这种异质同构的力的理论为艺术表现奠定了基础。也即是说，"力的结构是表现性的基础"[2]，"这种结构之所

---

[1] 杨光：《"日常审美经验"与"感知星丛"——生活论美学的"建构性"》，《厦门大学学报》2017年第4期。
[2] 宁海林：《阿恩海姆视知觉形式动力理论研究》，人民出版社2009年版，第145页。

以会引起我们的兴趣，不仅在于它对拥有这种结构的客观事物本身具有意义，而且在于它对于一般的物理世界和精神世界均有意义"[1]。阿恩海姆认为格式塔这种表现论"必须论及由无生命的对象所传达的表现性，这些对象包括山脉、云彩、汽笛、机器"[2]。这就扩大了审美对象的范围，非艺术作品也成为阿恩海姆中晚期审美对象。审美对象的扩大也就意味着审美经验的扩容，进入了日常生领域。中晚期阿恩海姆的这种格式塔表现论或审美经验论具有消融日常的生活感知与艺术审美感知界限的倾向，与早期更多地从艺术作品形式出发界定审美感知和审美经验比较起来，显得更具有包容性、完善性和整体性。而早期的审美经验理论集中在艺术作品领域，坚持日常经验与审美经验的对立与差异，实质是精英主义、现代主义美学的表征。可以说，阿恩海姆早期美学具有很大的现代性特征。

总的来看，阿恩海姆早期审美感知理论具有单一性和逻各斯中心主义、直觉性和理性以及日常性和审美性二元对立的特征。同时，作为艺术心理机制的完形感知与作为艺术欣赏的形式的直觉审美感知的二元共存也是早期审美感知的重要特征。这些特征让我们看见的是一个矛盾的阿恩海姆。矛盾性是阿恩海姆早期审美感知理论的概况。他试图运用新近的格式塔心理学对电影、无线电艺术进行心理学美学的研究与辩护，但是其理论资源又含有很多的传统形式主义美学的思想，使其早期美学极具丰富性、多元性、复杂性和现代性特征。

四 早期审美感知的当代价值

阿恩海姆早期审美感知论是矛盾的、二元的，但我们并不能因此

---

[1] [美]阿恩海姆：《艺术与视知觉》，滕守尧译，中国社会科学出版社1987年版，第625页。
[2] [美]阿恩海姆：《走向艺术心理学》，丁宁译，黄河文艺出版社1990年版，第54页。

就忽视了其当代理论价值。从早期的完形感知对电影、无线电作为艺术的辩护来看，完形感知构成了艺术存在的心理学基础。这一点对当代艺术研究依然具有重要的启示意义。它提示我们艺术作品与观众的互动存在一种完形知觉。艺术作品总是由一些不完整的形式构成，而观众具备一种先天的完形知觉能力，能对这些作品的"不完整"进行简化加工，从而完成作品与观众的交互。从接受美学角度来看，完形知觉是读者进行艺术作品解读和接受的首要的知觉能力。当代接受美学的读者研究注重考察读者后天的审美经验对作品的接受的影响。格式塔心理学的完形感知从先天的知觉简化本能提供了一种接受研究视角，提醒我们接受者具有一种经验之外的阅读本能，即完形简化能力。因此，从"完形感知"视域出发可以丰富当代接受美学的读者接受研究。阿恩海姆早期的审美感知论强调艺术的审美感知，排斥日常经验的审美性，虽然观点不免有些偏颇，有失公允，但把它放在后现代美学视野来看，具有重要的启示意义。后现代美学反对现代精英主义美学，主张打破艺术与生活的边界，认为生活就是艺术，艺术就是生活，使当代艺术不断扩容，审美经验也出现了日常生活化，如产生了休闲美学、身体美学等新兴学科。后现代美学对美学学科发展具有重要的意义，它丰富了美学活动、美学研究以及审美经验，但随着后现代美学的不断扩容，艺术和审美经验的日常生活化，后现代美学也出现了庸俗化倾向，丧失了现代美学对审美与艺术的精英主义文化精髓的追求与坚守。阿恩海姆早期审美感知坚守艺术范围内的审美经验，反对日常生活的审美经验，对后现代美学庸俗化倾向以及毫无边界的扩容具有一定的启示意义。

第五章　格式塔作者：阿恩海姆早期作者美学思想

作者美学已经成为当今时代文艺理论讨论的新的话题，如罗兰·巴特从符号学视野出发，发出"作者之死"的惊人口号，福柯则从其知识考古学、权力谱系学视野出发，把作者当作一个话语功能体，也提出"作者已死"的论点。在当今"作者死亡论"甚嚣尘上的时代，讨论阿恩海姆的作者观似乎有点逆潮流而上的感觉。但事实并非如此，研究阿恩海姆在20世纪初对艺术创作者的看法对当今时代的"作者死亡论"具有重要的启示意义。阿恩海姆早期美学思想中对艺术作者的看法因不同的艺术形式、不同的艺术媒介，提出了不同的观点。从电影艺术来看，他对电影的作者持有一种辩证综合的作者观，认为电影是一种综合艺术，其中各个制作人员都具有一定程度上的创造性和主动性。因此，他强调电影的创作者是一种集体主义的作者，是一个整体或格式塔。笔者把这种辩证综合的作者论称作格式塔电影作者观。而在《无线电：声音的艺术》一书中，阿恩海姆采取了一种剧作者中心主义的观点，认为无线电广播艺术真正的作者只是剧作者，编导、播音员等其他人员仅仅只是根据剧作者的创作进行直接的复制和再现。因此，他反对播音员、广播导演积极主动的创造性，对他们提出了一些限制性的要求。同时他还反对读者接受的创造性发挥。可以看出，阿恩海姆早期对艺术作者美学的观点同样呈现出多元性。阿恩海姆格式塔式的电影作者论实质上比绝对个人主义或集体主义更具先见之明，因为这种综合性观点并非不是没有看见个性的重要作用，也不是忽视集体协作者的作用，而是看到了电影创作的复杂性，有些电影是个人的，有些电影是集体的。对于"电影的作者是谁"这个问题的回答，不可盖棺定论，任何一种绝对化的作者观都只能是一种本质主义的作者论。正因为如此，阿恩海姆早期电影作者观才需要重新认识，引起我们的重视，因为他有利于调和个人主义与集体主义之间的争端，避免走向作者一元主义霸权，提升电影摄制过程中其他参与者的作者地位。但由于阿恩海姆在广播艺术作者上的编剧中心主义，忽视了其他广播创作人员的作者属性，使其早期作者美学思想并不统一，也呈现出一定的矛盾性特征。

第一节 关于作者美学的说明

首先需要特别说明的是，本章的"作者美学"是广义的作者美学，并非法国电影"作者论"理论视野下的作者。是从文学作品和艺术作品的创作者的角度来分析作者的生平、个性、审美偏好、创作心理、形式风格等美学问题，以及关于鉴定文艺作品的作者是谁的相关理论问题。放到美学史上来看，从人类文艺诞生开始，可以说就产生了"作者美学"的相关问题。纵观西方美学史，理论家对作者的看法比较多，从古希腊的制作者，到中世纪的神学作者，到近代的浪漫主义个性作者，再到后现代结构主义视野下的书写作者，可以梳理一个作者美学史来。古希腊时期或者更早，"艺术"的本义是制作的技术，并非现代艺术观念下的"自由的审美性的创作"。艺术品就是通过技巧、技术制作出来的产品。艺术家则不是现代主义视野下的具有独特个性和思想的创作者，而是具备熟练技术的工匠。因此，最早的艺术作者可以说是手工业者。当然，到了柏拉图的理念论美学，使得艺术作者开始具备了某种自由的创作的个性。柏拉图认为，诗人是某种具有迷狂特征的自由创作的人。但是，柏拉图的艺术作者具有很强的理念论色彩，他的作者观是通过"回忆"与"分有"而具备了"创作"理念的人。诗人能够写出美妙的诗歌作品并非凭借其高超的技巧，而是因为他们得到了神灵附身的灵感而进入到一种迷狂状态。这种"神灵"就是理念通过回忆来住入诗人之心。因此柏拉图认为，艺术作品是"理念"的理念，否定艺术作品的地位。柏拉图的作者理论让我们看见作者从工匠到作为自由创作的艺术者的过渡。到了中世纪神学美学，艺术的作者变成了上帝。上帝是万物的创造者，因而艺术品必然是上帝创造的，虽然在人世间，作品是由某个具体的人创作的，但这个创作的人必然是受到了上帝光照才具备创作能力。这种神学作者观使得中世纪的艺术成为神学内容的载体或附庸。到了文艺复兴之后，启蒙思想的传播，神学的祛魅，人的主体性的觉醒，浪漫主义的个人主义作者观开始占据美学史的中心。这个时期，艺术作者必然是一个具备个性的、自由人格的独立的个人，这个人具有丰富的情感。至此，现代主义艺术作者观诞生。到了20世纪60代，由于受到语言论哲学的影响，结构主义、后结构主义、后现代主义的诞生，作者美学史上的作者观发生了重大的变化。在此时期，文艺"作者"也被正式纳入理论家专门讨论的范围。此时期产生了各种作者论美学，如马克思主义美学影响下的作者是生产者的观点，以本雅明、伊戈尔顿为代表。在法国则产生了一批后结构主义作者观，比如法国理论家罗兰·巴特提出了"作者之死"的口号，认为"作者"不再是具有个性的主体性的人，作品的作者是语言本身，是语言在创作，而不是"我"。福柯提出了"作者作为话语功能"的作者观。福柯把作者理论的讨论范围扩大到了符号学领域，从主体性领域中抽出来，讨论"作者"这个符号，作为话语权力的功能。法国后结构主义作者论开创了作者理论新视域，到目前为止，他们的观点是最前卫的观点。[①] 通过上述对西方作者理论史的简易书写可以看出，这些理论家所讨论的"作者"都是广义的文艺作者，并非狭隘的法国电影"作者论"。因此，笔者对阿恩海姆"作者美学"研究并非从法国电影理论的"作者论"为研究出发点，而是从文艺创作者的层面对阿恩海姆、对艺术作者进行美学研究，它当然会涉及法国电影"作者论"，但讨论的主题和范围更广；可以说，它是对文艺创作四大要素（作者、读者、世界、文本）之"作者"这一要素的美学专题研究。笔者认为，随着"作者已死"相关口号的诞生，"作者"已经成为当今文艺理论和美学理论讨论的热点话题。因此，有必要从专题的作者美学视野进行相关理论研究，而阿恩海姆早期对艺术作者的观点具有很大的特色，它能够给当代作者理论带来重要的理论启示。

第二节　格式塔式的电影作者观

谁是电影的作者？这是电影导演、理论家和批评家争论不休的问题，也是电影艺术一个重要的悬而未决的问题。法国电影心理学家让·米特里就认为"关于影片作者的问题一直争辩不休"[②]。电影界往往认为，首次讨论电影作者的问题的是法国电影学者亚历山大·阿斯楚克（Alexander Aschuk）1948年发表在《法国荧幕》上的一篇名为

---

① 相关论文可参见张永清《历史进程中的作者——西方作者理论的四种主导范式》，《学术月刊》2015年第11期。
② [法]让·米特里：《电影美学与心理学》，崔君衍译，江苏文艺出版社2012年版，第23页。

"一个新的先锋派的诞生：摄影机钢笔"的文章。米歇尔·玛丽（Michelle Mary）认为"它是最早肯定电影作者这个概念的文章之一"①。真正把电影作者论发展成一股理论思潮以及创作观念的是法国新浪潮一批年轻的电影导演。电影作者论也称之为"作者政策"，"是由为《电影手册》撰稿并使其成为世界重要电影杂志的一群结合松散的影评家发展起来的"②。《电影手册》是法国新浪潮电影的主要阵地，是世界电影史上具有跨时代意义的电影杂志，如图 5-1 所示。正因为如此，电影界往往也集中关注法国新浪潮的作者论，而忽略了阿恩海姆的电影作者观。

图 5-1 《电影手册》1951 年创刊号③

---

① ［法］米歇尔·玛丽:《新浪潮》，王梅译，中国电影出版社 2014 年版，第 34 页。
② ［英］彼得·沃伦:《作者论》，谷时宇译，《世界电影》1987 年第 6 期。
③ 该图为《电影手册》1951 年创刊号封面，封面人物为《日落大道》主演葛洛莉亚·斯旺森。

阿恩海姆提出了一种辩证综合的电影作者理论,即格式塔式电影作者观,反对极端个人主义或集体主义,他的观点至今都还具有很重要的理论意义和借鉴意义。鉴于此,本节将对阿恩海姆的电影作者观进行系统的介绍。

一 电影作者的主要思想

谁是电影的作者的问题,阿恩海姆早在1934年的 *Who Is the Author of a Film?* 一文中就进行了集中讨论,这篇文章比阿斯楚克的文章早了14年,比法国新浪潮"作者论"早了20年左右。它最初是阿恩海姆为"电影百科全书"而写的,1958年由作者本人翻译成英文,发表在纽约《电影文化》杂志上。阿恩海姆的电影作者观主要以这篇文章为主,笔者对文章进行了翻译。从阿恩海姆的论述来看,他主要讨论了两种电影作者论,即个人主义作者论或集体主义作者论。在综合两种观点的基础上,阿恩海姆提出了自己辩证的电影作者观,即电影作者既不是绝对个人主义的,也不是绝对集体主义的,而是两者辩证协同的结果。或者说,任何一个电影参与者都分享了一部分电影作者的身份,如他自己在文章中所言,"在一部电影的创作过程中,任何非电影化的工作都是没有存在空间的"[1]。

首先,阿恩海姆讨论了世人持有的一种个人主义电影作者观。这种电影"作者观"又存在两种分歧,即有的人认为剧作者才是真正的电影作者,有的人则认为导演才是电影的真正作者。电影剧本的剧作者才是电影真正的作者。这种观点认为导演只是对作家创作好的

---

[1] Rudolf Arnheim, *Film Essays and Criticism*, Translated by Brenda Benien, London: The University of Wisconsin, 1997, p. 64.

第五章 格式塔作者：阿恩海姆早期作者美学思想

文本进行翻拍，"导演仅仅是这个诞生在桌子上的艺术作品的执行者"①。阿恩海姆认为这种观点来自传统戏剧艺术。人们认为戏剧的舞台导演就是对桌子上的艺术作品的执行者。即使好的舞台导演可以增加剧本的魅力，但是在本质上舞台导演并没有添加任何本质性的东西。因此，舞台导演并不是戏剧的真正的作者。以此类推，作为电影的导演同样如此，好的导演可以再现剧本的艺术魅力，但是导演并没有在剧本中增加本质性的东西。阿恩海姆反对这种观点，认为这种观点不仅忽视了电影导演的地位，而且还忽视了戏剧与电影这两种艺术的差别。当代英国电影学者内尔姆斯（Nelmes）对此有同样的认识，他在《电影研究导论》中指出："简单地把传统的作者研究的基本术语移植到电影研究上来，不但与传统艺术和电影之间的本质区别相抵触，而且更让人担心的是，艺术生产实践与那些使电影制作模式具有个性的表达方式之间的十分复杂的交汇点也会被掩盖掉。"② 与上述观点相反的是另一个极端，即电影导演才是真正的电影作者。电影艺术是视觉性的，这是导演的工作，而剧本作者"必须形象地从细节构想故事"。持这种观点的人从早期电影创作中寻找论据。早期电影创作，尤其是纪录片完全抛开了剧本，因为纪录片的拍摄根本不需要剧本、文字描述等工作。纪录片导演仅仅是选择拍摄一切他们感兴趣的素材，然后进行素材的选择与组合。即使"纪录片也可能有一个手稿，但那本质上只是一个工作计划表"③。蒙太奇的使用也大大加强了导演的作者权威。因为蒙太奇是电影特有的一种艺术技巧。它构成了电影作为一个独特的艺术形式的重要基础。而"电影作为一个独特而完整的艺

---

① Rudolf Arnheim, *Film Essays and Criticism*, Translated by Brenda Benien, London: The University of Wisconsin, 1997, p. 62.
② [英] 吉尔·内尔姆斯：《电影研究导论》，世界图书出版社2013年版，第117页。
③ Rudolf Arnheim, *Film Essays and Criticism*, Translated by Brenda Benien, London: The University of Wisconsin, 1997, p. 64.

术形式越清楚，人们就越倾向于认为电影剧本作家只不过是一个原材料的供应商罢了。"①

阿恩海姆对这两种极端的个人主义电影"作者观"产生的原因进行了分析。他认为这种极端的二元对立来自我们对两种工作的误导。这两种工作就是导演的工作和剧作家的工作。人们往往认为导演负责拍摄、视觉影像，而剧作家则负责纯文学性的工作。恰恰是对这两种工作的绝对的分工的认识导致了上述二元对立的电影作者观。阿恩海姆对这种分离的工作进行了历史考察，他认为这种分离的工作性质的产生来自电影工作者为了满足制片人的要求。"奇怪的分工的形成是因为导演不能达到制片人的所有要求。"② 事实上，阿恩海姆认为电影的创作过程，任何一个参与者都是一种电影化的作者，都部分地分享了作者的身份。为此，他还认为演员也是电影的作者。在法国和德国拍摄的《安娜·克里斯蒂娜》（Anna Christie）中，阿恩海姆认为影片的三个主要部分由其他不同的演员扮演，甚至导演也更换了，但是电影多多少少还保留着它统一的最初的风格，如图5-2所示。重要的是主要演员没有更换，即葛丽泰·嘉宝（Greta Garbo），如图5-3所示。如果把主要演员更换了，那么《安娜·克里斯蒂娜》将完全是另一部电影。阿恩海姆认为在这个例子中，"我们有间接的例子证明女主角是电影主要的作者"。阿恩海姆列举类似的例子并不是想提出另一种完全不同的个人主义电影作者观，而是想证明电影作者离不开任何一个电影创作过程中的参与者。这涉及了集体主义作者观。

---

① Rudolf Arnheim, *Film Essays and Criticism*, Translated by Brenda Benien, London: The University of Wisconsin, 1997, p. 65.
② Rudolf Arnheim, *Film Essays and Criticism*, Translated by Brenda Benien, London: The University of Wisconsin, 1997, p. 66.

图 5-2　1935 年版《安娜·克里斯蒂娜》

图 5-3　女主演葛丽泰·嘉宝

集体主义电影作者观反对个人主义作者观艺术作品创作的论点。他们认为艺术作品的创作仅仅只能是个人化的视角来看待现实。而集体主义者则认为没有一种艺术创作是绝对个人化的，与集体、社会隔绝的。"艺术家远离社会思想只是导致他的作品对任何人都没有价值，除了他自己。"① 集体主义作者观要求电影创作需要团队合作。

阿恩海姆认为，要回答真正的电影作者的问题是不可能绝对化的，电影作者既不是绝对个人的，也绝对不是集体主义的。电影作者是一个整体，一个格式塔或完形。因此，阿恩海姆提出了自己辩证综合的电影作者观。"实际地说，几乎每一部电影都要求很多人合作，这些人大多数都服务于不同的功能。有制片人、导演、剧作者、演员、摄影师、舞台设计师和音乐家——这只提及最重要的人。"② 个人主义者反对合作的可能性。阿恩海姆认为，在一个共同的电影主题或目标下，团队的和谐的共同创作是可能的。这实质上认同了集体主义的电影作者观。但他并不认同只有团队协作才能创造出伟大的艺术作品的看法。这又体现出他对个人主义电影作者观的认同，主张个人的重要性。"抛开判断制作过程的人数，我们需要意识到即使集体作品实际上也可能是一个独裁的导演的个人作品。"③他认为，只有教条的个人主义者才会认为共同的合作是不可能的。实质上，上述看法已经看出阿恩海姆为弥补个人主义作者观和集体主义作者观之间的认识鸿沟所作的努力。他把两者进行了辩证综合的认识，提出了辩证综合的即格

---

① Rudolf Arnheim, *Film Essays and Criticism*, Translated by Brenda Benien, London: The University of Wisconsin, 1997, p. 66.

② Rudolf Arnheim, *Film Essays and Criticism*, Translated by Brenda Benien, London: The University of Wisconsin, 1997, p. 67.

③ Rudolf Arnheim, *Film Essays and Criticism*, Translated by Brenda Benien, London: The University of Wisconsin, 1997, p. 68.

第五章 格式塔作者：阿恩海姆早期作者美学思想

式塔式电影作者观。在《谁是电影的作者？》一文的后半部分，阿恩海姆举了很多例子对此进行了说明。如在导演和剧作家的创作关系上，他认为，剧作家分享了部分的作者身份，即使有时候有的作家只是提供了一个故事的框架或确定一个主题，但是"他都部分地创作了电影，并且原则上他的工作和导演的工作并没有差异"①。集体主义电影作者观就认为导演和作家的工作是一样的，只是两个人使用的艺术工具不同罢了，他们都有一个共同的对象，即银幕上的影像。从电影史来看，导演与作家的身份也是相互分有的。他指出了很多伟大的导演都参与了剧本的创作工作，如卓别林、克莱尔等。而早期的剧本作家其实也开始注意到了拍摄场景、灯光等导演所考虑的工作。上面提到的阿恩海姆对演员作为电影作者的论述也是证明。阿恩海姆认为演员作为电影作者，是为了说明演员实质上也参与了电影创作的一部分，分享了电影作者的身份。没有演员，电影无法创作出来。他在文章中提出了众多的设问句来证明电影创作中除开导演之外的其他作者的重要性。他问，要是《蓝天使》（*Der Blaue Engel*）中没有玛丽莲·黛德丽（Marlene Dietrich），或者《舐犊情深》（*The Champ*）一片中没有华莱士·比里（Wallace Billy）和杰克·库柏（Jack Cooper），会是什么样呢？如图5-4所示，要是《卡里加里博士的小屋》（*The Cabinet of Dr. Caligari*）没有沃纳（Warner）、黎曼（Riemann）和勒里希（Lerich）（他们是该片的舞台布景师）会是什么样呢？要是克莱尔（Claire）的《我们的自由》（*A Nous La Libeite*）中没有乔治·奥里克（George Orick）的音乐会是怎样的呢？要是刘别谦的《璇宫艳史》（*The Love Parade*）没有维多·薛特辛格（Victor Schottsinger）会是什么样呢？

---

① Rudolf Arnheim, *Film Essays and Criticism*, Translated by Brenda Benien, London: The University of Wisconsin, 1997, p. 66.

图 5-4 《卡里加里博士的小屋》主演沃纳

很显然,阿恩海姆对于谁是电影的作者这一问题的答案是辩证的、综合的、格式塔式的、整体性的。如同他自己在文章中所坦言的那样:"我们的结论似乎是谁是电影的作者的问题不可能以一种绝对合意的方式得到回答。有些电影实际上是一个人的作品,尽管雇用了成十上百的合作者。其他电影有两个、三个、四个或者更多的不同程度地做出贡献的作者。"[1] 判断电影的作者不能绝对二元对立化,要么是个人主义的独裁性的导演作为作者,要么是集体主义的一组工作人员的合作者作为作者,而是应该辩证地看待电影的作者问题。正因为如此,阿恩海姆才说对电影作者问题的回答不可能是绝对合意的、因为电影作

---

[1] Rudolf Arnheim, *Film Essays and Criticism*, Translated by Brenda Benien, London: The University of Wisconsin, 1997, pp. 68, 240.

者既不能满足个人主义的全部论点，也不能满足集体主义作者论的全部观点。这体现了阿恩海姆在电影作者论上的辩证、综合的倾向。这种倾向在法国电影理论家让·米特里看来可能是荒谬的，唯唯诺诺的。米特里（Mitri）认为，创作者拥有的个性成为判断电影作者是谁这个问题的主心骨。他在《电影美学与心理学》一书中，自问自答道："那么，谁是作者，谁是主要创作者？答案唾手可得。谁的个性起主导作用，就是作者。"①"认为影片的作者就是这个集体，则失之荒谬。这是眉毛胡子一把抓。"② 这种观点是典型的个人主义电影作者观，恰恰是阿恩海姆需要反对的。阿恩海姆格式塔电影作者论实质上比绝对个人主义或集体主义更先明，因为这种辩证综合的观点并非不是没有看见个性的重要作用，也不是忽视集体协作者的作用，而是看到了电影创作的复杂性，有些电影是个人的，有些电影是集体的。对"电影的作者是谁"这个问题的回答，不可盖棺定论，任何一种绝对化的作者观都只能是一种本质主义的作者论。阿恩海姆实质上是在教导我们在电影作者问题上应该具体问题具体分析。阿恩海姆的格式塔电影作者观在作者主体性上还遵从了主体间性。因为格式塔电影作者观尊重了每一位电影参与者的作者主体性，把每一个作者放到了平等的地位上。这样作为一个团体的电影作者群就是一个平等共处的相互尊重的作者群，共享着主体间性的创作。这种主体间性视野下的格式塔作者观与个人主义的"导演中心论"区隔开来，因为在"导演中心论"那里，其他创作者从属于导演，没有作者主体性，其创作要遵从于导演的审美偏好。同时它也不同于好莱坞电影工业体系下的作者观。好莱坞电

---

① ［法］让·米特里：《电影美学与心理学》，崔君衍译，江苏文艺出版社2012年版，第26页。

② ［法］让·米特里：《电影美学与心理学》，崔君衍译，江苏文艺出版社2012年版，第24页。

影工业体系的电影创作以制片人为中心,在这种体制下,导演要受控于制片人的投资偏好和各种桎梏,更不要说其他电影制作者。好莱坞电影工业体系的制片人中心制,使电影作者成为围绕资本而进行创作的工作者,或生产者,所有电影制作的参与人员都缺乏某种独立的作者性。在某种程度上,缺乏作者的主体性以及作者之间平等的主体间性。因此,从这个主体间性视野来看,阿恩海姆的格式塔电影作者观作为一个主体间性视野下的作者观,可能是最人性化、最公正的电影作者观。虽然阿恩海姆的这篇讨论电影作者是谁的文章写于1934年,早于法国新浪潮作者论和米特里的个性作者论几十年,但他的观点中的辩证的光辉,可以看出他在处理电影作者问题上的严谨性、全面性和合理性,他的电影作者观对我们当下重新审视电影作者是谁的问题是具有重要的启示意义的。

二 与法国电影作者论的比较

谈及电影作者不得不谈到法国电影作者论。因为在法国电影作者理论的影响下,电影创作理念、风格、生产方式、导演的地位等方面都发生了某种转变。如法国电影学者郎佐尼(Langone)所言,"20世纪50年代末,电影制作的各个领域受日渐增长的'作者策略'理论潮流的直接影响,导演们树立了无可争议的权威,无论是场面调度、摄影、剧本,还是电影主题和艺术主题选材等各方面,这一新兴的潮流预示着一种新的电影风格即将到来。"[1] 而法国电影作者理论则是法国电影新浪潮运动的产物。法国新浪潮是由一批年轻影评人围绕《电影手册》而迅速发展起来的一次电影革新运动。法国电影学者米歇尔·玛丽(Michelle Mary)认为法国新浪潮诞生日在"1959年2月到3月"

---

[1] [法]雷米·富尼耶·郎佐尼:《法国电影:从诞生到现在》,崔君衍译,商务印书馆2009年版,第169页。

左右,"新浪潮持续的时间是4—5年",虽然只是短短的几年时间,但是新浪潮对法国电影、美国好莱坞电影乃至世界电影都产生了巨大的影响。其中一个重要影响就是法国新浪潮电影人提出的电影作者理论。阿恩海姆的作者论是在1934年提出的,比较两者作者论的异同,不仅可以增加电影作者本身的认识,同时还可以增进其对阿恩海姆电影作者论的认识。

我们从法国新浪潮的电影作者理论产生的原因开始。战后的法国电影业一蹶不振,法国政府出台"援助法案",提倡"优质电影",试图重振法国电影事业。所谓"优质电影"就是"模仿好莱坞的创造模式所制作的影片",这种影片风格保守,往往表现中产阶级的上流生活;导演拍摄手法平庸陈旧;"奉行'成功模式'美学,按导演资历拍片,按'明星'名气挑选演员,致使影片弥散着陈腐气"①。影片大多改编于小说与戏剧。"特吕弗把这类影片斥为编剧的影片,一旦编剧写完剧本,电影便已经实际完成。导演不过是把它搬上胶片的匠人而已。"②为了反对平庸的商业气息浓厚的"优质电影",提高法国电影的艺术性,一批围绕《电影手册》的年轻影评人,提出了电影作者论,推崇具有个性的导演。

电影作者论最早由法国作家阿斯楚克发表在《法国荧幕》上一篇名为"一个新的先锋派的诞生:摄影机钢笔"的文章提出的。阿斯楚克认为电影发展至今,已经成为一个独立的艺术,它有自己独特的语言,如同文学家用钢笔那样写作,表达感情和思想,电影同样可以用摄影机进行写作,表达创作者的观念、思想和感情。他把摄影机比喻成作家创作的钢笔。"电影制作者(导演)可以用摄影机来进行创

---

① 尹岩:《弗·特吕弗其人其作》,《北京电影学院学报》1988年第1期。
② [美]唐·斯泰普斯:《作者论剖析》,《世界电影》1982年第6期。

作"①。随后,围绕《电影手册》进行影评的一批年轻人延续和发展了阿斯楚克的作者观念。其中最为著名的是特吕弗(Truffaut),如图5-5所示,他在1954年发表了《法国电影的某种倾向》,对法国优质电影传统进行了猛烈抨击。1957年发表的《作者策略》一文,认为未来的电影会比小说更具个性,并且提倡导演拍摄自传性的作品。随后《电影手册》的其他人员纷纷撰文响应,影响世界电影创作与批评的电影作者理论就此诞生。具体来看,该理论认为电影作者就是导演,而不是编剧。而作为导演的作者必须满足三个条件。第一,要具备一定的电影技能;第二,导演要具有自己的独特个性,并且能把自己的个性投注到电影当中,形成某种电影风格;第三,电影要具备一定的内涵。

图5-5 法国电影新浪潮运动主要成员之一特吕弗

法国新浪潮电影作者论的影响是世界性的。它在全世界范围内掀起了一股作者创作潮流,影响了各国电影的创作理念与风格,如捷克、

---

① 许南明等:《电影艺术词典》,中国电影出版社1986年版,第68页。

匈牙利、波兰、德国、日本、巴西等国的电影创作。归纳地看，法国新浪潮电影作者论对电影艺术的影响主要表现在电影理论、电影创作和电影批评三个方面。首先，法国电影作者理论提出了一种新的不同于经典电影理论的电影理论。这种理论主张电影是一门独立的艺术，它可以像文学艺术那样，具有自己独特的语言，用自己的方式表达情感与思想。实质上，是从作者身份的确立的角度确立了电影作为艺术的合法性。其次，在创作方面，电影作者理论发展出了一种不同于好莱坞的电影制作模式，即导演中心制，主张独立制片，推动了世界各国的独立电影运动；在具体电影拍摄手法上，主张用长镜头理论代替蒙太奇，丰富了电影创作的手法。最后，电影作者理论提供了一种批评范式或方法，即"作者论"批评或传记式电影批评。巴赞（Bazaine）认为"'作者论'意味着从艺术创作中选取个人因素作为评论的标准"①。巴赞的看法实质上把创作意义上的"作者论"衍生到了电影批评领域。这种衍生是必然的。电影作者理论强调电影导演是真正的电影作者。由于只有一个具有个性的导演创作了作品，那么作品的内容、情感、思想、风格必然是导演的个性的具体化。这就为批评家解读影片提供了具体可行的操作路径。这可能是某种主观性较强的、又较为简单的批判方法，但不得不说是某一门艺术必备的批判方法。作者论电影批评可以说是法国"风格即人"的传记式批评传统在电影艺术中的响应。虽然作者在文学领域被巴特宣布死亡了，但作为新兴的电影艺术，其作者才刚刚诞生，也需要有人站出来，让其诞生。这是法国新浪潮电影人的功绩。

以上是对法国新浪潮电影作者理论的一个鸟瞰。从中我们可以看出，它与阿恩海姆作者理论的巨大差别。阿恩海姆的作者理论影响较

---

① ［美］唐·斯泰普斯：《作者论剖析》，《世界电影》1982年第6期。

小，并没有在全世界围内引起重视，甚至被忽视。这可能跟他对作者的探讨本身有关。比较来看，两者产生的时代背景不一样。阿恩海姆的作者理论产生于20世纪30年代，有声电影开始占据电影的重要位置，电影理论主要关心的往往是从电影的形式入手，为电影作为一门合法的艺术辩护，对具有较强的现代性视野的作者个性还未引起足够的重视。而法国新浪潮的电影作者理论产生于20世纪50—60年代，这个时期电影取得了进一步的发展，各种彩色、录音技术发展成熟，好莱坞商业电影生产模式占据了世界电影市场，电影模式化、单一化，电影导演的地位被制片人掩盖，导演个性被掩埋，电影的艺术性降低，沦为娱乐商品；电视的兴起，降低了大众对电影的兴趣与热情。这一系列因素都需要新的电影人走出来创造具有个性的、全新的电影风格的作品。法国电影作者论是时代的产物。

在批评实践领域来看，法国新浪潮"作者论"是由一批电影批评家提出来的，他们包括阿斯楚克、巴赞、特吕弗、戈达尔等人。他们早期在《电影手册》上从事电影批评实践活动，发表了大量的影评文章，他们往往把历史上著名的导演看作是他们电影的真正的具有个性的作者，并以此对各个导演及其作品进行优劣品评。因而法国新浪潮的作者观具有一种强烈的批评的气质。这发展成了一种"作者论"电影批评范式。阿恩海姆的作者论并没有涉及电影批评领域。他只是对电影作者的不同的争论观点进行了简单的总结、归纳与分析，然后提出了辩证、综合的看法。他仅仅是在"谁是电影的作者"这一问题上在那个时代进行了一次更为圆满的回答，"谁是电影的作者"第三条道路的回答——格式塔式的作者观。这条道路的重要意义就在于能够避免二元对立的绝对化的作者论，如阿恩海姆承认具有个性导演的重要性，但他也并没有忽视在一部影片的摄制中其他工作人员的重要作用及其作者地位。他认为电影的作者既可能是个人，也可能是一个集体。

电影的作者不只是导演,演员、舞台布景师、剧作者、摄影师、音乐家等都是电影的作者。法国新浪潮强调导演的个性、艺术风格,确立了导演在电影创作中的美学价值和艺术价值,认为只有具有个性的导演才是电影的真正作者。一部电影就如同一部小说一样,表达了一位导演的人生观、价值观。这种观点是片面的,因为这是一种导演中心主义作者观,完全忽视了其他创作人员的作者属性,有失公允。

阿恩海姆的作者观和法国作者论都坚持电影艺术性。法国新浪潮"作者论"加强了电影本身的艺术性,反对电影工业化的、模式化的生产,强调电影的个性与独立性(而这恰恰是具有个性的导演所赋予的),拒绝庸俗的、模式化的商业娱乐电影,这就为电影作为一门艺术提供了另一个强有力的辩护。可以说法国新浪潮的作者论是20世纪50年代,欧洲经济发展,娱乐文化膨胀,电视兴起,电影不断商业化、娱乐化,失去其艺术性地位,为电影作为艺术的又一次间接的辩护。这个角度来看,法国新浪潮电影批评家继承了阿恩海姆的衣钵。阿恩海姆在《谁是电影的作者》一文中也表达了类似的主张。在文章末尾,阿恩海姆认为"能够召集到共同创造出优秀艺术作品的团队精神的人也应该有足够的理由在他们之间分布权利和利益。但无论如何,跟艺术无关紧要的工业产品的权利只有经济意义"[1]。阿恩海姆这句话实质上是否认了好莱坞电影的制片人负责制。制片人也许拥有足够的资金和人力资源,召集一切电影制作的人员,并且同样可以享受某种"作者"身份,但是阿恩海姆认为这种商业电影只有经济意义,没有艺术意义。换句话说,阿恩海姆认为制片人也许是作者之一,但是它只是一件商品的作者,而不是电影艺术的作者。这种看法与法国新浪潮的电影作者论有异曲同工之妙,都反对商业电影、娱乐电影,为电影的

---

[1] Rudolf Arnheim, *Film Essays and Criticism*, Translated by Brenda Benien, London: The University of Wisconsin, 1997, p. 69.

艺术性辩护，皆认为电影的作者仅仅是那作为艺术性的创作的作者。也就是说，真正的作者只能是艺术属性的作者。

法国新浪潮电影作者论还发展了电影制片模式、创作方法，并且理论倡导者本身就从事电影拍摄。阿恩海姆是纯粹的理论家，只是对电影的作者进行了总结与辩证的回答，并未对电影的实践做出贡献，也从未从事过任何电影创作活动。

法国新浪潮电影作者理论与阿恩海姆的电影作者观的差异性大于同一性。法国新浪潮电影作者理论对世界电影的贡献以及影响更大，这体现在它对电影本身的理念以及创作与批评的革新上。而阿恩海姆的贡献并未引起世人的重视，也未被发现。因为他的作者理论不是轰轰烈烈的，仅在于为"谁是电影的作者"的回答给出一个多元的、辩证的、完形的非本质主义的答案。但正因为如此，阿恩海姆的作者观才需要重新认识，引起我们的重视，因为他有利于调和个人主义与集体主义之间的争端，从主体间性视野出发避免走向电影作者一元主义霸权观，提升电影摄制过程中其他参与者的作者地位，同时又避免陷入电影工业作者体系下，把电影创作定性为被制片人资本控制的电影商品的生产者。

第三节 广播艺术作者的编剧中心主义

有趣的是，阿恩海姆早期美学思想中对格式塔式作者观并未坚持到底，而是出现了两种完全对立的作者论，呈现出多元与矛盾特征，主要表现在他对无线电广播艺术编剧中心主义的看法上。这种矛盾不免让人有些疑惑。无线电艺术也是一种综合性艺术，它和电影的创作类似，是导演、剧作者、播音员、录音师等众多人员参与的艺术。如果阿恩海姆能够坚持一种整体的、完形的作者观，可能使他早期作者

第五章　格式塔作者：阿恩海姆早期作者美学思想

美学获得一种整体性。而两种艺术、两种作者观，呈现出来的是早期作者美学思想的某种断裂。这种断裂的或许是阿恩海姆早期美学思想另一个矛盾性的症候。悬置这一矛盾，我们要挖掘的是阿恩海姆本人对广播艺术作者的独特看法。

一　编剧是广播艺术的真正作者

阿恩海姆对无线电广播艺术的作者的看法是与舞台导演、电影导演的比较中开始的。他说："我们清晰地知道作者和制作人在戏剧中的作用，但在电影中的作用至今并不清楚。在广播中他们处于什么样的位置呢？无线电广播制作人像舞台制作人（一个相对次要的执行官员，不应该与作品的作者的重要性进行比较）吗？或者他——就像电影制片人一样——在大多数情况下是作品的真正作者和设计者，而手稿的作者仅仅是提供启发、原材料和文本？"[①] 无线电的作者像舞台导演那样吗，仅仅是一个次要的角色？或者还是像电影导演那样呢，在大多情况下作为一个真正的作者？阿恩海姆借用他对戏剧作者的看法，对这一问题进行了回答。他认为，舞台戏剧的真正作者是剧作者，舞台导演仅仅是通过具体的形象对剧本的思想进行翻译和再现。因为"手稿已经代表了一份完整的作品，所以在扮演的过程中，思想的本质部分没有缺失。演员和制片人，他们给手写文本以口头表现，仅仅通过创造身体的可见的想象形象及其在空间中的安排来实现作品的思想。可以说，这只是洋葱的另一种外表，因为它的结构已经完全定型了"[②]。这是对编剧作为戏剧艺术的真正作者的说明。这种情况完全适用于依

[①] Rudolf Arnheim, *Radio: An Art of Sound*, Translated by Ludwing and Herbert Read, New York: Da Capo Press, 1971, p. 204.

[②] Rudolf Arnheim, *Radio: An Art of Sound*, Translated by Ludwing and Herbert Read, New York: Da Capo Press, 1971, p. 205.

赖于文字的广播节目的制作。在广播艺术中，"生产的工作被限制在文本的讲演上。分组、服饰和举动等十分可观的对话的补充物完全消失了。因此，在这里，毫无疑问地说，手稿的作者是实际的作家"①。这是对广播艺术的作者是编剧的明确表达。编剧中心主义成为阿恩海姆无线电艺术作者观。他对这种无线电广播艺术的作者进行了定义。他说："无线电广播剧的作者不应该是写'如此这样的文本'和设计'如此这样的情节'的作者。他应该设计每一个场面的适当的听觉空间，包括演讲者之间以及演讲者与话筒之间适当的距离与方向。"② 也就是说，无线电艺术的作者不是传统小说作家，仅仅是提供情节内容，还需要考虑到实际的广播过程中播音员与麦克风的距离，考虑到各种声音的距离、方向。它具有绝对的权威性和主动性。"当作家在撰写一篇无线电讲稿时，他应该在文稿中有意识地标明演讲者的腔调以及说话的方式，而不应该关注这个演讲稿是否同时是一篇可以出版的文学作品。"③ 从这种编剧中心主义出发，阿恩海姆反对无线电制作人的创造性发挥。他说："无法忍受的是（尽管现今这种情况已经消失了），这类无线电制作人，他模仿电影同行完全由不同的媒介状况带来的至上权力，热情积极地工作，对剧本进行任意野蛮的发挥，完全把剧本淹没在声音与空间的效果流之下。"④ 他也反对读者在进行审美接受时的主观性发挥。"现在每一个艺术作品确实应该'显示更多的东西'，只要在任何情况描述的是某种普遍性的东西——'一个人'的命运中的

---

① Rudolf Arnheim, *Radio: An Art of Sound*, Translated by Ludwing and Herbert Read, New York: Da Capo Press, 1971, p. 205.

② Rudolf Arnheim, *Radio: An Art of Sound*, Translated by Ludwing and Herbert Read, New York: Da Capo Press, 1971, p. 206.

③ Rudolf Arnheim, *Radio: An Art of Sound*, Translated by Ludwing and Herbert Read, New York: Da Capo Press, 1971, p. 218.

④ Rudolf Arnheim, *Radio: An Art of Sound*, Translated by Ludwing and Herbert Read, New York: Da Capo Press, 1971, p. 209.

第五章　格式塔作者：阿恩海姆早期作者美学思想

'人'的命运，交响乐团的张力，'力量'与'绝望'的斗争——但是听者没有资格对作品以自己的方式进行补充，从而剥夺了它的本质性、规定性的表达。他应该严格遵守艺术家给他提供的东西，他必须尊重从丰富的可能性中做出的选择——这是艺术创作的一个基本要素——而不是用他自己的想象力来补充。"[1] 听众应该遵守无线电艺术编剧提供给他的东西，而不应该以自己的方式对作品进行补充，不然就剥夺了作品本身的本质性的表达。这是对读者审美接受过程的主观性和创造性的发挥的禁止。接受美学认为读者具有积极的主观创造性，读者的阅读过程参与了一个作品的创作过程。作家的创作并没有完成一个作品，读者的阅读才使一个作品成为一个完成的作品。而且阅读是历时性的，作品在历史的洪流中不断地重新再创作。接受美学对读者创作的挖掘与尊重具有重要的美学意义。阿恩海姆从编剧中心主义出发，反对听众作为一个创造性的读者，显然是片面的。无线电广播艺术编剧中心主义观还表现在他对播音员的限制上。他要求播音员的工作，他的一切行动都要按照作家剧本的要求来进行。他说："播音员必须始终坚决不参与适当的行动，而且必须与所参与的角色区分开来，甚至在戏剧场景中，他的讲话也必须以实际的方式插入。这一形式上的限制必须在手稿中作文字规定。"[2] "只有通过这种限制，无线电艺术家对最多样的形式的最高控制才能在其所有的自由和有效性中显现出来。"[3]

阿恩海姆对无线电广播作者的思想是与舞台导演、电影剧本以及

---

[1] Rudolf Arnheim, *Radio: An Art of Sound*, Translated by Ludwing and Herbert Read, New York: Da Capo Press, 1971, p.134.

[2] Rudolf Arnheim, *Radio: An Art of Sound*, Translated by Ludwing and Herbert Read, New York: Da Capo Press, 1971, p.201.

[3] Rudolf Arnheim, *Radio: An Art of Sound*, Translated by Ludwing and Herbert Read, New York: Da Capo Press, 1971, p.201.

电影导演等多重作者身份及其作用的比较之中得出来的。他认为广播作者是一个真正的文本创作者，而不是在电台负责调控指挥的导演或制片人。"广播剧的作者必须一开始就构造动作、设置场景以便把场景的内容和动作地点的声音特征表达带入表达的关系"[①]，需要全面地安排无线电广播过程中各种细节。这种编剧中心主义的观点让他忽视了无线电导演、播音员以及读者的创造性发挥，相比他更晚一点的格式塔式的电影作者观，表现出更多的片面性和不足。但阿恩海姆作为第一个对无线电广播的作者进行讨论的人，他的论断对当今广播艺术都还具有重要的启示意义。

二　编剧中心主义的原因分析

为什么阿恩海姆认为无线电艺术的真正作者只是编剧，否定其他播音员、导演的创造性呢？阿恩海姆其实对这个问题有间接的回答，主要原因在于无线电艺术使用的不同媒介与材料上，无线电艺术是纯粹的声音艺术，创作的工作完全被限制在文本的声音表达上。那些舞台戏剧、电影需要的服饰、动作等声音的补充物完全消失了。作为广播艺术的"书面文本提供了基本的观念，形成思想。"声音，包括独白、音乐成为表达作品思想的唯一的艺术材料。一切都在文本早已规定好的思想中。而电影的表达材料不仅有服装、对话、布景、灯光，还有行动、表情等，这种复杂性导致"最小电影场景也包含很多难以描述的个性细节。这种方法就产生了很多的电影手稿。即使这样，也无法做到明确完整的电影描述。"[②] 而且电影的创作过程可能会出现一

[①] Rudolf Arnheim, *Radio: An Art of Sound*, Translated by Ludwing and Herbert Read, New York: Da Capo Press, 1971, p.110.

[②] Rudolf Arnheim, *Radio: An Art of Sound*, Translated by Ludwing and Herbert Read, New York: Da Capo Press, 1971, p.209.

切出人意料的情况,"当布景在工作室里被建造和安排好时,不管电影剧本的原稿多么真实,其他的情况都会出现,可能是迄今为止未曾想到的效果以及各种各样的困难和灵感。而这些都是不能在写字台上所预见到的"①。无线电作为单一的纯粹声音材料的艺术,"它可以相当明确地立意以及用文字概括地描述。没有复杂的三维视觉空间的形式世界。在一维时间内,某种声音的进入点可以很容易地指出;所需要的空间距离与共振的类型也可以给出。同时发生和连续性是明确的术语;而音乐的特点和情绪,声音的节奏和特性也可以允许得到明确的描述。工作室里的实际情况也不能带来任何本质性的惊喜,尽管在即兴排练的刺激下偶尔会构思出一个创意,它也只是整个广播的调味品"②。因此,无线电艺术能够在文本中规划出制作过程的所有细节,也可以对它做出足够详细的描述。

由于无线电仅仅是一个处理声音的艺术,其他三维空间里的复杂的形式消失了,或者说用不上了,导致在电影导演与剧本作者之间存在的一种相互争夺作者地位和权力的利益冲突也消失了。无线电广播制作人仅仅被理解为一个其才华在于通过感觉世界的表现手段来构思一个事件的人。但是在电影中,"由于有声电影的出现,作者很难被摈弃,因为他不得不创作对话。唯一合理的要求是作者应该在制片人的合作下制作出电影场景。说得更准确些,电影导演不得不制作一个电影场景的草稿,然后让作者在对话中创作"③。因而电影创作过程中,剧本作者总是与导演存在一种权力相互竞争的无法调和的局面。无线

---

① Rudolf Arnheim, *Radio*: *An Art of Sound*, Translated by Ludwing and Herbert Read, New York: Da Capo Press, 1971, p. 209.
② Rudolf Arnheim, *Radio*: *An Art of Sound*, Translated by Ludwing and Herbert Read, New York: Da Capo Press, 1971, p. 209.
③ Rudolf Arnheim, *Radio*: *An Art of Sound*, Translated by Ludwing and Herbert Read, New York: Da Capo Press, 1971, p. 207.

电艺术中的这种利益竞争的消失，也就说明没有什么其他人能够与编剧争夺作者地位。这种作者地位争夺的消失也构成了阿恩海姆把编剧作为无线电艺术唯一作者的原因。当然它的基础依然是无线电艺术表达材料的单一性，是无线电艺术本身的媒介特性和材料的单一性让作家成为真正的唯一的作者。

从上述分析来看，阿恩海姆无线电艺术作者编剧中心主义具有一定的合理性，但不免也有些绝对，因为即使声音成为无线电艺术唯一的表现材料，使得剧本的创作成为艺术的中心，但是导演、播音员以及读者也还是有一定的创造性权力和自由的。无线电艺术是由剧本和播音过程构成的一个完整的艺术，强调任何一方都不免陷入逻各斯中心主义的危险。剧本只是无线电艺术的一个初步形态。如果一个剧作家的文本没有一个好的播音员的艺术功底，也无法很完美地通过声音展现文本的内容。播音员对剧本的声音的再现也是一种艺术创作。我国学者称之为播音创作。"播音创作主要解决播音员的创作道路，分析理解稿件、具体感受稿件的方法。"[①] "在播音创作这一创造性工作中必须遵循正确的创作道路，必须从稿件的内容和形式出发，在'理解稿件—具体感受—形之于声—及于听众'的过程中，达到'三者统一'，即正确理解与准确表达的统一，思想感情与尽可能完美的语言技巧的统一，语言形式与体裁风格的统一。"[②] 可见，播音员对剧本的声音表达也是一种主动的再创造性的过程。他的功能就像电影的演员一样，都需要通过对剧本的理解，然后把剧本通过自身的身体进行表演。无线电艺术绝不是以剧本和剧作者为中心的，而是一个融合了剧本、导演、播音员的综合性艺术。如果没有播音员的创造性的声音表达，那么剧本永远只能是一种类似小说的作品。其实，阿恩海姆也无意地

---

① 黄碧云、眭凌：《播音与主持艺术》，北京大学出版社2009年版，第78页。
② 黄碧云、眭凌：《播音与主持艺术》，北京大学出版社2009年版，第83页。

透露了这种看法。他在《演讲艺术》一文中指出"当前这些在书桌前写好演讲稿还只是广播演说的一个最原始阶段",无线电艺术"制作过程包含了从稿纸书写一直到演讲阶段",因此,"单纯的传输行为就成为一种创作行为"。① 播音员是无线电艺术的第二作者。阿恩海姆却没有把这种无意识显露出来的苗头发挥出来,只是总体上坚持把编剧看作是无线电艺术的唯一作者。这是阿恩海姆早期美学思想中的一种矛盾性的表现。笔者认为,对于广播艺术的作者的确定,必须遵从辩证综合的思维,持整体的格式塔式的作者观,充分尊重其他创作人员的作者地位。

三 播音员的作者地位

阿恩海姆既然确立了一种编剧中心主义的无线电艺术作者观,那么其他无线电艺术参与人员就不具有作者的地位了。但是阿恩海姆在具体论述播音员和演讲艺术时,对播音员、演讲人的声音表达上也提出了一些艺术上的要求。因此,它们构成了播音员和演讲人的声音美学。虽然阿恩海姆有意识地要确立编剧在无线电艺术中的绝对作者地位,但是从他无意中对演讲人、对讲稿的创作行为的肯定来看,"我们应该要求无线电演讲不仅只是传达'剧本',而且演讲者应该让自己被看作是对着人类演讲的有生命的人"②;"单纯的传输行为就成为一种创作行为",播音员和演讲者也可以作为阿恩海姆早期作者美学思想的一部分。虽然这个部分的内容并不多,但是它却完整地构成了阿恩海姆早期作者美学思想。

---

① Rudolf Arnheim, *Radio: An Art of Sound*, Translated by Ludwing and Herbert Read, New York: Da Capo Press, 1971, p. 213.
② Rudolf Arnheim, *Radio: An Art of Sound*, Translated by Ludwing and Herbert Read, New York: Da Capo Press, 1971, p. 212.

阿恩海姆从无线电艺术的客观的物理状况出发，认为麦克风与播音员的距离很小，不像舞台演员与观众之间有一个很远的距离，需要舞台演员把音调提高到一定的高度，无线电广播中播音员的音调只需要一个比较低的范围，"一个被认为坐得离声源很近的听者范围"，具体地说就是一种"播音员与听众之间轻而亲密的对话的音调"。① 为什么要求一种轻缓亲密的音调呢？阿恩海姆认为无线电广播虽然听众众多，但是它应该面对的是个人，而不是群众，它是与某个人亲密地交谈，而不是与每个人一起交谈。

播音员音调轻柔低缓具有很多的优势或美学效果。比如，播音员的声音轻柔亲密可以更好地把作品的内容传达给听众，而不具备这种轻缓亲密的语气的传输方式，"就永远无法让听众理解他的文字"②。"文本是艺术作品中最重要的部分。很可能歌手的糟糕发音与他们唱得太大声这一事实并不完全无关。如果他们唱得更安静些，就会更容易理解。巴赫《激情》中传道者的言语，如果是由一个相当好的歌手唱的，几乎总是可以理解的，因为他们唱的是小调和背诵。"③ 平和亲密的播音腔调能够给听众带来审美愉悦享受："科托艾斯车站有一个人，他在节目结束后的晚上，经营着一个法国信箱广播电台。它处理私人信件，并且为别的国家的人阅读。这广播持续了几个小时。在寂静的夜晚，那个人舒舒服服地读着他的信。他停下来熟悉里面的东西，喃喃地咕哝着，当有什么东西逗他开心的时候，他就会发出欢声笑语，匆匆地穿过不重要的段落，结结巴巴地念着某个难懂的名字，又念了

---

① Rudolf Arnheim, *Radio: An Art of Sound*, Translated by Ludwing and Herbert Read, New York: Da Capo Press, 1971, p. 71.
② Rudolf Arnheim, *Radio: An Art of Sound*, Translated by Ludwing and Herbert Read, New York: Da Capo Press, 1971, p. 74.
③ Rudolf Arnheim, *Radio: An Art of Sound*, Translated by Ludwing and Herbert Read, New York: Da Capo Press, 1971, p. 80.

一遍，又说了一遍，又生气地咆哮着，又沉默了，又快乐地开始了。也许这是件好事，这种袖珍般的事业很难作为一件规律的事情来做，但他说话方式的亲切感却直接让人受到吸引。一个人感觉他就像是一个老朋友的客人，正从火炉边看着一些满是灰尘的旧信件。"[1]播音员的腔调类似于一种音乐，是无线电最简单也是最抽象、纯粹的表达方式，他不仅是传输信息的载体，在广播剧中还扮演一个推理性的角色的理性声音。"播音员不仅应该被雇来做简单的一般的宣布，而且还应该在广播剧中扮演一个重要的角色，即作为在行动之外的一个推理解释的声音。"阿恩海姆还对播音员的用词也提出了要求。他要求播音员在演讲时不应该使用那些高雅的词汇，如"前者"与"后者"等，而应该使用通俗的言语。通俗的言语有利于广播听众的接受效果，有利于信息的传达，也可以产生一种亲近感。可见播音员完全是一个积极主动性的创作者，其声音、语气、用词等方面影响着整个广播艺术。

总的来说，阿恩海姆认为播音员的播报也具有一定的创造性。他对播音员的音调、用词的要求是为无线电艺术本身服务的，是为了更好地发挥声音的美学功能，更好地让听众理解作品的内容，让听众获得更愉悦的听觉的审美享受。他是最早对无线电艺术进行声音美学研究的学者，虽然他并没有有意识地把播音员当作一个无线电艺术作者，但也间接地肯定了播音员在无线电艺术中的创作功能与美学意义，间接地成为他早期作者美学思想的一个组成部分。

第四节　对早期作者美学的反思

对阿恩海姆早期作者美学进行反思，有助于我们深入理解其作者

---

[1] Rudolf Arnheim, *Radio: An Art of Sound*, Translated by Ludwing and Herbert Read, New York: Da Capo Press, 1971, p. 76.

美学的特色与当代价值。阿恩海姆早期作者美学具有一个很大的特征，就是矛盾性，即不同媒介艺术坚持了不同的作者观。这种矛盾性如何而来？需要我们思考。阿恩海姆作者美学对当代电影作者理论具有重要的启示意义，因为它为解决导演中心主义作者观与集体主义电影作者观提供了一个新的视野。同时，阿恩海姆格式塔式的电影作者观坚持电影参与人员的主体性地位，坚持了作者的主体性地位，这一观点放眼当下"作者死亡论"具有重要的启示价值。

一 早期作者美学中的矛盾性

阿恩海姆早期对谁是电影、无线电艺术作者的看法，结合早期主要的两本著作来看，存在很大的矛盾性或断裂。这种矛盾性表现在三个方面，即不同艺术的作者观截然不同；同一种艺术的作者观（艺术）在不同时间、不同著作中出现了截然不同的论点；同一种艺术的作者观（无线电艺术）在同一个文本中出现了完全不同的看法。本节笔者将一一对这三种矛盾进行简要的呈现，之后希望对此做一个简单的解释说明。

首先，不同艺术的作者观截然不同。在早期主要著作中，阿恩海姆主要对电影和无线电广播两种艺术的作者进行了论述。前者主要是形成于1934年，表现在 *Who Is the Author of a Film?* 一文中；后者按照自己的说法，《无线电：声音的艺术》完成于1932年，主要表现在 *Author and Producer* 一文中。因此，两种艺术作者美学形成时间相差不大，但是却形成了两种截然不同的观点。当然其中的原因是阿恩海姆认为电影和无线电艺术是两种不同媒介和表现手段的艺术。但这并不成为其形成两种作者观的真正理由。他的电影作者观是辩证的、综合的、整体性的，尊重了电影中的作家、导演、演员、布景师、灯光师等创作人员的作者地位。而无线电艺术总体上却坚持编剧中心主义，对接受者、导演、播音员的创造性进行了限制或否定。从无线电艺术和电影的创作过程来看,其实它们都是不同于传统文学、绘画、雕塑等单一作者的艺术,而是一种以机械电子媒介为主要创作手段,参与创作人员众多,任何一个作者都不能承担作品的全部创作过程的新媒体艺术。因此,如果仔细冷静地思考两者的相似性,阿恩海姆理应不会得出两种截然相反的作者观。

其次,同一种艺术的作者观(艺术)在不同时间、著作中出现了截然不同的论点。这主要说的是电影艺术。阿恩海姆在 1932 年完成、1936 年出版的《无线电:声音的艺术》中,在探讨无线电艺术的作者时,旁及了电影的作者。此文章的创作早于专门论述电影的作者 Who Is the Author of a Film? 一文。在《无线电:声音的艺术》中,阿恩海姆明确指出,电影的作者是电影导演,而不是作家或其他创作人员。他说,"像电影制片人一样——在大多数情况下是作品的真正作者和设计者,而手稿的作者仅仅是提供启发、原材料和文本"①,"毕竟在电影中制作人是真正的作者和创造者"。② 但在 1934 年发表的 Who Is the Author of a Film? 一文中,他又说:"有时作者的贡献是不明确的,他可能只是做了一个大纲或者仅仅是限制自己确定一个主题。但是无论他分有作者身份没有,他都部分地创作了电影,并且原则上他的工作和导演的工作并没有差异。"③ 这是对剧本作者的创作的肯定。"实际地说,几乎每一部电影都要求很多人合作,这些人大多数都服务于不同的功能。有制片人、导演、剧作者、演员、摄影师、舞台设计师和

---

① Rudolf Arnheim, *Radio: An Art of Sound*, Translated by Ludwing and Herbert Read, New York: Da Capo Press, 1971, p. 204.
② Rudolf Arnheim, *Radio: An Art of Sound*, Translated by Ludwing and Herbert Read, New York: Da Capo Press, 1971, p. 208.
③ Rudolf Arnheim, *Film essays and Criticism*, Translated by Brenda Benien, London: The University of Wisconsin, 1997, p. 67.

音乐家——这只提及最重要的人。经验一次又一次地表明这样一个团队可以和谐地合作。确实，团队的价值来自不同视角的不同功能，以及多元化个人气质和观念。如果合作者选的合适，他们能够真正地做到统一的工作，就像父母可以成功地教育同一个孩子一样。只有教条的个人主义者会否认一个新的同质的整体，而不是否认拼凑的混杂物的结果。"[1] 这是对电影创作过程中其他参与人员作者地位的肯定。显然，在不同时间、文本中，阿恩海姆对谁是电影的真正作者也存在很突出的矛盾性。在《无线电：声音的艺术》中认为电影作者是个人主义的导演。在稍后的《谁是电影的作者？》中认为作者是一个整体格式塔。

最后，同一种艺术（无线电艺术）在同一个文本中出现了完全不同的看法。这指的是无线电艺术作者观。阿恩海姆在《作者和制片人》一文是明确地把剧本作者即编剧作为无线电艺术的中心地位的作者，其他创作人员没有分有作者的属性。他说，"无疑问地说，手稿的作者是实际的作家"[2]，"无线电广播剧的作者不应该是写'如此这样的文本'和设计'如此这样的情节'的作者。他应该设计每一个场面的适当的听觉空间，包括演讲者之间以及演讲者与话筒之间适当的距离与方向"。这种表达明确地确立了无线电艺术作者的编剧中心主义。但是他在《无线电：声音的艺术》一书中的其他文章中又表达了对播音员、演讲者等参与人员的作者身份的认同。如在《讲演艺术》中，他说："如果一个人不是照着文稿来念它，而是在他说话的时候让他内心的想法、感觉以及记忆以语言的形式自动呈现，这样的语言应该是纯净的。

---

[1] Rudolf Arnheim, *Film essays and Criticism*, Translated by Brenda Benien, London: The University of Wisconsin, 1997, p. 68.

[2] Rudolf Arnheim, *Radio: An Art of Sound*, Translated by Ludwing and Herbert Read, New York, Da Capo Press, 1971, p. 205.

这个创造性的过程中的鲜明以及率直,正是这种广播的独特魅力所在。"① "无线电制作过程包括了从稿纸书写一直到演讲。这样,单纯的传送的行为就成了一个创作的行为。" "对于无线电制作人来说,他仍然存在着一项谦虚的重新创作表演的任务,像音乐家和演奏家一样。"② 这种在同一著作中无意的透露出的对无线电作者矛盾的看法,说明阿恩海姆对无线电艺术作者的观点也隐秘地存在巨大的裂隙。

为什么阿恩海姆早期作者美学存在这种巨大的裂隙和矛盾呢?当然按照德里达解构主义思维来看,是阿恩海姆的逻各斯中心主义在作祟。笔者认同这种解释。正是因为阿恩海姆潜在的逻各斯中心主义传统的认知思维范式导致了这种矛盾和认知瑕疵。这是深层次的认知层面的解释。

二　早期作者美学的当代意义

即便阿恩海姆早期对媒介艺术作者的看法充满了矛盾,但阿恩海姆早期关于媒介艺术作者的看法蕴含着重要的理论光辉。他根据不同的媒介艺术,界定了不同的艺术作者,具有一定的辩证性,也使其早期作者美学更加多元与丰富。他的格式塔电影作者论对当代电影作者的讨论具有非常重要的理论价值。法国电影作者论充分肯定了电影导演的作者地位,强调电影作为一种艺术直接受到导演价值观、审美观、人生观的影响,使电影脱离了商业制片模式,让电影成为一门具有个性的艺术。值得肯定的是,法国电影作者论在美国好莱坞商业电影充斥全球市场、艺术电影不断失去观众的后工业时代具有重要的理论价

---

① Rudolf Arnheim, *Radio: An Art of Sound*, Translated by Ludwing and Herbert Read, New York, Da Capo Press, 1971, p. 220.
② Rudolf Arnheim, *Radio: An Art of Sound*, Translated by Ludwing and Herbert Read, New York: Da Capo Press, 1971, p. 210.

值，但法国电影作者论过于强调导演的作用，忽视了电影创作其他参与人员的作者地位，如演员、编剧、制片人、灯光师甚至化妆师等，从而不能真正认识到现代电影创作的多元复杂的情况，最终使得关于电影作者的看法至今都没有一个完满的回答。阿恩海姆格式塔电影作者观认识到了导演的地位和作用，也肯定了电影创作过程中其他创作人员的作者身份，辩证客观地对电影作者进行了立体完整的呈现。他的格式塔电影作者观值得当代电影学者借鉴学习，为当代电影界解决电影作者集体主义与个人主义争论提供了辩证客观的视野。阿恩海姆首次对无线电艺术的作者进行讨论。他根据无线电艺术的特点把编剧作为无线电艺术真正的作者，虽然这过于片面，但他也间接地肯定了播音员创作者的地位。他对编剧、播音员等无线电艺术创作人员的看法对当今广播艺术依然具有重要的启示价值。

  从作者主体性来看，阿恩海姆坚持了艺术作品各色参与人或创作者的主体性地位或作者属性，如他坚持演员、灯光师、画师等人的创作属性，也肯定了广播艺术中编剧的主体性地位。这种作者观点坚持了艺术品作者的人本主义传统，于当下语言论、符号学视野下对"作者已死"的片面论断及其反人本主义的倾向具有重要的反驳价值。

第六章　媒介帝国主义：阿恩海姆早期媒介美学思想

阿恩海姆早期最具特色的美学思想之一就是，他最早对20世纪初人类新兴的电子媒介文化与艺术进行了辩证客观的研究。西方媒介文化理论史一般把德国法兰克福学派作为最早的媒介研究者。但是阿恩海姆早在阿多诺和霍克海默合作的《启蒙辩证法》之前就完成了对新兴的电影、无线电等媒介文化的审视，出版了《电影作为艺术》《无线电：声音的艺术》两本著作。早期媒介文化学者往往都否认媒介文化作为一种高雅的、深邃的文化样式，认为媒介文化是工业生产的大众文化（如法兰克福学派），是工人阶级的庸俗文化（如英国早期文化研究学者里维斯）。他们都站在精英主义立场，对媒介文化进行了悲观式的否定与批判。阿恩海姆作为早期媒介文化学者，可以说是最早对新兴的电子媒介文化进行合法性正名的人。他对媒介体制与国家形式的关系进行了分析，对审查制度进行了反思，对电子媒介作为艺术进行了合法性辩护，对媒介带来的时空感知结构的嬗变进行了说明，对媒介对人类日常生活的影响、文化边界的打破等方面进行了客观辩证的现象学式的描述。阿恩海姆早期媒介文化理论坚持辩证、客观、综合的理论立场，既认识到电子媒介对人类社会带来的积极因素，也注意到了它的负面作用。这种辩证客观的分析范式,使他与阿多诺(Adorno)、霍克海默(Horkheimer)的媒介悲观主义拉开了距离,也与本雅明(Benjamin)的媒介民主式的乐观拉开了距离。可以说,他是早期西方媒介文化理论的客观派或中立派。他的这种中立、客观的媒介文化立场对当今媒介全球化、媒介帝国主义等观点具有重要的理论启示意义。

第一节　媒介美学概述

讨论"媒介美学"需要对之进行专门的定义与说明。就笔者本意,"媒介美学"就是关于"媒介"的美学,抑或"媒介文化"的美学研究。笔者之所以使用"媒介美学",而不使用"媒介文化"美学是因为,在笔者看来,"媒介美学"的所指范围比"媒介文化"美学更广。媒介美学不仅可以指具体的媒介器具及其特性对美学的影响,即媒介技术的美学维度,也可以指以某种媒介为基础产生的媒介文化的美学思想。因此,笔者认为使用媒介美学更妥当。当然,"媒介美学"不是笔者杜撰的一个概念。近年,国内众多研究者开始以"媒介美学"为范畴讨论"媒介"美学。这些研究者包括刘家亮、蒋忠磊、江漫等人。山东艺术学院刘家亮的《媒介美学理论探讨》(《齐鲁艺苑》2010年第5期)首次以"媒介美学理论"命名进行媒介美学研究。该文对国内媒介美学研究的现状进行了梳理,试图在此基础上以麦克卢汉的媒介理论为基础构建媒介美学研究。蒋忠磊的《媒介美学初探》发表于《美与时代》杂志2018年第12期,该文认为当下美学研究发生了一次媒介转向,并对媒介美学的定义、范围、研究内容进行了初步的探索研究。同样,该篇论文也以麦克卢汉的媒介理论为基础建构媒介美学研究。国内媒介美学研究的另外一条重要路径是媒介文化美学研究。

这条研究路径涌现出了一大批研究者，如金惠敏、周宪、杨光等人。这条路径注重讨论现代媒介文化与美学的互文关系，包括媒介与审美感知、媒介文化与审美意识形态、媒介与现代性、媒介艺术理论、媒介本身的美学维度以及媒介文化理论家美学思想的专题讨论等论题。在这些论题中，具有代表性的论文有金惠敏的《作为方法的美学——"麦克卢汉与美学研究"专题代序》（《东岳论丛》2015 年第 6 期）、《作为一个美学概念的"地球村"》（《社会科学报》2014 年 10 月 23 日）、《技术与感性——在麦克卢汉、海森伯和庄子之间的互文性阐释》（《文艺理论研究》2015 年第 1 期），王爱伟的《媒介文化研究的美学省思》（《中国海洋大学学报》2007 年第 6 期）；首都师范大学杨光教授的《当代西方媒介文化美学研究的三种形态》（《文学评论》2008 年第 3 期）；河南大学李勇教授的《媒介文化美学表征形式的当代嬗变》；四川大学蒋晓丽教授的《媒介奇观的审美之维——联结日常生活与媒介拟像的"震惊"美学》（《中外文化与文论》2017 年第 2 期），等等。诸如此类论文，多达百篇以上。显然，媒介与美学或媒介文化与美学的研究是当代美学研究的一个重要维度。

从上述内容来看，本章所讨论的阿恩海姆早期媒介美学思想并不是凭空产生的，而是以阿恩海姆早期著作本身的特色与当代媒介文化研究视域的双重融合而促发的新的阿恩海姆美学研究视点。众所周知，国内外各个学者对"媒介"的定义是各不相同的，笔者在查阅其他学者定义的基础上，给出了自己的"媒介"定义。"媒介"一般分为广义和狭义两种内涵，广义的媒介是指一切为人所使用以达到或完成某种目标的介质。它大到自然界中的物体，如石头、林木等；小到人们日常出行的交通工具，如自行车等。狭义的媒介一般指人类信息交流传播的工具，如电话、广播、电视、电影、图书、网络；也包括交通用具，马车、铁路、航空等。围绕这些传播工具产生的文化被当代学者称之为媒介文化。笔者在此讨论的媒介美学必然有一个限度，不然会导致讨论对象过于宏大，无法抓住论题的中心。因此，本章所言媒介美学是指狭义的媒介或媒介文化的美学，如电视、电影、广播、飞机等现代媒介技术以及媒介文化所具有的美学特征、功能及其对人类审美感知范式的影响等，如加拿大媒介环境论者麦克卢汉就指出"媒介是人的延伸"。笔者认为，这种论断潜藏着丰富的媒介美学思想，如不同的媒介造成不同的审美感知，新的媒介的诞生意味着一种新的审美感知方式的诞生。从早期的无声电影到当代的3D电影，其中电影媒介本身的变化影响着观众审美感知的方式。当然，国内对麦克卢汉的媒介美学思想颇有研究，如刘玲华的论文《麦克卢汉媒介观的美学审视——以〈理解媒介〉为中心》（《南华大学学报》2014年第4期）以及陈海的论文《麦克卢汉"媒介即信息"的美学意味》（《北京科技大学学报》2016年第3期）。因此，阿恩海姆的早期媒介美学思想研究就必然是讨论阿恩海姆早期文本中所涉及的广播、电影、电视、飞机等现代传播媒介及其文化所具有的美学性质、功能及其对人类审美感知的影响，如阿恩海姆认为现代媒介（电视、广播、有声电影）导致审美的大众化，对传统的个性审美造成了冲击。媒介美学是阿恩海姆早期美学思想的一个重要维度，可惜的是，阿恩海姆早期的这些媒介美学观点被忽视了，本章所论述的内容试图尝试填补这个研究上的空缺。

第二节　阿恩海姆辩证客观的媒介文化理论

媒介文化理论构成了阿恩海姆早期独具特色的媒介理论思想。但是国内外似乎都遗忘了他对媒介文化研究的重要意义。本节的目的之一就是展现被遗忘的阿恩海姆媒介文化理论，并希望唤起更多的学者展开对其早期媒介文化理论的研究。概括地说,阿恩海姆媒介文化理论由两个主要内容构成,即辩证客观的媒介体制观与媒介传播工具观。

一 对阿恩海姆媒介文化理论的遗忘

自20世纪20年代以来,西方涌现了一大批媒介文化研究者,形成了各种媒介文化研究范式、研究方法以及针锋相对的媒介文化理论,如法兰克福学派的文化工业批判、伯明翰学派的文化研究、法国的结构主义—符号学媒介文化理论、加拿大的媒介环境学派以及美国的媒介功利主义、传播政治经济学等。阿恩海姆作为早期媒介文化研究学者之一,并没有形成特定的媒介文化理论立场,但他对媒介人类社会、文化、美学积极与消极方面的客观论述却为早期西方媒介文化研究呈现出了别具一格的价值立场,一种客观的辩证的价值立场。但长期以来,国内外媒介文化学者对阿恩海姆的媒介文化理论及其媒介美学思想关注不够,忽视了阿恩海姆早期对媒介文化理论的贡献,其价值及其对当代性启示没有被充分的挖掘出来。

西方媒介文化研究流派林立,方法各异,一时难以把捉,但对它们的理论特征进行抽象的归纳,就会总结出几个简化的媒介文化研究的历史框架。如从哲学基础来看,西方媒介文化研究大致分为两种研究,即批判研究与经验主义研究。前者以法、德国的媒介文化理论为代表,主张从资产阶级意识形态视野出发,批判媒介文化的意识形态功能,揭露其对大众的欺骗与异化作用;后者以英、美两国为代表,主张从经验主义出发,对媒介对人类社会政治、文化的积极作用进行礼赞,认为媒介能够对社会民主起到促进作用,同时也能为公民的日常生活提供更方便的满足需要的工具。在这两种哲学基础上形成的媒介文化理论,在对媒介的情感、价值态度上则形成二元对立的媒介悲观主义和媒介乐观主义。媒介悲观派认为媒介造成了对人的控制，在媒介面前，人的主体性丧失，媒介"反客为主"，成为真正的主人与主导者。媒介乐观派则认为媒介可以促进社会的发展，加强政治民主，促进政府信息公开，加强个体与集体的联系，缩小时空距离，对媒介的政治、经济、文化功能抱积极乐观态度。从媒介文化研究对象入手来看，则可以发现西方媒介文化理论主要从意识形态、文化、受众、符号、女性等几个对象入手来进行媒介研究。比如法兰克福学派主要的研究对象就是揭露文化工业中的意识形态及其欺骗性。在法兰克福学派看来，大众媒介就是资产阶级统治者的意识形态机器。里维斯（Reeves）、威廉斯（Williams）则从文化对象入手，对大众媒介文化与精英文化的关系进行了讨论。两种的差异在于，里维斯对文化持保守的精英主义态度，对大众媒介文化持否定和悲观的态度，威廉斯则站在工人阶级立场上，把文化看作一种生活方式，对工人阶级新兴的大众文化、媒介文化进行了肯定。受众研究，是西方媒介文化研究的主要研究范式之一，主要代表是伯明翰学派的霍尔（Hall）、莫利（Moreav）和费斯克（Fiske）及美国早期功利主义媒介学派的利用与满足理论。前者借助法国符号学，对受众与媒介文本的发送与接收的关系进行了研究。霍尔提出了媒介文本解读的三种范式，即霸权式解读、协商式解读和对抗式解读。在霍尔基础上，莫利的电视受众研究对观众解码的文化语境进行了分析，认为不同的观众根据自身不同的家庭地位、性别等语境，会对媒介文本作出不同的解读。费斯克被认为是乐观的民粹主义者，他不同于霍尔和莫利的受众研究，他把受众的解码看作是观众积极的微观的对抗式的革命。这种研究的缺点是脱离了莫利的受众语境分析，虽然强调了观众积极的对抗式解码，但是缺乏实证的调查，其结论未免过于乐观或空洞。美国的利用与满足理论是受众研究中的重要范式之一。该理论认为，媒介接受者根据自己

第六章 媒介帝国主义：阿恩海姆早期媒介美学思想

的需要利用媒介满足其日常生活的需要，如基本的娱乐需求、自我价值的实现等。利用与满足理论对媒介持乐观态度，看到了观众的积极性与能动性，具有人本主义倾向。女性、符号、公共领域等也是媒介文化研究的对象。从国别来看，西方媒介文化理论主要集中于德国、法国、英国、美国、加拿大五个国家。五个国家都形成了自己独具特色的媒介研究传统。如德国的媒介批判、英国的文化研究、美国的功能主义和实用主义、法国的符号学、加拿大的媒介技术决定论。他们都从媒介的各个方面阐发了媒介的积极因素和消极因素。但是他们的共同特点是过于偏于一隅，顾此失彼，呈现出片面的深刻和深刻的片面的理论局面。正因为这个原因，美国媒介文化学者凯尔纳试图综合各国媒介文化研究的优缺点，以重建文化和媒体的批判理论，提出一种"多元透视主义的方法"。

在上述西方媒介文化理论历史的简要梳理中，我们并没有看见阿恩海姆的媒介文化理论的身影。笔者翻阅了多个版本的国外学者写的西方媒介文化理论史著作，始终没有阿恩海姆的位置。如英国媒介文化学者史蒂文森（Stevenson）的《认识媒介文化》、美国媒介文化学者凯尔纳（Kellner）的《媒介文化》、罗尔（Rolle）的《媒介、传播、文化》、麦奎尔（McQuail）的《大众传播理论》，罗杰斯（Rogers）的《传播学史》等著作都没有提及阿恩海姆的媒介文化理论观。这种缺席不仅在国外，而且在国内同样如此。如我国学者陈龙的《传媒文化研究》、曾一果的《西方媒介文化理论研究》、刘建明等人合著的《西方媒介批评史》等都没有提及阿恩海姆的媒介文化理论。另外，胡翼青编写的《西方传播学术史手册》一书概况了西方所有媒介文化研究的杰出学者，唯独没有阿恩海姆的大名。这一缺席的情况，笔者认为有待于填补。当然，在笔者看来造成这种缺漏的主要原因在于，国内外阿恩海姆学者都没有对其早期以电子媒介为主的学术思想进行系统的研究。即使在电影理论史上阿恩海姆占有一席之位，但是也仅仅是从电影理论史的角度出发的。没有一个学者从更宽阔的媒介文化视野对其进行探讨。另外一个主要原因，笔者认为要归咎于阿恩海姆早期媒介文化研究主要是从艺术出发，运用格式塔心理学和形式主义美学将新兴的电子媒介作为艺术进行合法性的辩护，没有注重现代媒介的信息传播功能，也没有过于关注现代媒介的政治经济学分析以及媒介技术对文明社会的进程的决定性作用。虽然他零星地涉及了媒介与国家、受众、时空感知等问题，这些问题都是批判理论和经验主义理论的媒介研究的主要问题，但是阿恩海姆并没有形成独特的理论切入点及其系统的理论，他只是零星地、散点地对媒介对日常生活、社会、感知结构与政治体制、审美接受等问题的影响进行了散点式论述。但这并不能作为阿恩海姆媒介文化理论被学界遗忘的理由。更为重要的是，阿恩海姆早在 20 世纪 30 年代初就对现代媒介艺术，如电影和广播进行了合法性的辩护，这在媒介文化研究早期是罕见的，而且具有巨大的理论勇气。这可以看出阿恩海姆视野的前瞻性与开阔性。与里维斯的文化批评和法兰克福学派持守保守主义的精英文化立场对媒介文化进行无情的否定与批判不同，他看见了现代媒介的美学潜力，首次承认了广播、电影作为一种合法的、正当的文化或艺术。他还批判了新兴的电子媒介对人的消极影响。他的媒介文化观是辩证的、综合的，对当代媒介文化理论研究具有非常重要的启示价值。

当然笔者认为，阿恩海姆早期对电子媒介文化的研究主要贡献之一在于对电子媒介作为艺术的合法辩护上。从媒介文化理论来看，阿恩海姆由于本人早期理论散点的论述方式，使其媒介文化理论可能在媒介文化研究史未被重视。但是本章的首要目的是让媒介文化研究者看见阿恩海姆早期媒介文化理论的重要价值；其次，更重要的是，为当代媒介研究学者学会阿恩海姆早期对媒介文化辩证客观的现象学式

第六章 媒介帝国主义：阿恩海姆早期媒介美学思想

的中立态度，既不过度悲观地否定（法兰克福学派或博德里亚），也不过度乐观地肯定（费斯克）。可以说，阿恩海姆早期媒介文化理论的重要价值在于，他在阿多诺、霍克海默的媒介悲观主义和本雅明的媒介乐观主义之间，确立了辩证客观的中立的媒介价值立场。凯尔纳试图建立的多元透视的媒介研究方法就跟阿恩海姆的辩证综合的媒介文化研究具有很大的相似性。似乎凯尔纳的努力早已在早期阿恩海姆的媒介文本中默默存在着、沉睡着。唤醒这沉睡的方法就是我们现在总结阿恩海姆早期媒介文化理论最重要的理论意义。

二 辩证客观的媒介体制观

阿恩海姆对媒介文化的价值立场是辩证的、中立的、客观的，这使他完全不同于其他早期媒介研究学派的极左或极右倾向，而是既看到了新兴的电子媒介给艺术、日常生活、人类感知等方面带来的积极因素，也看见了它给人类的想象、语言、文化造成冲击的消极因素。因此，总体上，阿恩海姆的媒介文化观是一种辩证综合的客观的媒介文化观。这体现在他对媒介体制的现象学式的中立描述当中，也体现在他的媒介文化传播工具理论当中。

媒介体制研究讨论传播媒介与社会制度、政治组织体制的权力关系。卡伦和朴明珍认为"媒介体制反映媒介所处的社会的政治体制和主流哲学"[1]。媒介体制往往是一个国家政府意识形态及其政治体制的具体表现，属于统治阶级的上层建筑。因此，媒介体制往往与该国的政治体制具有一种同一性。比如在集权主义政体中，其媒介组织模式往往被政府集权主义所控制，形成了集权主义的媒介体制；在自由民主政体中，媒介体制往往具有一定的自由和民主权力，能够对政府的

---

[1] ［英］詹姆斯·卡伦、［韩］朴明珍：《去西方化媒介研究》，卢家银等译，清华大学出版社2011年版，第2页。

工作进行批判与监督，而集权主义的媒介体制则成为集权政府的喉舌，负责监督其统治下的臣民。西方媒介文化理论研究往往把美国伊利诺伊大学斯拉姆（Schramm）、赛博特（Siebert）、彼得森（Peterson）撰写的《报刊的四种理论》看作是媒介体制批评的开山鼻祖。该书出版于1956年。斯拉姆等人站在积极自由主义的立场上，对苏联为代表的集权主义媒介体制进行了无情的揭露与批判，也对消极自由主义的媒介体制所带来的信息、社会的混乱提出了批评。在《四种报刊理论》中，斯拉姆等人认为苏联为代表的集权主义的媒介体制"只要公众通信工具避免直接批评当前政治领袖及其措施，他们就满意"[①]。这种言论控制实质反映的是集权主义媒介体制受到政府的严厉监管，政府支配着传播工具，从而也就支配着传播工具在政治和文化上的态度。"在苏联共产主义媒介体制下，媒介的传播内容是宣传，判断其优劣的是路线和政权的少数掌管者。"[②]《四种报刊理论》还对绝对的自由主义或曰无限制的消极的自由主义媒介体制进行了批判。消极的自由主义主张媒介无限的自由，认为"媒介的拥有者可以为所欲为。他们有很好的借口，媒体是私人的，他人无权干涉，但这也同时忽视了一个重要的常识，媒体虽然是一个企业，但不是通常意义上的企业。媒体同它的社会性与它的私有化一样没有办法剥离"[③]。因此，斯拉姆等人在书中表达了一种积极自由的社会责任论的媒介体制观。这种媒介体制对消极的自由对自由的破坏提出反对意见，主张私人与公共、自由与义务的辩证统一。社会责任论的媒介体制是自由主义媒介体制的发展和完善，他坚持自由主义的立场，但同时兼顾了社会责任、义务与自由的限度问题，希望从积极的、有限度的责任自由出发，突出媒介的

[①] 中国人民大学新闻系：《四种报刊理论》，新华出版社1980年版，第12页。
[②] 刘建明：《西方媒介批评史》，福建人民出版社2007年版，第346页。
[③] 刘建明：《西方媒介批评史》，福建人民出版社2007年版，第352页。

伦理担当，从而创造一个正义、公正、民主的社会。斯拉姆等人媒介体制观具有很强的实用主义、功利主义的特征，这是美国媒介研究的本土特色。

在斯拉姆等人社会责任论媒介体制论之前，阿恩海姆就对新兴媒介与政府体制的关系进行了研究。在1929年《电影及其审查法》(*Film and Its Stepmother*) 一文中，阿恩海姆讨论了电影审查制度对电影艺术的损害，批判了电影审查制度的机械性与刻板性；在1936年出版的《无线电：声音的艺术》一书中，阿恩海姆又对无线电的体制模式与国家的政治体制的关系进行了现象学的客观描述，主张不同的政治体制应该采取不同的媒介体制，同时也指出了不同的政体和媒介体制的优缺点。阿恩海姆并没有站在自由主义的政治体制上对自由民主的媒介体制进行大唱颂歌，也没有站在专制主义体制内对媒介专制主义体制进行辩护。他对媒介体制采取了一种现象学的、中立的、描述性的立场。阿恩海姆早期著作中的媒介体制观要早于美国斯拉姆等人的媒介体制批评理论。

具体来看，阿恩海姆在更早的时候，也就是1929年，还站在自由民主的立场上，主张媒介体制的民主、自由。他在1929年的《电影及其审查法》一文中对新出台的电影审查法提出了批评。他说："新电影法草案通过了国民议会，现在将提交议会。新闻界已经对这种畸形现象作了适当的评估。已经表明，这不是一种改善，而是一种贻害。例如，根据新的草案，不仅是国家审查委员会，而且每个地方当局都有权禁止放映看起来可能扰乱和平的电影。"电影审查委员会的人们"坐在工会办公室、演讲厅和小局的干燥空气中，顽固地利用手中的工具敲打他们不信任的不可靠行业的创作，甚至敲打艺术的创作"[①]。显然，

---

① Rudolf Arnheim, *Film Essays and Criticism*, Translated by Brenda Benien, London: The University of Wisconsin, 1997, p. 89.

新的电影审查法对电影实行了一种严格的管制，最终导致"我们得到冷淡的电影剧本，它避免了任何政治立场，任何勇敢的现实主义"。在官方的管制下，电影的艺术性丧失了，缺乏现实的批判性，剩下的电影都是官方许可的教育电影。"教育电影是明星学生，它获得奖项，表现良好，产生最直接的智力效益；在这方面，每一位议员的老师都感到必须团结一致。我无意冒犯纪录片，但现在我们正在谈论别的事情。艺术电影需要保护和自由——它是最神奇、最喜怒无常、虚幻的艺术，正因为这些波希米亚的美德，它很容易激起职业政治家的不信任。"①但阿恩海姆认为在审查制度下，"即使是教育片也不容易。它不会受到审查前的影响，但为了平衡问题，有一个兰佩委员会。因此，大多数纪录片都提交给兰佩委员会。教师们在这里发泄怒气。这里有一本教科书式的学究准则，证明了每一部新鲜的和最初制作的电影的失败。如果一只穿着武器外套的鸟在象征性的场景中在空中飞行，青年教育工作者会观察它的爪子位置是否符合规定，以及飞行时间在动物方面是否正确。他们要求教育影片被示意性地构建——一个导致乏味的琐碎细节；当电影爱好者坐起来寻找乐趣的时候，他们就开始把事情搞砸了。由于这个原因，纪录片制片人被迫编造说教式的无意识。首先我们看到一个城市的全景，以便我们清楚地看到那里的教堂，然后是单独的教堂（在标题之间有关于其建造年份的信息），然后是市政厅，但肯定不是在夸张的特写镜头或镜头角度中得到表现，更不是在'现代的'蒙太奇；不，一切都是一个接一个以整齐的线性方式呈现出来。"②在苛刻古板的兰佩委员会的监管下，教育电影也丧失

---

① Rudolf Arnheim, *Film Essays and Criticism*, Translated by Brenda Benien, London: The University of Wisconsin, 1997, p. 91.

② Rudolf Arnheim, *Film Essays and Criticism*, Translated by Brenda Benien, London: The University of Wisconsin, 1997, p. 92.

第六章　媒介帝国主义：阿恩海姆早期媒介美学思想

了基本的创新技巧和表现手法。一切电影画面都是整齐划一地、毫无生机地展现出来。在文章的最后阿恩海姆还指出，电影艺术家还受到商业雇主的控制，商业雇主只知道赚钱，谁也无法反对他们，而艺术家却不得不向商业雇主让步。令阿恩海姆失望的是，电影审查法却无法让这种情况有所改善。他说："审查法的骚扰并没有安全地保护任何正当的利益。它们源于沉思和理解的匮乏。这不是一个很好的审查法案。"①

在1932年的《所谓的自由》(So-Called Freedom)和《无禁忌的审查》(Censorship Without Scruples)两篇文章中，阿恩海姆表达了类似的看法。在《无禁忌的审查》中，他批判毫无禁忌的审查制度对电影艺术的艺术性的破坏，并以具体的创作过程来讽刺，苛刻审查制度的机械与刻板，导致滑稽可笑的创作过程与作品："钟声响起，教堂已经到了。不管是谁看过这部电影，都会绞尽脑汁去回忆这一次让上帝的副手们烦恼的事情。他会徒劳无功地折磨他们。在一个场景中，我们看到年轻运动员一天早上离开他们的帐篷，光着身子跑到水里。在这种情况下，教堂的钟声响起，正如审查人员注意到的，在背景中可以看到教堂的尖塔。在放映过程中，我既没有注意到钟，也没有注意到塔尖——这无疑需要对宗教符号有一种病态的敏感——此外，这些教堂的成分不是导演恶意创作的，但作为一个户外镜头，上帝安排钟巧合地响起。年轻人裸体的美好景象对他来说可能不是不受欢迎的或新鲜的，在不那么拘谨的宗教崇拜中，裸体的人在本质上甚至可以作为礼拜仪式的精致象征。但事实并非如此，任何人在未来的电影中展示了一个婊子养的小狗或一对情侣在草地上接吻，都会被建议让他的助理导演用双筒望远镜在地平线上搜寻教堂的尖塔，让他的音响师听

---

① Rudolf Arnheim, *Film Essays and Criticism*, Translated by Brenda Benien, London: The University of Wisconsin, 1997, p. 92.

着可能的钟声，以便让教堂神圣的范围就不会受到侵犯。"① 这是阿恩海姆对审查体制的无情的讽刺。但是在1932年的《所谓的自由》的演讲中，阿恩海姆开始了右倾。虽然他依然坚持言论自由，但是他此时在反对审查体制的言论中丧失了早先的激进性。他说："只有当我们说出我们要求自由行动的目标时，需求才会有意义和分量。你可以用老提奥奇尼斯的话来说：'世界上最美丽的事情就是言论自由！'我怀疑这种对自由的狂热崇拜是生活在桶里的游手好闲的隐士想出来的。在这一点上，有可能存在代际意见分歧。无论如何，当我说我宁愿被束缚在一个好的国度中，而不愿被束缚在一个自由却坏的国度中时，我相信我是从今天青年人的内心发出的说话，无论他们是在左边还是右边！世界上最美丽的事情不是言论自由，而是朝着真善美的方向努力。"② 这种言论表明阿恩海姆放弃了早先对审查体制激进的批判，反对绝对的言论自由也就是消极的自由主义。加上他对真善美的追求，让他与斯拉姆等人社会责任论媒介体制具有相似性。我们看见，阿恩海姆通过对电影审查法的批判，表明他对集权主义的媒介体制的厌恶，反对政府对媒介言论自由的控制，希望电影艺术受到保护，渴望魏玛共和国时期的民主自由的媒介体制。因为在他看来"《魏玛宪法》规定了我们自由表达意见的权利，审查制度被废除"。但同时他的斗争是保守的，不主张通过激进的斗争方式获得，而是希望反抗者以理性的方式进行斗争，揭露国家所宣传的与法律之间的矛盾，以此来达到对媒介审查体制的反对。阿恩海姆在1932年的言论中表现出来的右倾倾向为稍后的辩证客观的无线电媒介体制观打下了基础。笔者认为，阿恩

---

① Rudolf Arnheim, *Film Essays and Criticism*, Translated by Brenda Benien, London: The University of Wisconsin, 1997, p. 95.

② Rudolf Arnheim, *Film Essays and Criticism*, Translated by Brenda Benien, London: The University of Wisconsin, 1997, p. 97.

第六章 媒介帝国主义：阿恩海姆早期媒介美学思想

海姆的这种价值上的转变可能跟希特勒政府对言论控制越来越严厉有关。

1936年出版的《无线电：声音的艺术》中，阿恩海姆丢掉了早先的自由主义立场，从现象学的客观立场出发，对无线电广播媒介体制与政治体制的关系进行了客观的描述。他根据世界上存在的两种不同的政府组织形式（集权制和民主制），提出了相应的两种不同的媒介体制，即集权式媒介体制和民主式媒介体制。他对两种媒介体制下的广播电台的组织结构进行了说明和图示。

集权式媒介体制："有可能建立一个单一的垄断发射塔 m——其节目由中央电视台 Z（我们称之为政府或统一的国家发射机）和所需的多个区域电台（A，B）共享，连续每小时播出一次。让 X 和 Y 成为接受的窗口。如果我们假设听众 x 与麦克风 A 位于同一位置，他当然能够听到他所在地区的广播，但这只是对一个统一节目的一个贡献，绝不高于任何其他节目。"① 这种媒介体制组织模式重点完全放在团体因素上。没有远距离广播，因为只有一个发射机。在任何特定时刻都没有其他选择的可能。广播听众可以听到很多"奇怪"的东西，却很少听到"自己"的东西。集权式媒介体制趋向于集中和统一，如图 6-1 所示。

民主式媒介体制："有所需的多个区域发射台（m，n），每一个都播放自己的本地节目（A 为 x 和 B 为 y），但也被迫从中央电台 Z 和其他区域电台接收传播（除了 A 外，x 还听到 Z 和 B；除了 B，你还听到 Z 和 A）。"② 这种媒介体制反映了个人主义的原则。即使一个人生活在

---

① Rudolf Arheim, *Radio: An Art of Sound*, Translated by Ludwing and Herbert Read, New York: Da Capo Press, 1971, p. 254.
② Rudolf Arnheim, *Radio: An Art of Sound*, Translated by Ludwing and Herbert Read, New York: Da Capo Press, 1971, p. 254.

一个真实的共同体中，也有他自己的立场。从这一立场出发，他对一切都理解得最好，强调他特有的那种，仅仅因为它是他的，这是很自然的，并不意味着共同体原则的矛盾。在民主式媒介体制下，当地电台在其所在地区占据最重要的位置，而中央电视台则让位给它，即使中央电台始终以其传输的特性和重要性为标志。在这里，重点转移到个人的多样性之上，并出现了特殊主义的可能性，如图6-1所示。

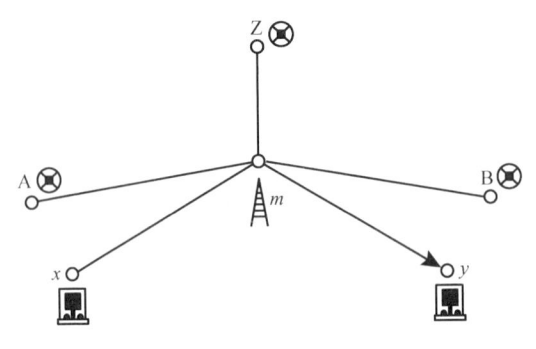

a）集权式媒介体制组织模式

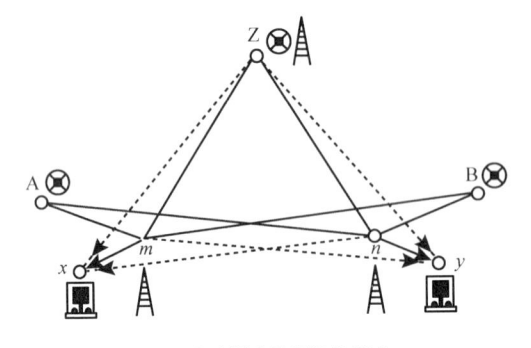

b）民主式媒介体制组织模式

图6-1 两种媒介体制组织模式[①]

阿恩海姆并没有站在二元对立的价值立场上，对一种媒介体制进行褒扬，而批判否定另一种媒介体制，而是对两种媒介体制的优缺点

---

① 此两图引用自阿恩海姆《无线电：声音的艺术》（Radio：An Art of Sound）第255页。

第六章 媒介帝国主义：阿恩海姆早期媒介美学思想

都进行了呈现。他认为，集权主义媒介体制通过单一的垄断性的传播，以一个单一的节目来满足社会的整体需要，将确保最根本的思想统一，促进社会共同体的形成，但是这种媒介体制会导致文化的退化，意识形态的统一。而民主式媒介体制能够确保广播演出"保持在较高的文化或艺术水平上，而不必考虑所表达的观点。它应该确保将相同的时间空间分配给不同的倾向，并且确保没有给出任何可能'冒犯那些想法不同的人'的东西"。[1] 这是民主式媒介体制的优点，确保媒介文化的高水平，保证言论自由。但它也存在弱点，"因它很容易导致对任何争论和对任何对话接触的恐惧……如果无线电管理不是从一个观点进行管理，而是客观地作为各种意见的广播机关，它将在实践中成为'听者的信件'的奴隶，成为社会和专业组织抗议的无助受害者。自由思想家会抱怨奇迹剧的演出，妇女宗教协会抗议节育讲座，禁欲者会反对饮酒歌曲，医生会反对同性恋人士的谈话。家庭主妇会对不雅的歌谣感到愤怒，而年长的单身汉会对读到的童话和诗句感到厌烦"[2]。可见，民主式媒介体制可能导致不同意见的表达带来的言论混乱的局面，最终让没有受过文化和训练的大众成为信息的奴隶。由于两种媒介体制都存在优缺点，没有哪个比另一个更加优越。因此，阿恩海姆主张"根据国家或国家联盟的特定结构确定媒介组织模式。如果区域差异不大，或者相反，非常大，需要更多的团结，则将选择集权式组织原则。如果它们有明显的差异，或应加以开发，则将使用民主式组织模式"[3]。阿恩海姆这种辩证客观的媒介体制是难能可贵的，

---

[1] Rudolf Arnheim, *Radio: An Art of Sound*, Translated by Ludwing and Herbert Read, New York: Da Capo Press, 1971, p. 241.

[2] Rudolf Arnheim, *Radio: An Art of Sound*, Translated by Ludwing and Herbert Read, New York: Da Capo Press, 1971, p. 242.

[3] Rudolf Arnheim, *Radio: An Art of Sound*, Translated by Ludwing and Herbert Read, New York: Da Capo Press, 1971, p. 256.

也是宽容的。

综上所述,阿恩海姆对媒介体制的观点经历了一个从民主式媒介体制到辩证客观的媒介体制的嬗变过程。他在更早时候坚持了积极自由的媒介体制论,与斯拉姆等人的社会责任论媒介体制具有相似性,主张没有绝对的言论自由。到了1936年,阿恩海姆在无线电媒介体制的讨论中则走向了完全现象学价值中立的立场,对无线电媒介体制的两种组织模式(民主与集权)的优缺点进行描述性的呈现,主张不同的政治体制应该采取不同的媒介体制,这样才能够更好地发挥无线电广播的社会功能。阿恩海姆的这种转变可能跟当时希特勒奉行的国家社会主义极权统治有关。我们认为,阿恩海姆的这种价值中立的立场可以为当代的媒介全球化、媒介帝国主义的争端提供很好的理论借鉴意义。正如刘健明所言:"在思想和政治理念愈加多元化的今天,争论哪一种媒介体制更优越并得出一个公认的结论几乎不可能,对于现代媒介制度和媒介理论来说,推动思想进步社会发展才是判断理论或制度是否正确的标准。"[1] 阿恩海姆的辩证客观的媒介体制观恰恰是这种媒介体制优劣判断标准的最好注解。在当今多元时代,只有尊重各国不同的历史、不同的政治体制,从而选择符合自身国情的媒介体制才是一个最好的体制,切忌用西方一元式的霸权价值观审视全球不同地缘政治。阿恩海姆的媒介体制观是这种观点的最好表达。阿恩海姆辩证客观的媒介体制观对当今媒介帝国主义时代具有重要的现实意义,如它有助于我国建构中国特色社会主义媒介体制。

三 媒介传播工具论及其负面效应

现代大众媒介包括报刊、电话、电影、无线电广播、电脑等主要

---

[1] 刘健明:《西方媒介批评史》,福建人民出版社2007年版,第346页。

第六章 媒介帝国主义：阿恩海姆早期媒介美学思想

形式。很多媒介理论家都从传播学的角度讨论现代大众媒介，把媒介看作是传递信息的工具。当然把媒介看作是一种信息传播工具，并非是自古有之，而是到了20世纪20年代初才开始广泛地接受这种观点。美国传播学者斯拉姆对传播学的建立做出了巨大贡献。罗杰斯评价道："如果斯拉姆对于这个领域的贡献能够以某种方式被取消的话，那么就不会有传播学这样一个领域了。"① 功能主义学派从媒介功能出发，都把"传递信息"的功能看作是媒介的主要功能之一，其中包括拉扎斯菲尔德（Lazarsfeld）、拉斯韦尔（Lasswell）、凯瑞（Carey）等人。媒介传递信息，实质是把媒介看作是传播信息的工具。阿恩海姆早期媒介理论中也把现代媒介看作是一种传播工具。但是与真正的传播学者不同，阿恩海姆认为电影、无线电作为传播工具大多是在技术愈加完善、媒介可以完整再现自然的时候才成为一种传播工具。也就是说阿恩海姆首先把电影（默片）、无线电看作是一种媒介艺术，其次才看作是一种工具。他批判完整电影的出现，仅仅成为对自然的机械复制，"无线电通过电视而成为一种实况记录的工具"，"电视是汽车和飞机的亲戚：它是一种文化上的运输工具"。② 这些表达都表明阿恩海姆认识到媒介的信息传递功能。

阿恩海姆的媒介传播工具论认为媒介可以传递新闻信息，如他说"无线电广播和电视使任何数量的人能够同时听到和看到世界各地正在发生的事情"。比如通过电视"我们看见邻近城市的公民聚集在广场上，外国首相在发表讲演"③，等等诸如此类新闻信息。而无线电广播不仅可以创作广播剧艺术、广播演讲，而且广播还传递新闻信息、播

---

① 罗杰斯：《传播学史：一种传记式的方法》，殷晓蓉译，上海译文出版社2005年版，第420页。
② [美] 阿恩海姆：《电影作为艺术》，邵牧君译，中国电影出版社2003年版，第152页。
③ [美] 阿恩海姆：《电影作为艺术》，邵牧君译，中国电影出版社2003年版，第152页。

报天气或突发事故。"无线电能够向某些职业或个人提供宝贵的帮助,如没有其他通信手段可以提供的帮助时,听众牺牲几分钟的传播时间给别人——例如,当一位母亲被召唤到她即将死去的孩子的床边时,或者当日常天气报告及时向农民和园丁发出暴风雨和霜冻的警告时,或者向海员们通报潮汐的情况时,这对社会是非常有益的。"① 媒介还可以传递文化艺术作品。传统的舞台艺术、语言艺术可能需要观众亲身经历,到现场进行观看。而现代媒介却可以通过实况传播这些文化艺术。他认为作为完整电影,虽然不具有艺术水平,但是它"有助于广为传播优秀作品的表演成果,以至歌剧、音乐喜剧、芭蕾舞和舞蹈等"②。无线电和电视同样可以通过实况直播上述文化艺术作品。现代媒介通过新闻传递、文化作品的实况播报还让媒介成为现代大众教育的工具。他赞扬了现代媒介在教育事业上的重要功能。他说:"我们为我们的发明——摄影术、留声机、电影、无线电——感到自豪,我们赞扬在教育上利用直接经验的优点。"③ 以无线电为例,无线电由于并非是贵族式物品,是大众的,人人都买得起。因此,它是一种大众媒介。媒介作为教育工具,在教育方面具有很大的社会效应,"无线电作为教育工作者","在普及教育的各种尝试中引入了一个全新的因素,因为这并不是第一次针对没有受过教育的人,把他们提高到受教育者的水平,而是试图制定一个对未受过教育的人和受过教育的人的都适用的文化方案"④。阿恩海姆还认为媒介作为传播工具,当它被集权主义政府控制时,那么,现代媒介则成为国家意识形

---

① Rudolf Arnheim, *Radio: An Art of Sound*, Translated by Ludwing and Herbert Read, New York: Da Capo Press, 1971, p. 251.
② [美] 阿恩海姆:《电影作为艺术》,邵牧君译,中国电影出版社 2003 年版,第 125 页。
③ [美] 阿恩海姆:《电影作为艺术》,邵牧君译,中国电影出版社 2003 年版,第 153 页。
④ Rudolf Arnheim, Radio: An Art of Sound, *Translated by Ludwing and Herbert Read*, New York: *Da Capo Press*, 1971, p. 248.

态机器,起着控制人民、稳定社会的政治功能。他说:"无线电不应该强调矛盾或显示仇恨,而是应该提供一个普遍受欢迎的丑陋生活的逃避;在这种情况下,无线电有意识的充当政治教育和意识形态的工具。"①

作为传播工具的媒介,在阿恩海姆看来具有一种积极的社会功能,不管是作为教育工具,还是作为新闻传递工具,抑或意识形态工具,都对社会的进步、稳定、发展具有重要的意义。这种观点与美国芝加哥学派的媒介功能主义观相似。但是阿恩海姆并没有停留在对媒介所带来的社会积极意义的喜悦之中,他看到了媒介工具对人类生活的负面影响。他认为,作为传播工具的现代媒介造成了大众日常生活的同质化倾向。"忙碌的人与悠闲的人,富裕的人与贫寒的人,年轻与老的,健康的与生病的——他们都听到同样的事情。这就是我们这个时代最伟大、最动人、最危险、最可怕的东西。无时不在的音乐与新建街区的巨大街道保持一致,在这些街区中,每个家庭都是按照相同的计划建造的;这与每天早晨到办公室和工厂去,星期天到乡下去的旅行是一致的,他们都穿着完全一样的衣服,读着同样的报纸,说着同样的话,展示着同样的照片;他们与屏幕上微笑的六张著名的面孔相一致。他们在城镇和乡村聚集。每个人都有相同的表现,做相同的事情,所以每个人都变得相同。"② "如果上述现代生活的现象是好的,因为它们改善了人类一般传播的基本条件;另一方面,它们是危险的,因为它们存在对生活施加一定限制的威胁,而这种限制仅仅作为生活

---

① Rudolf Arnheim, *Radio*: *An Art of Sound*, Translated by Ludwing and Herbert Read, New York: Da Capo Press, 1971, p. 245.
② Rudolf Arnheim, *Radio*: *An Art of Sound*, Translated by Ludwing and Herbert Read, New York: Da Capo Press, 1971, p. 259.

的维持。"① 现代媒介对人的日常生活的时间进行了控制和分割,导致人类自身对时间的自由支配的丧失。"无线电作为一种新的、危险的诱惑手段应运而生,并征服了整个线路。它对一天中的每一分钟都有固定的要求,甚至决定了起床和睡觉的时间。它让听者可以自由选择什么时候听,并且——在某种程度上——听什么,但重要的是他不想听。如果你不需要选择,你就不会选择。如果你可以消极被动,你就会失去你的活动。因此,扬声器持续一整天,对感觉和思想有绝对的控制力。"② 大众媒介使现代人逃离具体的真实的生活,沉浸在虚拟的媒介空间,减少了社会交往活动。"我们也必须谈到无线电使人们远离真实生活的危险,首先是让他们满足于图像,而不是在适当的地方满足于真实的东西——这一点特别适用于电视,其次是因为它使他们远离其他人的社会。"③ 最后,阿恩海姆还注意到传播媒介对语言造成了冲击,降低了人类对语言的理性使用,从而导致了人类理性思考能力的退化。他说:"到了只要用手一指就能沟通心灵的时候,嘴就变得沉默起来,写字的手会停止不动,而心智就会猥琐。"④ "无线电和电视并不一定会像眼睛和耳朵一样扩宽思想的视野。"⑤ "无线电广播使收听者免除了任何'脑力劳动'的必要性。"⑥ 这些都是阿恩海姆对媒介工具的负面效应的批判。

---

① Rudolf Arnheim, *Radio*: *An Art of Sound*, Translated by Ludwing and Herbert Read, New York: Da Capo Press, 1971, p. 260.
② Rudolf Arnheim, *Radio*: *An Art of Sound*, Translated by Ludwing and Herbert Read, New York: Da Capo Press, 1971, p. 262.
③ Rudolf Arnheim, *Radio*: *An Art of Sound*, Translated by Ludwing and Herbert Read, New York: Da Capo Press, 1971, p. 274.
④ [美] 阿恩海姆:《电影作为艺术》,邵牧君译,中国电影出版社2003年版,第153页。
⑤ Rudolf Arnheim, *Radio*: *An Art of Sound*, Translated by Ludwing and Herbert Read, New York: Da Capo Press, 1971, p. 236.
⑥ Rudolf Arnheim, *Radio*: *An Art of Sound*, Translated by Ludwing and Herbert Read, New York: Da Capo Press, 1971, p. 264.

综上所述，阿恩海姆早期媒介文化理论中，既看见了现代媒介作为文化传播工具，对人类、社会、日常生活带来的简便、进步的积极功能，同时也辩证地批评了传播工具对人的日常生活的同质化、自由的丧失、真实的逃避以及理性的萎缩的负面效应。他对媒介的负面批评让我们看见了与法兰克福的共同性。而对媒介的积极功能则与美国芝加哥功能主义学派相似。总体而言，阿恩海姆对作为传播工具的媒介持辩证客观的中立态度，这种态度对当代网络媒介效应的认识都是适用的。

第三节 媒介文化理论中的媒介艺术美学思想

阿恩海姆的媒介美学思想是其媒介文化理论内在的一部分。因此，他的媒介美学思想也体现出了一种辩证法的视野。他既对新兴的电子媒介艺术（电影和无线电）进行了合法性的辩护，对这种艺术持乐观积极的态度，认为电影、无线电是一种单一媒介表现的简化艺术。这种简化的艺术是一种伟大的艺术，能够通过最简单的形式表达一个丰富的内涵。同时也认为这种新兴的大众媒介具有美学消极功能，如影响审美想象的倒退，导致审美接受的单向度、审美的大众化或雷同化倾向等。对阿恩海姆媒介艺术"复制"的分析让我们看见他与同时期的本雅明的异同。

一 "媒介帝国主义"：媒介艺术观

阿恩海姆的媒介艺术观是其媒介美学重要的组成部分。如果用一个词来概况他对现代新兴电子媒介艺术的看法，那么非"媒介帝国主义"莫属。当然阿恩海姆的"媒介帝国主义"并非属于传播政治经济学领域，而是纯粹形式艺术领域的单一媒介艺术观。"媒介帝国主义"

一词来自阿恩海姆本人的著作,他在《无线电:声音的艺术》中说,"艺术中的每一种媒介都是帝国主义的"①(Every medium in art is imperialistic)。阿恩海姆的这种媒介艺术观点体现在他对无声电影、无线电广播艺术的辩护中。比如在《新拉奥孔:艺术的组成部分和有声电影》一文中,反对电影使用画面与声音两种表现手段,认为电影只是寂静的图像艺术,电影通过单一的图像媒介就可以表达丰富的精神世界。而有声电影中的图像与声音两种手段"努力用两种不同的方式来表现同一样的东西,结果就造成了一场乱糟糟的合唱"②。他通过梳理历史上不同艺术形式的表现手段的数量得出结论:"历来艺术家们宁肯使用单一的手段。"③ 对无线电广播艺术的看法与此相同。他认为,无线电广播是单一的声音表现手段的艺术。"无线电广播的本质在这样的事实当中,即它能够通过听觉手段独自提供完整性","无线电广播是自足的,它通过听觉完成自己"。④ 因此,阿恩海姆认为必须排除无线电的视觉、图像等其他表现手段。"任何情况下的视觉都必须被排除在外,而且不能让听者的视觉想象力量偷偷溜进来"⑤,"广播剧尽管具有怪异的和抽象的不可否认的特征,但它能够在它自己的感觉材料的支配下创造一个完整的世界——一个自己的世界,它似乎没有缺陷,也不需要外部事物如视觉的补充"⑥。阿恩海姆所说的无线电的感觉材料就

---

① Rudolf Arnheim, *Radio: An Art of Sound*, Translated by Ludwing and Herbert Read, New York: Da Capo Press, 1971, p.258.
② [美]阿恩海姆:《电影作为艺术》,邵牧君译,中国电影出版社2003年版,第156页。
③ [美]阿恩海姆:《电影作为艺术》,邵牧君译,中国电影出版社2003年版,第173页。
④ Rudolf Arnheim, *Radio: An Art of Sound*, Translated by Ludwing and Herbert Read, New York: Da Capo Press, 1971, p.138.
⑤ Rudolf Arnheim, *Radio: An Art of Sound*, Translated by Ludwing and Herbert Read, New York: Da Capo Press, 1971, p.136.
⑥ Rudolf Arnheim, *Radio: An Art of Sound*, Translated by Ludwing and Herbert Read, New York: Da Capo Press, 1971, p.136.

是纯粹的声音,作为无线电广播艺术的唯一的表现媒介,它能够承担艺术饱满的人物形象及其丰富的精神世界。这样,阿恩海姆就把现代电子媒介艺术(摄影、电影和无线电)看作是一种单一媒介的艺术。因此,它的媒介艺术论就是一种"媒介帝国主义"。

阿恩海姆之所以持单一媒介的艺术观是有理论基础的。这个基础就是格式塔心理学。他在《电影作为艺术》和《无线电:声音的艺术》两本书中都有明确表态,他的媒介美学的研究都是以格式塔心理学的简化原理为依据的。格式塔心理学主张主体具有一种简化的本能,能够把复杂的世界形式通过完形组织加工,把对象简化为一个简单的、规整的完形。阿恩海姆从这个原理出发,得出了一个美学原理即"任何一种能够靠它本身的力量创造出完美作品的表现手段,总是拒绝同另一种手段结合起来"①。在《无线电:声音的艺术》中写道:"在艺术中,有一条普遍的简化原理,即在一件艺术作品中,只允许艺术的本质性的形式进入艺术。"② 由于无声电影、无线电都是通过一种单一表达媒介而完成的艺术,因此它们符合格式塔心理学美学原理,所以阿恩海姆认为他们都是伟大的艺术。"伟大的艺术总是使用最简单的形式"③(Great art always employs the simplest forms)。因此,阿恩海姆才那么顽固、保守地批评有声电影对无声电影的破坏及电视对无线电的破坏。他的媒介艺术"技术进步恐惧论"的理论基础,即格式塔心理学。当然此时的简化原理,阿恩海姆已经受到形式主义美学的挤占,使其简化成为一种形式的简单、单一。也就是说,真正让阿恩海姆坚持媒介帝国主义艺术论的美学基础是形式主义美学,而不是格式塔心理学

---

① [美]阿恩海姆:《电影作为艺术》,邵牧君译,中国电影出版社2003年版,第158页。
② Rudolf Arnheim, *Radio: An Art of Sound*, Translated by Ludwing and Herbert Read, New York: Da Capo Press, 1971, p.133.
③ Rudolf Arnheim, *Radio: An Art of Sound*, Translated by Ludwing and Herbert Read, New York: Da Capo Press, 1971, p.180.

美学。因此，阿恩海姆才认为伟大的媒介艺术都是单一表现形式的媒介艺术，是默片与无线电广播，而不是有声电影与电视。在这里，我们再一次看见其早期美学的矛盾性、多元性、复杂性，两种美学的双重奏始终鸣响在其早期美学思想中，构成了一曲和弦。

从形式主义的简化美学出发，阿恩海姆把媒介艺术定义为一种单一媒介的帝国主义艺术，否定了电视、有声电影能够作为一种现代媒介艺术的可能性。现在，我们不禁要问，从当今现实的情况来看，阿恩海姆的媒介帝国主义艺术观正确吗？经得起推敲吗？他的这种顽固反动的立场对当今媒介艺术有理论意义吗？笔者认为，阿恩海姆的现代媒介帝国主义艺术观具有片面性。在第3章我们讨论阿恩海姆早期美学原理时，指出阿恩海姆的简化原理具有形式主义的面向。这一面向的本质在于把简化看作是固定的艺术作品形式本身的表现手段、媒介或材料的简单、单一。而格式塔心理学的简化的本质是在主客体对话中生成的。阿恩海姆机械地把格式塔心理学的知觉简化客体化为对象形式的简单，这就导致了他始终从作品形式的单一出发来为电影、无线电艺术辩护，最终他才不断地排除电影的声音、无线电的视觉想象。他的错误的本质在于用一个艺术作品客体的形式简单理论去肢解现实中艺术作品的本身的实际情况。这是理论对现实的阉割，削足适履。以抽象的理论出发，不顾艺术本身的境遇性、历史性，最终只能得出与时代相悖的结论。因此，总体而言，阿恩海姆早期以形式主义化的格式塔心理学美学简化原理得出的"媒介帝国主义"艺术观是片面的，是经不起推敲的。当今有声电影、新媒体艺术、电视剧已经成为全球最主要的艺术类型。阿恩海姆用抽象的纯粹形式简化原理阉割现实，最终他的理论只能被现实阉割。电影技术发展史证明，技术的进步并没有摧毁电影作为艺术的一种类型而存在。以当下火热的3D技术来看，3D技术"借助于还原人类真实视野，使得人们沉浸于可能经历的真实场景,从而产生身临其境、似曾相识等的感觉,进而受到艺术感染"①。可见,技术的进步并不会导致现代媒介艺术的死亡。接下来要问,阿恩海姆单一媒介帝国主义艺术观对我们当今电影、电视、摄影有理论价值吗?笔者认为,阿恩海姆的单一媒介帝国主义艺术论即使有一定的片面性,但是他反对技术的纯粹的记录与再现,主张让技术为人所用,让技术成艺术家手中的创作之笔,为艺术服务。他的这种论点对当代电影特效的制作具有一定的启示意义。如今有一批电影导演,把电影当作炫耀高超的技术的舞台,完全遗忘了电影的艺术表达能力,使电影沦为技术的奴役,创作纯粹感官刺激的影像。这种电影除了刺激人的感官之外,就是为了赚取更多的利润。因此,阿恩海姆媒介帝国主义艺术理论中潜在地对技术的非艺术使用的反对,对当今消费社会中拙劣庸俗的商业电影依然具有重要的批判意义。它批判了当代电影导演对技术的唯命是从,忽视电影的艺术性。

二 媒介批判美学:同质化、接受及艺术死亡

阿恩海姆肯定了新兴媒介艺术的合法性。他是最早为电子媒介能够成为高雅的艺术进行辩护的学者之一。但是他并没有完全一边倒,片面地肯定现代媒介艺术,而是敏锐地注意到现代媒介艺术对人类审美带来的消极影响。在他散乱的论述中,笔者总结出了三个要点,即现代媒介艺术导致审美同质化,丧失审美的个性;现代媒介艺术导致审美单向度的被动接受;现代媒介技术的进步导致艺术的死亡。

首先,阿恩海姆认为现代媒介带来的审美大众化、同质化倾向,丧失了审美的个性,给审美现代性带来了致命的冲击。他冷静地描述

---

① 姚玉杰、陈珊、李明:《3D影视概论》,西安交通大学出版社2016年版,第202页。

了他观察到的现代媒介文化生活的同质化倾向。他说:"忙碌的人与悠闲的人,富裕的人与贫寒的人,年轻的与老的,健康的与生病的——他们都听到同样的事情。这就是我们这个时代最伟大、最动人、最危险、最可怕的东西。无时不在的音乐与新建街区的巨大街道保持一致,在这些街区中,每个家庭都是按照相同的计划建造的;这与每天早晨到办公室和工厂去,星期天到乡下去的旅行是一致的,他们都穿着完全一样的衣服,读着同样的报纸,说着同样的话,展示着同样的照片;他们与屏幕上微笑的六张著名的面孔相一致。他们在城镇和乡村聚集。每个人都有相同的表现,做相同的事情,所以每个人都变得相同。"[1] 在大众媒介的影响下,人类的文化生活、业余生活都完全同质化了。更为可悲的是,这种同质的生活并非每个人自己创造的,而是被现代媒介强加的。"更确切地说,危险并不在于所有人都遵循相同的生活模式,而是在于这种模式不是由他们自己创造的,而是强加给他们的,这意味着个人生活的创造力作为一种特定的形式发挥的作用受到了阻碍。"[2] 大众被现代媒介强加的文化生活是一种模式化的生活,它使人的任何创造性的个性的发展受到阻碍,人的主动的创造性的审美经验也被遏制。因而人的审美趣味、风格就必然出现大众化、雷同化、同质化。裁缝决定了大众穿着同样款式的衣服,发型师决定大众同样的裁剪,制造商和室内设计师决定了大众的家庭审美风格,电影院教导我们怎么去爱。人的判断、人的品位、感受都退化了。但这种情况在18世纪或19世纪却完全不存在。阿恩海姆认为:"普通人在18世纪或19世纪写的简单的信,对我们来说就像是一首诗,每一

---

[1] Rudolf Arnheim, *Radio*: *An Art of Sound*, Translated by Ludwing and Herbert Read, New York: Da Capo Press, 1971, p. 258.
[2] Rudolf Arnheim, *Radio*: *An Art of Sound*, Translated by Ludwing and Herbert Read, New York: Da Capo Press, 1971, p. 260.

第六章 媒介帝国主义：阿恩海姆早期媒介美学思想

句话都被它的个性和新鲜的感觉深深地印着。现在只有诗人和女仆这样写；其他人，一旦笔接触到纸，就会飞快地从报纸和小说中找到陈腐的陈词滥调和表达方式。"① 从这里可以看出，阿恩海姆对现代媒介文化审美大众化、同质化的倾向实质是对审美现代性的萎缩的痛惜。他理想的审美经验是一种个性化的审美经验。因此，他怀念18、19世纪那种诗意般的充满灵韵的生活。这种态度不免让阿恩海姆烙下保守主义的嫌疑。相比后现代美学对现代媒介、对审美现代性及其严格的权力边界的冲击，阿恩海姆对现代媒介导致审美同质化倾向确实是保守的、精英主义的。众所周知，对于大众媒介文化批量生产导致审美大众化、同质化，批判得最严厉的非法兰克福学派莫属。法兰克福学派对现代媒介工业文化抱着悲观主义的态度，认为资产阶级支配下的文化是一种批量生产出来供大众消费的商品，其中蕴藏着资产阶级意识形态，激发大众虚假的消费欲望，最终成为资产阶级统治下的奴隶。作为文化工业的媒介文化，最典型的特征就是单一性、同一性和意识形态性。阿恩海姆对现代媒介的审美大众化、同质化倾向与法兰克福学派相似。但是阿恩海姆并没有法兰克福学派那么极端。他的批判虽然缺乏法兰克福学派具有的坚实的哲学基础（马克思主义），但他作为一个现代媒介的观察者，通过对经验的现象学的描述，归纳出这个重要的美学结论，是值得尊敬的。阿恩海姆早期的学术活动是在德国完成的，他对现代媒介导致审美大众化、同质化的批判应该受到了法兰克福学派社会批判理论的影响。沃恩斯坦对此有过说明，他说："阿恩海姆和阿多诺彼此都没有关注对方的研究工作，但是阿恩海姆接受了

---

① Rudolf Arnheim, *Radio: An Art of Sound*, Translated by Ludwing and Herbert Read, New York: Da Capo Press, 1971, p. 259.

阿多诺的观点。"① 阿恩海姆早期的职业是新闻记者，他不可能对国内不同的文化观点充耳不闻。阿恩海姆对媒介美学同质化倾向的批判，坚持审美个性、差异与现代性，对于反对当代消费美学、后现代美学具有重要的启示价值。

其次，阿恩海姆认为，现代媒介导致审美接受的单向度或被动性。在广播艺术的接受中，广播通过节目流程的安排控制了听众一天的时间，使听众对无线电广播的审美接受被一种强制的外力裹挟。听众只是被动的坐在家里等候无线电节目，他没有权利对无线电的节目内容、趣味、风格进行创作与安排。这种被动的局面让听众的无线电审美接受永远是一种被动地接受，如阿恩海姆所说："虽然无线电台必须提供一个由收听者的共同需求决定的完美节目。它既不能让自己被个人的品位或水平所决定，也不能根据个人需求它的具体时间来调整自己。它总是在那里，这样每个人都可以随时拥有它。但这种对自由的选择让步实际上是进一步奴役的原因。如果广播只占用了一天中的几个小时，听者就得自己安排其余的时间。但事实并非如此，无线电拥有绝对的掌控能力，扼杀了所有的心理主动性。"② 但阿恩海姆并没有把这种审美接受的被动性发挥到极端，而是辩证地看到了审美接受主体中的主动性。"无线电台强行夺取和征用了听众的一天，但我们必须做出一个限定，即在正常情况下，听众并不像无线电所能够产生适当效果那样完全被控制。在特殊情况下，比如拳击比赛或投票转播时确实会发生这种情况。此时每个人都屏息静听，所有分心的事情都被遗忘了。但是，由于广播不仅必须单独使用而且还必须与收听者的周围环境相

---

① Verstegen, Arnheim, *Gestalt and Art: A Pscychological Theory*, New York: Spring Wien Press, 2005, pp. 158－159.

② Rudolf Arnheim, *Radio: An Art of Sound*, Translated by Ludwing and Herbert Read, New York: Da Capo Press, 1971, p. 263.

反的情况下使用这种权力,因此广播通常成功地获得了收听者一半的耳朵。无线电所满足的特殊心理需求,即通过肤浅的收听来满足填满时间的需求。家庭的日常生活的需求是各种各样的,所以听者从来不'懒散地'坐在扬声器前,而是同时做各种有用的和无用的事情。就像一个人一旦耳朵上没有需求就觉得自己在空虚中无助一样;相反,当他在听的时候,他的手开始抽搐,眼睛开始寻找报纸。"① 从无线电审美接受的环境来看,阿恩海姆注意到了家庭日常生活的多样性语境对无线电受众主动地接受无线电广播提供了基础。因为在日常琐碎的生活中,人们可以把无线电作为一个调料,边做家务活动,边听广播。如此,无线电广播只俘获了收听者一半的耳朵。这种受众的家庭语境分析,在英国文化研究学者莫利那里发扬光大。从受众不同的需求出发,阿恩海姆同样认为无线电广播受众的审美接受并非是完全被动的。他指出:"如果无线电阻止听众与同事见面,那么只有在这种会面是出于实用需要而不是出于社交享受,并且不需要陪伴的情况下才会这样做。但是当社交享受、陪伴需要时,无线电就被留在家里,或者人们就聚集在扬声器周围。"② 阿恩海姆看见了现代媒介文化受众根据自身不同的主动性需求而自由支配媒介的主动性。这种"利用与需求"的受众分析在早期媒介文化理论中是相当具有勇气的。因为早期媒介文化学者对受众的态度都持一种悲观的态度,认为观众完全被媒介控制,没有任何的主动性。阿恩海姆还指出了现代媒介受众审美接受被动性的原因。当然他没有走向技术决定论或意识形态决定论,把被动性的根源归咎于意识形态或技术,而是从主体本身出发,认为"这

---

① Rudolf Arnheim, *Radio: An Art of Sound*, Translated by Ludwing and Herbert Read, New York: Da Capo Press, 1971, p. 267.
② Rudolf Arnheim, *Radio: An Art of Sound*, Translated by Ludwing and Herbert Read, New York: Da Capo Press, 1971, p. 275.

一切不是无线电广播的错,而是由于听众缺乏自律",指出"我们应该责备的不是工具,而是工作人员"。① 我们知道技术决定论者博德里亚(Baudrillard)和波斯曼(Potzmann)都对媒介对人的控制抱有悲观的态度,在媒介客体与受众的关系中,进行主客颠倒,人在媒介面前没有任何的主体性和能动性。这种看法是片面的。阿恩海姆并没有像博德里亚那样把存在的悲剧归咎于媒介对人的本体论异化,而是始终把媒介与主体性的关系定位在主体性一边,即使是媒介的消极被动性以及对人的控制,如无线电导致的接受的被动性,都是主体性首先自我丧失的缘故。主体性丧失了自律之后,媒介才会发挥它的控制能力。这样来看,阿恩海姆的媒介美学始终坚持人本主义态度,坚持人的理性,而并非把一切不幸嫁祸给无主体性的媒介。因此,他的这一媒介美学思想对后现代媒介理论的悲观主义具有非常重要的理论价值。

媒介受众理论分析一般分为四种范式,即直接影响、有限影响、使用与满足理论、符号学受众理论。直接影响受众研究模式是早期对广播电视的影响的研究。这种研究方法"只是随着'发送者'移动到'接受者',将它记录下来以便评价这种影响","并依赖于直接的原因——后果理论模式和统计数据作为证据"②。直接影响研究受到行为主义心理学的影响,运用的是一种刺激—反应模式。这种模式忽视了主体在信息接受中的主动性,因此比较悲观。稍后的有限影响研究纠正了这一悲观的态度,认为媒介对受众的影响是有限的,并不能完全、直接控制受众。20世纪70年代,涌现了媒介受众理论的第三种研究范

---

① Rudolf Arnheim, Radio: An Art of Sound, ranslated by Ludwing and Herbert Read, New York: Da Capo Press, 1971, p. 287.
② [美]詹姆斯·罗尔:《媒介、传播、文化:一个全球化的途径》,董洪川译,商务印书馆2005年版,第112页。

式,即使用与满足理论。这种研究声称"人们积极使用大众媒介以满足他人的具体需求"①。符号学受众理论受到法国结构主义—符号学、葛兰西霸权理论的影响,被霍尔、莫利、费斯克等人发扬光大。这种研究范式注重考察媒介文本、意识形态与受众之间对话、协商、对抗的权力关系。从受众的主动性来看,符号学受众研究属于有限影响,认识到受众对霸权意识形态的对抗式解码策略。根据上面的分析,笔者发现,虽然阿恩海姆的媒介受众观受到了法兰克福学派的影响,指出了媒介受众的被动性,但是难能可贵的是,阿恩海姆无意识地与美国"使用与需求"受众研究不谋而合,并从这一点出发,指出受众在审美接受中的积极性和主动性。这种实用主义的受众视野,让阿恩海姆的审美接受同样呈现出辩证客观的特征。根据资料显示,阿恩海姆1941年与美国传播学者拉扎斯菲尔德在哥伦比亚大学一所研究所有过短暂的合作。他们本打算一起"致力于无线电'肥皂剧'的研究"②。但是后来阿恩海姆转向了传统绘画艺术的研究。这次合作就没有能够成功。我们知道,拉扎斯菲尔德是"有限影响"受众研究理论的奠基者之一,如图6-2所示。因此,拉扎斯菲尔德对媒介的受众影响分析肯定是辩证的、客观的。他们能够走到一起合作,跟两人媒介观的相似具有很大的关系。据说阿多诺当时也在该学校,拉扎斯菲尔德的实证性的功能主义研究很不合阿多诺的胃口,因此两人撰文相互批评。"拉扎斯菲尔德对阿多诺的研究很失望,但对阿恩海姆却非常满意。"③可以看出,阿恩海姆的审美受众的观点更接近美国传播学派。他辩证客观的审美受众理论对当下的媒介受众分析具有重要的启示意义。他

---

① [美]詹姆斯·罗尔:《媒介、传播、文化:一个全球化的途径》,董洪川译,商务印书馆2005年版,第115页。
② 转引自史风华《阿恩海姆美学思想研究》,山东大学出版社2006年版,第39页。
③ 史风华:《阿恩海姆美学思想研究》,山东大学出版社2006年版,第39页。

的"使用与满足",他的"家庭语境"分析等已经涉及后来媒介受众分析的方方面面。虽然他的这些观点只是朴素的经验主义的观察与描述,并没有提炼成系统的理论体系,但目前来看,他是最早从多方位的受众视野对媒介美学进行辩证客观的研究的学者。因此,关于媒介受众接受的美学研究,早期阿恩海姆的媒介思想确实需要研究者进行专门的研究,以引起当代媒介学者的重视。

图6-2 传播学四大奠基人之一拉扎斯菲尔德

最后,阿恩海姆还对媒介技术的不断发展导致媒介艺术性丧失进行了批评。阿恩海姆的媒介美学存在一个矛盾,即他既为无声电影、无线电作为一种简化的伟大艺术而辩护,同时又对媒介技术的发展及媒介艺术性的冲击充满悲观情绪。他认为有声电影破坏了无声电影的艺术传统。"由于电影技术的发展,对自然的机械模仿很快就会发展到极端"①,"有声片的出现摧毁了电影艺术家过去使用的许多形式,抛开了艺术","彩色片和立体影片会出现,有声片的艺术潜能将会在它

---

① [美]阿恩海姆:《电影作为艺术》,邵牧君译,中国电影出版社2003年版,第120页。

更早的发展阶段受到摧残"。当影片有了立体、彩色、声音、宽荧幕,那么完整电影就实现了,届时电影将沦为机械复制自然的工具。"随着电视的播出,无线电变成了纪录片",它将"不再是一种新的表达媒介,而是一种纯粹的传播媒介"。① 他还认为电视是飞机、火车的近亲,因为它不是艺术,仅仅是文化的运输工具。到了晚年,阿恩海姆又把这种观点投射到了电脑上。他说:"现在看起来所谓的电脑艺术又要取代绘画了。"② 无线电广播、电影、电视节目、电脑艺术发展的真实情况,告诉我们阿恩海姆的这种技术发展导致艺术死亡的观点是错误的。阿恩海姆之所以认为媒介技术的进步带来艺术的死亡的原因可能跟格式塔心理学与形式主义美学有关。阿恩海姆的技术恐惧就来自,技术的发展将带来的是对世界的完整的复制与再现,而届时观众就没有完形感知能力发挥的余地了。同时,技术的发展,带来的是媒介艺术表现手段的多样化,如此媒介艺术的形式就更加复杂,不再简化。因此,阿恩海姆不留余地反对有声电影、完整电影,反对电视,认为他们都不再是一种艺术样式,沦为文化传播工具。现实证明,阿恩海姆的看法是一种一厢情愿。因为技术的进步并没有让电影、电视成功地完整复制世界。有声电影、电视依然只是世界的一部分的再现,观众依然需要积极地投入、理解,才能欣赏电影、电视的内容。即使电影、广播的表现手段增加了,真正的格式塔心理学的简化,在面对复杂的艺术情况时,会更加积极主动地对其进行简化加工,使其成为一个简单的力的式样,并从中获取审美愉悦。图像与声音的并存也并未造成媒介艺术的表现方式复杂难解。问题反而是,当艺术作品形式过于简单、单一时,反而不能激发审美主体的"完形"心理简化加工,导致审美

---

① Rudolf Arnheim, *Radio: An Art of Sound*, Translated by Ludwing and Herbert Read, New York: Da Capo Press, 1971, p. 277.

② 转引自史风华《阿恩海姆美学思想研究》,山东大学出版社2006年版,第108页。

乏味。可见，阿恩海姆的媒介技术进步导致艺术的死亡的观点并没有完全地理解媒介艺术与格式塔心理学的复杂关系，也没有完全认清媒介艺术表现手段与形式简化美学的关系，最终导致早期美学呈现出一定的片面性。笔者看来，随着技术的进步，媒介不仅作为一种艺术式样存在，而且更是现代新兴电子媒介本身的完整的艺术式样的实现。随着技术的进步，现代电子媒介艺术能够为观众提供更丰富的审美体验。当然，我们也要明白的是，阿恩海姆反对技术的宗旨是对媒介艺术性的追求，这种美学诉求的动机是正确的，而且这种美学要求在当下主体与技术本末倒置、"仿象"横行、"超真实"比现实更真实的时代，具有重要的启示价值。

三　媒介复制与本雅明的光晕美学

阿恩海姆讨论了现代媒介的复制性及其与艺术的关系的问题，同时期的本雅明（Benjamin）也对艺术与机械复制性的关系进行了讨论，如图 6-3 所示。笔者将在这里对他们进行一次简单的比较，以梳理现代电子媒介艺术与媒介本身的各种复杂关系。从格式塔心理学出发，阿恩海姆对现代媒介的技术复制性持两种态度，在为无声电影、无线电作为艺术辩护时，认为现代媒介的复制性并非是一种机械的再现或复制，而是一种创造性地选择、裁剪、加工后的"复制"。但是随着技术的进步发展，媒介越来越具备完整再现、复制世界的能力，这个时候阿恩海姆表现对媒介复制性的批判性与悲观的论调，甚至认为机械复制导致媒介艺术的死亡。由于阿恩海姆的第二种复制性已经脱离了艺术领域，媒介也从艺术领域跌落至文化传播工具领域。因此，笔者在这里主要讨论阿恩海姆的第一种复制性，并试图与本雅明的机械复制艺术观进行一个对话，展现阿恩海姆的媒介复制艺术理论与本雅明的机械复制艺术理论的差异。

图6-3 德国思想家本雅明

阿恩海姆在晚年的一篇文章中,对自己早年《电影作为艺术》的宗旨进行了简单明了的回顾。他说:"《电影作为艺术》1932年首次出版,致力于'电影作为艺术',它写作的目的即反对这样一个信念,摄影媒介什么都不是,仅仅是大自然的光学投影的机械复制。"[1] 阿恩海姆反对这种观点"把照相与电影贬为机械的再现,因而否认它们同艺术的关系"。他对这种观点"进行彻底的和系统的驳斥,因为这正是理解电影艺术的本质的最好的途径"[2]。当时的普罗大众以及精英知识分子(包括本雅明)之所以把媒介看作是一种机械复制与再现,否认电影作为艺术,是因为他们援用绘画原理进行辩解。"就绘画来说,从现

---

[1] Rudolf Arnheim, *The Split and the Structure: Twenty-Eight Essays*, Los Angeles: University of California Press, 1996, p.27.
[2] [美]阿恩海姆:《电影作为艺术》,邵牧君译,中国电影出版社2003年版,第7页。

实到画面的途径是从画家的眼睛和神经系统，经过画家的手，最后还要经过画笔才能画在布上留下痕迹。这个过程不像照相的过程那么机械，因为照相的过程是，物体反射的光线由一套透镜所吸收，然后被投射到感光版上，引起化学反应。"绘画艺术是画家的具身经验的参与，其中必定蕴含着画家的个性、情感或记忆，而现代电子媒介工作过程仅是一种机械的物理反射。现代媒介完全由电子机械复制完成，其中没有了主体性及其个性、经验、悲欢离合、喜好的参与，因而摄影、电影都不可能成为艺术。当时的知识分子就是据此而否认摄影和电影作为艺术的可能性。阿恩海姆对现代电子媒介艺术的辩护恰恰是从媒介的特性出发的。他认为电影之所以成为艺术的条件之一就是电影的影像与现实的影像存在的差异，正是这种差异为电影艺术提供了艺术的可能性。他要求电影研究者应该对电影创作手段与现实生活中的相似要素进行比较，并找出它们的差异，"正是这些差别才给电影提供了它的各种艺术手法"①。据此，阿恩海姆总共考察了电影与现实的六种差异，立体物在二维平面上的投影、物体深度感的渐弱、电影荧幕画面的界限、电影时空连续性的消失、电影的照明和电影的无色彩以及视觉之外其他感觉的消失。阿恩海姆认为，这些电影影像与现实视像的差异来源于现代媒介（摄影）本身的特性。电影导演需要有技巧、有规律地利用这种特性，形成电影创作的艺术技巧，从而创作出艺术电影。比如，当我们要拍摄一个立方体时，仅把这个立方体放到摄影机能拍摄的视野内还不行。这个过程还需要摄影师选择合理的拍摄的角度或方位，这样才能更好地表现一个立方体。比如，一个摄影师从高处垂直拍摄该立方体，那么观众不可能看清这个物体是一个四方的立体，可能被判断为一个二维平面，但如果某个拍摄角度能把立

---

① ［美］阿恩海姆：《电影作为艺术》，邵牧君译，中国电影出版社2003年版，第8页。

第六章 媒介帝国主义：阿恩海姆早期媒介美学思想

方体的三个平面表现出来，并衬托于其他物体，能显出立方体的三个面和它们之间的相互联系，那么观众一眼就能够判断出这是一个立方体了。荧幕的限制、没有色彩、照明、时空连续性的消失等媒介特性都可以被很好地发挥和利用，从而来为电影艺术服务。阿恩海姆根据这些差异及其技巧的使用，得出的结论是，摄影、电影在创作过程中，任何一个现实物像的拍摄都不是一个机械的再现过程，而是一个效果能好能坏的过程。"即使给一个非常简单的物体拍张非常普通的照片，也同样需要对物体的性质有所把握，而这远不是任何机械动作所能做到的。"[1] 从这里，我们就可以发现阿恩海姆在为现代电子媒介辩护时，已经指出了现代媒介艺术的创作过程同样包含主体、艺术家积极的"具身性"的参与。他需要对创作对象进行心领神会的把握、理解，然后才使用机械的机器为他心中构造的艺术意象服务。因此，阿恩海姆的现代媒介的复制性绝不是机械的复制与再现，而是艺术家与机器、心灵与复制的协同表达。现代媒介艺术的复制也包含主体的"具身性"光晕。如此，在阿恩海姆看来，机器复制即表达或表现。阿恩海姆的电子媒介艺术的复制观是非常正确的，他始终在机器与主体二者之间保持主体性的地位，也没有走向主客二元对立，而是看见了人与机器的共同协作以及在协同过程中人与物的交融。

本雅明的现代媒介复制的观点是怎样的呢？本雅明并没有对"复制"进行专门的讨论，而是"机械复制"作为他媒介美学的一个常用词汇与艺术的死亡、灵韵的消失联系在一起。国内外学者也并没有对本雅明的"机械复制"进行过多的讨论。这可能跟本雅明的美学思想的关键词是"灵韵"，而非复制有关。但在本雅明的美学思想中，复制跟灵韵的关系非常紧密。我们只有理解了"复制"才能理解"灵韵"

---

[1] ［美］阿恩海姆：《电影作为艺术》，邵牧君译，中国电影出版社2003年版，第9页。

· 209 ·

及其消失的内涵。因为灵韵的消失是"机械复制"的结果。在《机械复制时代的艺术作品》中,本雅明对复制进行了简单说明。他说:"艺术作品的可机械复制性在世界历史上第一次把艺术品从它对礼仪的寄生中解放出来。复制艺术品越来越成了着眼于对可复制性艺术品的复制。"① 从这里的论述中,我们判断,本雅明的"机械复制"是指对艺术家创作完成后的艺术品的机械复制。由于现代机器可以大量地复制生产原作,但机械复制无法复制原作本有的"具身性"时空经验的"独一无二"的特征。这里的机械复制指的是对艺术品原作的机械复制。本雅明的"复制"有时候也指现代媒介艺术创作过程中的机械复制。他说:"眼睛对于一幅画永远不会觉得看够,相反,摄影照片,就像饥饿面对食物或焦渴面对饮料一样。"② "照相机记录了人的相貌,却没有把他的眼神反馈给他。人的眼神内在地总是期待着从它看向的地方得到某种回应。在这种期待得到满足的地方,有关灵韵的经验也就得到了实现。"③ 很显然,本雅明认为现代媒介艺术(摄影、电影)的创作主要是通过机器的复制来完成的,其中没有人与物"具身性"时空经验的交融对话,因而也就没有了"灵韵"。如此当本雅明说"即使是最完美的复制也总是少了一样东西,那就是艺术作品的'此时此地'"④ 时,这里的"复制"我们就可以宽泛地理解为代表两种机械复制,即现代媒介艺术创作中的机械复制以及对艺术作品原作的机械复制。机械复制在本雅明那里是一种无肉身性、"具身性"的机器对物的原本再现。因此,本雅明"灵韵"的内涵从两种机械复制来看,就可

---

① [德]本雅明:《单向街》:陶林译,江苏凤凰文艺出版社2015年版,第81—82页。
② [德]本雅明:《发达资本主义时代的抒情诗人》,王才勇译,江苏人民出版社2005年版,第153页。
③ [德]本雅明:《发达资本主义时代的抒情诗人》,王才勇译,江苏人民出版社2005年版,第154页。
④ [德]本雅明:《迎向灵光消逝的年代》,许绮玲等译,广西师范大学出版社2008年版,第59页。

第六章 媒介帝国主义：阿恩海姆早期媒介美学思想

以很好地理解了。它主要从机器与人的二元关系出发，站在人的主体性、能动性、具身性立场上，指机器的机械复制出现的一种"具身性"的时空经验的丧失。这种"具身性"的时空经验就是灵韵。它是此时此地的，独一无二的，不可复制的。正是机器的无具身性的时空经验导致了艺术灵韵的消逝，导致了艺术的危机，使作品从传统的仪式价值沦为商品的展示价值，在艺术作品的接受过程中，审美观众的接受也无法与作品本身的具身性时空经验进行领会与凝神观照及对话。

现在可以对阿恩海姆和本雅明的现代媒介艺术及其复制进行比较了。前面我们指出阿恩海姆的现代媒介复制本身就包含有艺术家主体的具身性的时空经验与对物体的领会，包含人与物的交融对话，机器在复制恰恰是艺术家实现自身具身性领会的工具。阿恩海姆的现代媒介观在机器与人的关系上坚持了人的本体论地位。而本雅明始终把现代媒介艺术的观点建立在"机械复制"之上，并且他并没有像阿恩海姆那样对现代机器的复制本身进行细致地分析与思考。他仅仅是直接使用"机械复制"及其当时语境下的内涵。由于没有仔细分析机器的机械复制及其包含的主体性的具身性参与，最终导致本雅明得出现代媒介艺术对传统艺术造成了冲击，艺术的灵韵消失了，原先的仪式价值被商品性的展示价值取代。本雅明在机器与人之间走向了机器，而抛弃了人。从阿恩海姆的复制即表现的观点来看，本雅明对现代媒介艺术的悲观论断显得更具片面性。而阿恩海姆对现代媒介艺术及其复制的论述更具人本主义色彩，也显得客观公正。阿恩海姆更乐观一些，因为在阿恩海姆看来，进入机器生产时代的艺术，它的光晕依然存在，不可能消失，它就存在机器与人的协调创作过程中。但是本雅明对现代媒介艺术导致艺术"灵韵"的消失的论断也是非常深刻的，部分地指出了人类进入电子媒介时代后，艺术所面临的某种机器与复制的危机。在艺术、光晕与机器复制的问题上，本雅明与阿恩海姆走向了一条相反的道路。如果说本雅明是"第一个发现'灵韵'在现代机械复制时代的消失与瓦解"①的人，那么阿恩海姆就是第一个对机械复制时代艺术的"灵韵"进行合法辩护的人。

有趣的是，随着现代媒介技术不断地完善与进步，阿恩海姆却走向了技术的发展导致艺术的死亡的论调。而阿恩海姆判断媒介技术的完善导致艺术的死亡的基础与本雅明的"灵韵"的消失与瓦解却具有惊人的相似。因为阿恩海姆认为，随着彩色、声音、宽银幕、立体等技术的出现，电影沦为了机械的复制、再现世界的记录工具，不再是一种艺术了，这种记录的电影没有创作者积极的主动性的参与。无线电、电视、电影沦为了纯粹的文化传播工具。也就是说，最终阿恩海姆却走向了本雅明对机械复制时代艺术作品的命运的论断上，走向了悲观。但是此时（阿恩海姆认为媒介技术进步导致艺术死亡的时间在1933—1935年间，而本雅明1934—1935年间表现出非常激进的一面）本雅明从左翼政治立场出发，走向了对机械时代艺术的欢迎与赞美，走向了媒介艺术乐观派。因为本雅明认为机械复制的媒介艺术创作以及它对艺术作品的大量的批量生产，打破了艺术作品原有的仪式价值的保守地位，艺术作品通过批量地生产与复制进入了大众日常生活，使大众也有机会拥抱艺术，从而打破了传统艺术的权力边界，带来艺术的民主，因而现代机械复制艺术就具有了政治解放的功能。这里体现出阿恩海姆与本雅明早期对媒介艺术复制性的一个重大差异，即现代媒介艺术的政治性问题。阿恩海姆的媒介复制性只是关注媒介的特性，是客观中立的、形式主义的研究立场，而本雅明的机械复制却更看重复制带来的艺术本身以及大众的政治解放功能。克莱因曼指出了两人的这种差异："图霍尔斯基和其他批评家，包括瓦尔特·本雅明强

---

① 于闽梅：《灵韵与救赎——本雅明思想研究》，文化艺术出版社2008年版，第46页。

调摄影作为政治工具及其功能的潜力,鲁道夫·阿恩海姆强调了新艺术形式的个性化特性。"① 我国学者史风华也指出:"当时,一批马克思主义学者如本雅明、布莱希特等,都侧重于从社会历史出发来观照电影和无线电等新兴的大众文化形式。而阿恩海姆在那时就独辟蹊径转向艺术内部的研究,他在对意识形态保持敏感的同时确信形式的优先地位,这在理论上是有预见性的。"②

在同一时期,同为德国人,阿恩海姆与本雅明都对新兴的电子媒介艺术及其与复制的关系进行探讨,两人对媒介艺术及其复制的看法具有很多的相同点,也有很多不同点。他们都认为媒介的机械复制导致了艺术的死亡,成为一种工具。他们的不同点在于阿恩海姆更早些时候看见了复制并非机械复制,而是同样具有个性化的创造能力,而本雅明否定了媒介的创造性,把现代媒介艺术的复制完全理解为机械的复制和再现;另外一个不同点,在于,当两人都认为媒介技术的复制导致艺术死亡时,阿恩海姆把媒介作为一种客观的文化传播工具,而本雅明更激进,把现代媒介作用政治解放的工具。可见,关于现代媒介的价值立场是政治的还是中立的构成了本雅明和阿恩海姆最主要的差异之一。

不管是阿恩海姆先乐观地看待媒介艺术而后走向悲观的艺术死亡的论断,还是本雅明先悲观地看待机械复制的艺术而后走向艺术政治民主的乐观论断,两人的矛盾或许正说明了美学家面对新的艺术媒介及其创作、美学问题的复杂性和矛盾性。可能要把两人的观点结合起来看,才能够比较完整地认识到现代机械复制艺术的优劣。电影、电视、摄影、无线电等,它们作为艺术具有民主性,也同样包含着艺术

---

① Kent Kleinman、Leslie Van Duzer, *Rudolf Arnheim: Revealing Vision*, University of Michigan, 1997, p. 19.
② 史风华:《阿恩海姆美学思想研究》,山东大学出版社 2006 年版,第 28 页。

家及其与创作对象的灵韵，它们既是复制的，也是个性化的。这或许是当今电影和电视兴盛不衰的原因吧：它们带来了大众的狂欢，同时也给艺术家提供了一种新的创造灵韵的方式。

第四节　早期媒介美学的当代意义

阿恩海姆的媒介美学思想总体上是媒介文化理论的一部分。本章主要概括了其媒介艺术观、媒介批判美学以及媒介艺术复制性的问题。阿恩海姆从格式塔心理学和形式主义美学出发，主张一种单一媒介的简化艺术。但这种主张使其未能正确对待媒介艺术的发展，导致他得出有声电影、电视不是艺术而是传播工具的错误结论。但我们不能因此忽视了其早期美学的当代价值。他对媒介作为艺术的辩护就当时来说是一种巨大的理论勇气。在讨论电影艺术的复制与现实的关系时，他认识到媒介与人的协同创作，认识到任何机器的复制都不是简单的机械复制，而是一个能好能坏的主体参与的表达。这种"表达性的复制观"超越了同时代的本雅明，有利于当代学者进一步深入探讨现代媒介或新媒体的复制与艺术性的问题。他对媒介文化传播工具的积极的社会功能以及消极功能的辩证把握是正确的，而且在媒介与人的二元关系中，坚持人本主义立场。这种立场不同于后现代媒介悲观论，如博德利亚认为媒介对人实行了控制，人在媒介面前丧失了主体地位。在媒介与现实的关系立场上，后现代媒介论者认为现实与超现实的边界被打破，现实不再是真正的现实，超现实才是真正的现实；不是现实生产了媒介世界，而是媒介生产了现实，现实也失去了原有的真实地位。阿恩海姆并不认为媒介与现实的关系出现了一次二元对立的颠倒，而是始终认为现实构成了媒介生产的基础。阿恩海姆的媒介理论始终把人放到首位，对后现代某些媒介技术决定论的悲观论调、反人本主义的倾向具有很好的批判性意义。正如阿恩海姆所说，即使观众在审美活动中被控制，呈现出被动性单向度接受，也是观众自己失去自律导致的。他的这种观点说明，现代机械媒介不可能完全控制主体。博德里亚如果能看到阿恩海姆的观点，是否会调整他"仿真""拟像"等理论范畴的内涵呢？后现代媒介理论倘若能吸收早期阿恩海姆媒介文化理论思想，那么或许我们将重新夺回人的主体性地位，防止悲观主义者陷入媒介决定论的死胡同。总体而言，阿恩海姆早期媒介文化理论、媒介美学坚持了辩证客观的中立立场，对人类新兴的电子媒介影响做了客观的现象学描述，坚持了人本主义，伸张了人在机器面前的本体论地位，有利于反驳后现代媒介悲观主义者主客颠倒的错误论断，对当今媒介帝国主义、后现代媒介文化批评具有很重要的启示意义。他首次对新兴的电影、无线电媒介作为一种新艺术类型的辩护也是值得后人纪念的。最后，我们以克莱因曼对阿恩海姆早期媒介美学研究的评价作为本章的结束语。他说："电影和无线电，作为视觉和听觉的媒介，阿恩海姆奠定了艺术研究的初步价值。这是更复杂、广泛的研究的起点"，"无论是电影界还是电影理论史家都应该感谢他对新的表现媒介反自然主义的研究以及第一个运用格式塔心理学的工具阐述美学理论做出的巨大贡献"。[①]

[①] Kent Kleinman、Leslie Van Duzer, *Rudolf Arnheim：Revealing Vision*, University of Michigan, 1997, p. 35.

第七章　直觉与完形：阿恩海姆早期认知美学思想

认知科学是研究人的认知过程和认知规律的科学。认知心理学是认知科学的主要学科之一。它是一门研究心理是如何被组织而产生智能思维以及心理是如何在脑中实现的科学。它涉及对人的注意、知觉、记忆、语言等问题的认知研究。信息加工法是认知心理学中占据支配地位的研究人类认知的方法。它认为人的认知是其知觉和大脑通过对信息的接收、处理加工、输出等一系列的步骤来完成的。"我们的认知加工必须是对什么信息需要注意，什么信息需要忽略做出选择。一个相关的研究问题是我们如何选择要注意什么。"① 在认知科学的影响下，当代社会科学发生了一次认知转向，形成了一种新的研究范式。认知美学就是这一新的研究范式的产物。胡俊指出认知美学"有助于我们科学认识人的大脑是怎么进行审美活动的，即审美过程中人类大脑究竟是怎样运行和发挥作用的"②。认知美学是 21 世纪美学研究的新趋向与潮流，加快各方面的认知美学研究的意义是重大的。鉴于此，笔者

---

① ［美］安德森：《认知心理学及其启示》，秦裕林等译，人民邮电出版社 2012 年版，第 69 页。
② 胡俊：《当代中国认知美学的进展及其展望》，《社会科学》2014 年第 4 期。

认为，有必要对阿恩海姆早期美学思想中蕴含的认知美学进行专题研究。阿恩海姆早期认知美学主要分为两个部分即作为艺术的完形认知基础以及在审美活动过程中的审美认知。本章将从这两个方面对阿恩海姆早期认知美学思想进行一个初探。

第一节　阿恩海姆早期美学中的完形认知

阿恩海姆在早期著作中表明，他对电影、无线电艺术的美学研究方法是以格式塔心理学和形式主义美学相关原理为基础的。在格式塔心理学方面，纵观其早期主要著作，我们发现不了他对该理论丰富而具体的阐释、分析或美学建构。早期著作的格式塔心理学美学研究对格式塔心理学原理的美学使用处于初步阶段。因此，早期著作中所表现出来的对完形认知的理论资源并不是特别丰富。当然这并不是说阿恩海姆早期著作中就不存在完形认知，而只是说没有特别丰富的理论表述。他中晚期的《艺术与视知觉》《视觉思维》两本著作则蕴含着丰富的格式塔心理学的认知思想。有鉴于此，我们首先借助中晚期著作中的表述，对他格式塔心理学美学中的完形认知理论进行概况和提炼。

一　格式塔倾向即完形认知

完形认知是笔者根据阿恩海姆格式塔心理学美学理论提炼出的一个重要认知美学范畴。在探讨阿恩海姆美学思想的认知理论之前，有必要对阿恩海姆本人以及相关研究者对"完形"这一个概念进行理解。笔者发现阿恩海姆与其思想的研究者呈现出了两种不同的"完形"理解。笔者把它概况为先验本能论、完形动力论。基于这两种完形的认识，通过融合提炼，笔者提出了一种全新的认识，即完形是一种"完形认知"。

阿恩海姆本人对完形的理解，大体上是一种先验本能论。阿恩海姆在其中晚期著作中，把人的视觉先天具有的一下子把物体把握为整体的简单式样的能力叫作完形意志或完形倾向。在《艺术与视知觉》这本书的引言中，阿恩海姆首先强调了人类视觉的直觉认识能力，批判了人类用理性、语言、推理的方式去理解、欣赏艺术的抽象模式。他认为这种艺术理解模式只能导致艺术的不可捉摸和晦涩难懂。他提醒我们已经"忽视了通过感觉到的经验去理解事物的天赋"[①]。他说"如果我们看到了或感到了艺术品的某些特性，然而又不能把他们描写或表述出来"[②]，其失败的原因往往是因为我们的视觉分析器遭到理性思维的破坏。基于这个原因，阿恩海姆宣称该书所要达到的目的之一"就是对视觉的效能进行一番分析，以有助于知道视觉并使它的机能得到恢复"[③]。阿恩海姆要恢复的这种视觉能力也就是一种完形能力。他在书中论述道"当原始经验材料被看作是一团无规则排列的刺激物时，观看者就能够按照自己的喜好随意地对它进行排列和处理，这说明，观看是一种强行给现实赋予形状与意义的主观性行为"。人们的视知觉的观看活动不是对客观事物的机械地复制，而是对有意义的整体结构式样的把握。这种视知觉的主动地组织、处理对象的能力不是理智活动的结果，而是一种视觉直觉判断。如阿恩海姆所言，"每一次观看活动就是一次'视觉判断'"，"这种判断并不是在眼睛观看完毕之后理智能力做出来的"。视觉判断活动是一种知觉判断活动，不是逻辑的推

---

① [美]阿恩海姆：《艺术与视知觉》，滕守尧等译，中国社会科学出版社1987年版，第1页。
② [美]阿恩海姆：《艺术与视知觉》，滕守尧等译，中国社会科学出版社1987年版，第3页。
③ [美]阿恩海姆：《艺术与视知觉》，滕守尧等译，中国社会科学出版社1987年版，第4页。

第七章 直觉与完形：阿恩海姆早期认知美学思想

理活动。他依据格式塔心理学家把大脑视皮层是一个电化学力场的理论，认为视知觉能够把视觉对象把握为一种力的式样，并且任何视觉对象的力都是主客体相互作用的结果，是在对象形式的刺激下引起的主体生理力的波动和反应。一个视觉对象之所以具有一种倾向性的张力，就是因为这种力是被看作"活跃在大脑视中心的那些生理力的心理对应物"①。首先是人的大脑视皮层作为一个电化学力场受到外物的刺激产生各种倾向性的斗争的力，这种力同时在心理上具有同构的对应性。而当视知觉在观看对象时，由于生理—心理力的存在，就使得他眼中的对象总是一个具有倾向性的张力的对象。每一个视觉式样都是主体生理—心理力的图解。因此，从这里我们可以得出结论，任何视觉对象都是主体与客体交互作用之后的结果，它既不是纯粹主观的，也不是纯粹客观的；同时，这些视觉对象都是一个力的式样，它的力来自客体与主体大脑电化学立场的相互作用。阿恩海姆把这种理论观点深入下去，就发展出了艺术审美活动的异质同构理论和格式塔表现论。

在对"平衡与人类心理"一节的论述中，阿恩海姆进一步把这种视知觉的判断活动追溯到人类大脑视皮层电化学立场对生理力平衡的本能追求之上，从而把视觉的整体把握能力与平衡的追求看作是主体先天具有的一种本能的完形倾向。阿恩海姆认为知觉的这种完形倾向具有对本质的把握能力。视觉"一眼就抓住了眼前物体的粗略的结构本质"②。可以看出，阿恩海姆认为视知觉具有一种对事物一下子把握为简单的式样的先天能力。这种能力不是理性思维活动推理分析的结

---

① [美]阿恩海姆：《艺术与视知觉》，滕守尧等译，中国社会科学出版社1987年版，第11页。
② [美]阿恩海姆：《艺术与视知觉》，滕守尧等译，中国社会科学出版社1987年版，第63页。

果，而是一种无意识的直觉把握。这种被一下子把握到的简单图形就是一种完形式样，一个格式塔。

如果要给完形倾向下一个定义，根据阿恩海姆完形心理学美学的理论基础，我们可以发现，阿恩海姆由于更多地根据生理学、心理学、物理学的科学理论作为自己美学思想的理论基础，使得他在对完形进行论述或阐释时，倾向于把完形倾向或格式塔倾向看作是主体先验的生理本能。作为主体先验的生理本能，完形倾向表现为知觉对于完美、简化的图形的追求。"这就是说，每当视域中出现的图形不太完美，甚至有缺陷的时候，这种将其'组织'的'需要'便大大增强；而当视域中出现的图形较为对称、规则、完美时，这种需要就得到'满足'。"[1] 阿恩海姆把完形倾向看作是视知觉的一种先验生理本能。主体在这种本能下，与视觉对象发生接触时，发生了审美活动。从当代认知神经美学来看，这种先验本能与主体的大脑神经网络有关。国内学者研究伦敦大学泽基（Zeki）教授的著作《内在视域：艺术与大脑研究》时指出："人类的艺术活动与审美行为都需要借助大脑而进行，艺术特征及审美价值等认知心理学产物都可以在大脑之中找到相应的神经对应物。"[2] 因此，笔者认为阿恩海姆的先验完形认知肯定也是某个脑区的神经机制的产物。但所处的时代，认知神经科学并不发达，因此阿恩海姆本人也仅仅是站在抽象的思辨层面来讨论格式塔倾向。

国内学者宁海林对阿恩海姆的完形倾向有一种全新的看法。他认为完形意志、完形倾向、格式塔质其实质就是一种完形力，是一种动力机制。因此，笔者把这种观点命名为完形动力论，以区别于阿恩海姆作为先验生理本能论的"完形倾向"。

---

[1] [美]阿恩海姆：《视觉思维——审美直觉心理学》，滕守尧译，四川人民出版社1998年版，第6页。

[2] 崔宁、丁俊：《当代西方的神经美学实证研究进展》，《美育学刊》2014年第5期。

第七章 直觉与完形：阿恩海姆早期认知美学思想

《艺术与视知觉》是阿恩海姆的主要的理论著作，1954年首次出版后，又在1974年出了修订版。目前国内的翻译版本只有滕守尧翻译的1954年版，而对1974年的修订版并未进行翻译。两个版本在"力"的用词上存在差异。国内学者对阿恩海姆美学思想的研究完全以1954年出版的著作为基础。宁海林通过对比两个版本对"力"的用词上的差异发现，在初版《艺术与视知觉》中，"力"的英语单词是"Forces"和张力"Tension"，并给予了"张力"以核心地位。《艺术与视知觉》整本书集中艺术作品中的色彩、位置、平衡、空间、形状和光线等知觉范畴所包含的种种能够创造张力的性质。但在1974年修订版中，阿恩海姆"却把第9章的标题'张力'替换成了'动力'"。宁海林列举了两个版本中对于张力与动力的不同论述，得出结论认为，"'动力'已取代了'张力'成了他'力'的理论核心范畴"，"这样，我们可以看出知觉动力，尤其是视知觉形式动力理论在阿恩海姆美学思想体系中和的核心地位"。[①] 基于此种认识，宁海林认为国内研究者在对阿恩海姆格式塔心理学美学思想进行研究时出现了偏差，"即没有把视知觉形式动力看作是视知觉形式建构的动力机制"[②]。从宁海林的论述来看，他把国内对于阿恩海姆的完形倾向或完形意志解读为一种视知觉形式动力，也即一种完形力。

问题是，宁海林根据阿恩海姆两个版本用词的差异得出的视知觉形式动力即"完形力"具体内涵是什么？"完形力"到底是什么力。从《阿恩海姆视知觉形式动力理论》第三章内容来看，宁海林把完形倾向理解为一种动力的含义即由主体大脑视觉皮层电化学场的生理力与视觉形状相互作用而生成的。这种动力并非是来自主体一方，也非来自客体一方，而是两者的交互作用的结果，是动力产生了简单的完

[①] 宁海林：《阿恩海姆视知觉形式动力理论研究》，人民出版社2009年版，第14页。
[②] 宁海林：《阿恩海姆视知觉形式动力理论研究》，人民出版社2009年版，第15页。

形图像。每一个视觉式样都是动力的图解。这种动力就存在于视觉式样之中，人的知觉能够感受得到它的存在。它的存在就和物体的其他形式因素的存在一样是客观的，如色彩、体积、大小。宁海林对视知觉形式动力的生成原因进行了阐释，他认为视知觉的形式动力生成于主体的大脑视皮层电化学场与外界刺激物交互对话时。当外界刺激物进入大脑视皮层电化学场，从而打乱了原有的生理力的平衡，电化学力场为了恢复平衡而进行"抵抗"，一个入侵，一个抵抗，两种力较量以达到一种新的力的平衡。而这个过程就生成了视知觉形式动力。这个过程也即视知觉形式动力机制运作的过程。

从宁海林针对视知觉形式动力的主要论述来看，笔者认为，宁海林对完形倾向作为一种动力的解释理由完全等同于阿恩海姆对于解释什么是"完形倾向"的理由。在笔者看来，宁海林的完形倾向作为一种视知觉动力与阿恩海姆本人对完形倾向的理解是相同的。完形动力论者只是运用了差异的能指重新阐释了"完形倾向"的内涵。"完形意志或完形倾向"本有的一种动力只隐约地潜藏在阿恩海姆的著作当中，并未完全显化。宁海林的工作是把这一潜在的动力挖掘出来并过度地夸大，作为阿恩海姆美学思想的核心。笔者认为这是不妥的。在阿恩海姆那里，"完形倾向"作为一种先验的生理本能，内在的具有一种动力，这种动力就是完形倾向或完形意志所附带的效果，不能用动力替换掉完形倾向或完形意志，而只能把动力作为完形意志或倾向的一个内容。"完形倾向"不是"完形力"或格式塔，只能是"完形力"是完形倾向的一个功能。宁海林的完形动力论的意义在于提炼出了阿恩海姆完形倾向理论中潜在的一个完形意志本身的一个重要的动力功能。他仅仅是明确地把阿恩海姆格式塔心理学美学思想中的动力提到了台面上来，而这一动力化是潜在的存在于阿恩海姆本人的美学著作中的。完形意志本身就是动力机制。阿恩海姆两个版本中用词的差异，只是表明自身理论在表述上的不断完善。宁海林的研究有助于我们深化理解阿恩海姆的完形心理学美学。

通过对阿恩海姆本人以及宁海林博士的研究，笔者消化了两者理解中的主要内涵，提出了完形倾向作为一种完形认知，完形力作为一种认知力的读解，从而发掘阿恩海姆格式塔心理学美学中所潜藏的完形认知理论。

在《视觉思维——审美直觉心理学》一书中，阿恩海姆从对艺术与视知觉的完形关系的探讨转入对视觉思维的研究。阿恩海姆强调视觉是一种思维，并认为视觉与思维并非是二元分裂的，而是你中有我，我中有你。他批评道"时至今日，人们仍然还在把知觉和思维区分成两大互不联系的领域。在哲学和心理学中这种例子更是俯拾皆是"[①]。基于格式塔心理学对整体以及知觉的强调，他提出了完全不同的知觉观，即认为知觉之中本身就含有思维、理性、逻辑、推理行为，知觉具有理解力，提出"意象无思维则盲，思维无意象则空"的观点。"我认为，被称为'思维'的认识活动并不是那些比知觉更高级的其他心理能力的特权，而是知觉本身的基本构成成分。"[②] 因而视知觉的观看也是一种理性的逻辑活动，它包括视知觉的抽象提取、组织、简化、选择、甄别、补足等活动。"视知觉并不是对刺激物的被动复制，而是一种积极的理性活动。"[③] 这种视知觉的抽象、简化、选择等理性活动，从认知科学角度来看，就是一种视觉认知活动。在我国心理学界，很少有专家注意到"格式塔心理学对认知心理学产生和发展所起的促进

[①] [美]阿恩海姆：《视觉思维——审美直觉心理学》，滕守尧译，四川人民出版社1998年版，第3页。

[②] [美]阿恩海姆：《视觉思维——审美直觉心理学》，滕守尧译，四川人民出版社1998年版，第17页。

[③] [美]阿恩海姆：《视觉思维——审美直觉心理学》，滕守尧译，四川人民出版社1998年版，第18页。

作用",但在少量的文章当中开始"重审格式塔心理学在认知心理学产生和发展中的重要地位"[①]。从认知心理学审视格式塔心理学可以发现格式塔心理学对认知科学的贡献。把这一视角运用到格式塔心理学美学,同样具有重要意义。因此笔者认为,阿恩海姆本人的"完形倾向或意志",就是完形认知活动,更具体地说是一种(视觉)完形认知活动。视知觉完形认知构成了阿恩海姆早期格式塔心理学美学理论中的认知基础,同时也是视觉观看的动力机制。宁海林把完形倾向解释为一种格式塔力或完形力,但并未具体地对"完形力"进行清晰的定义说明,其实质还是一种笼统的模糊认识,未能抓住完形倾向的本质特性。笔者认为,"完形力"就是一种认知力。主体在视知觉的观看活动中,观看即完形认知,是主体在其完形的先验本能下对物体进行的"完形"理解的认知活动。完形意志或完形倾向就是一种对物体进行一种完形认知的需要。主体需要具有把残缺不全的形状进行补全的完形能力,这种能力背后的动力乃是一种认知的动力。把事物作为一个整全的简化的式样的认知给主体带来内心的平衡,从而在心理上达到完形状态。这样来看,主体的简化倾向或格式塔意志乃是主体先验的认知框架。

完形认知活动是如何发生的呢?同样的道理,是基于主体大脑视皮层电化学力场与刺激物的交互后,由于刺激物的侵入,导致主体大脑电化学力场原有的平衡被打破,从而引起了一种重新恢复平衡、完形的心理力或完形需要。这种"完形需要"的实质就是一种完形认知的需要。残缺不全的或杂乱无章的刺激物打乱了主体大脑生理上的平衡后,为了重新恢复平衡,只能把视觉对象进行简化认知,从而使得对象被把握为一个完形,因此主体重新获得了内在的平衡。从这里来

[①] 潘光花:《完形视域和认知范式:重审格式塔心理学对认知心理学的影响》,《学理论》2010年第12期。

第七章 直觉与完形：阿恩海姆早期认知美学思想

看，阿恩海姆的"完形倾向"可能更接近于一种完形认知倾向，即主体具有先天的一下子把对象认知为一个简单的整体的能力。完形认知能力是主体的先天认知能力。阿恩海姆的《视觉思维——审美知觉心理学》一书，主要讨论了视觉的理性思维能力，探讨了对视知觉的探索，对本质的把握、简化、抽象、补足，对问题的解决、比较、纠正等能力。这些能力从认知心理学来看，就是一种主体的认知活动。阿恩海姆之所以未能提出明确完形认知观，是因为他并没有从认知科学、认知心理学的视野来探讨视知觉。要知道阿恩海姆始终是从视知觉的完形倾向与艺术的关系来从事学术研究活动的。

作为视知觉的完形认知，其具体表现是多方面的，如简化倾向、抽象、补足，问题解决、纠正，对本质的把握，等等。下面，以视知觉的补足能力为例具体分析完形认知，以增加对完形认知的理解。

"补足"是完形认知的一种认知活动。在自然状态下的物体与物体之间，一个物体总是被另一个物体遮挡一部分。如横跨隧道的铁路，隧道中的一部分段落被山脉挡住了；院落后方的树木，被房屋挡住了枝干，只露出树的顶端部分；一只箱子，如果在箱子前面放一个较大的花盆，则使得箱子的一部分被遮住。在上述情况中，眼睛仍然会把那些被遮住部分的物体看作一个整全的物体，如眼睛会把被花盆挡住了部分的箱子看作是一个立方体。"这意味着，知觉中的组织活动并不局限于更直接呈现于眼前的材料，而是把看不到的那一部分也列入所见物体的真正组成部分。"[①] 阿恩海姆把视知觉的这种能力称之为"知觉内的完结倾向"，但并未从认知心理学的角度称之为知觉的完形认知。从认知心理学的信息加工理论来看，观看的这种先天的"补足"能力或完形倾向就是一种完形的认知活动。

---

① ［美］阿恩海姆：《视觉思维——审美直觉心理学》，滕守尧译，四川人民出版社1998年版，第44页。

视知觉完形认知在对视觉对象进行认知把握过程中并非是毫无章法的。在面对内在生理的非平衡与对象的杂乱无章情况之时，主体产生了一种完形认知的需要，他想要把对象认知为一个简单的整体，这种需要产生了一种动力，完形认知力。在此过程中，完形认知遵守着认知操作过程中的基本简化原则，它们分别是接近性、平衡性、相似性等原则。

接近性原则即视觉完形认知在进行识别、把握等认知过程中具体遵行的一种认知原则。接近性原则即人的眼睛倾向于把任何刺激式样中各个部分接近的成分把握为一个整体。阿恩海姆举了很多例子来说明这种简化原则，如"十字架"图形的例子，在白纸上画一个十字架，但让这个十字架的交点呈现出一个空白。或者说画四条线段，让这四条线段同时朝着一个中心区域，但不相交。被试者在观看时，总是会把十字架的中心空白看作一个整体的、规则的小圆形或正方形。又如平面上的四个黑色圆形，呈现两两规则的排列。观看者看到这四个圆点构成的图形时，总会下意识地把它看成一个正方形。这些在观看中把刺激式样看作一个最简单的完形式样的倾向就是简化原理。视知觉完形认知遵循着这种原理。

阿恩海姆认为简化一般被理解为简单，即组成物各因素在数量上的少。但真正的简化并不是数量层面上的少。简化要比简单更加复杂。虽然一个视觉对象的构成成分在数量上较少，并具有简化的特征，但真正的简化是指视觉对象结构性特征。"如果一个物体用尽可能少的结构特征把复杂的材料组织成有秩序的整体时，我们就说这个物体是简化的。"人的认知遵行简化的原则。事实上是完形认知的需要（即认知力）构成了视觉图像的简化。简化又构成了完形认知的达成。完形认知力与简化是相互促进的。完形认知力促成了对视觉对象的简化，而简化又是构成了完形认知的一个认知原则。

第七章　直觉与完形：阿恩海姆早期认知美学思想

相似性原则"主要是指那些使得某些部分之间的关系看上去比另外一些部分之间的关系更加密切的因素"①。视知觉按照这些原则进行完形认知操作，从而把视觉对象把握为一个完形。阿恩海姆在书中描述了这样一个例子，六个正方形构成了一个图形组合，其中四个同等小，其他两个同等大小。它们在平面中不规则地分布着。完形认知遵行相似性原理，在观看中，视觉会把"大一些的正方形组成一组，而小一些的正方形又形成与此相对的另一组"②，从而把杂乱无章的图形组织成一个简化的规则的整体。作为属类的相似性原则包括各种小的相似性原则，即方向相似性、色彩相似性、形状相似性、大小相似性等。相似性原则是完形认知达到认知目标的重要原则之一。

平衡原理是指"外物的刺激使大脑皮层中的生理力的分布达到可以相互抵消的状态"③。这是心理上的平衡，也是阿恩海姆通过完形心理学进行艺术分析时所论及的视觉力的平衡。他认为心理平衡不同于物理学上的力的平衡。物理平衡是指一个物体上的各种力达到了相互抵消，从而使得物体的力处于一种平衡状态。心理平衡与物理平衡的区别来自心理平衡在诸如大小、色彩、方向等因素与相对应的物理因素不一致，如一个服装左边为红色，右边为绿色的舞台小丑，他身体的两部分以及服装被颜色分割成的两边的部分在物理上达到了平衡，然后在色彩上左半部与右半部是不平衡的。这种不平衡在于两种较为鲜艳的色彩对比的冲突，构成了观看者内在生理力的紊乱、不和谐，

---

① ［美］阿恩海姆：《视觉思维——审美直觉心理学》，滕守尧译，四川人民出版社1998年版，第97页。
② ［美］阿恩海姆：《视觉思维——审美直觉心理学》，滕守尧译，四川人民出版社1998年版，第97页。
③ ［美］阿恩海姆：《视觉思维——审美直觉心理学》，滕守尧译，四川人民出版社1998年版，第14页。

未能使得主体内在的生理力达到一种和谐的状态，从而这种生理力在心理力的对应上同样处于一种不平衡之中。影响平衡的因素主要有两个，重力与方向。以重力来看，把等腰三角形倒置过来，会让人感觉三角形马上要倾倒的感觉。这是因为倒置的等腰三角形底部的重力轻于上部造成的。阿恩海姆还论述了几种平衡构图的图式，它们分别是顶与底、左与右。他强调，平衡并不是纯粹形式上的和谐、力的抵消，而是因为艺术作品的内容与意义需要一种平衡才能传达。一件构图紊乱、不和谐的油画会让欣赏者产生迷惑不解的烦躁心理，不知道油画所传达的意义。

对平衡的需要是完形认知的需求。阿恩海姆反驳了追求平衡的快乐动机说和基本需要说。他提出了自己的看法，也就是刺激物侵入主体大脑视皮层电化学立场时所造成的生理力的失衡，为了恢复平衡，因而产生了完形倾向（完形认知），即追求平衡（认知到某个事物的本质特征就获得了平衡），也即重新把对象整合成一个完形的需要。生理力上的平衡对应于视觉上的与心理上的平衡。完形认知就是大脑视皮层电化学力场追求生理力平衡的对应物。平衡是完形认知遵守的一条认知原则。只有遵行这一原则，主体才能把对象把握为一个整体的简单的力的式样，也即重新认知杂乱无章的事物。平衡作为一种完形也促进着主体的完形认知。完形认知与平衡是相互支持的。

在早期的两本著作中，阿恩海姆并没有中晚期详细的关于"完形倾向"及其相关简化原理的直接论述。在这里笔者借助了中晚期的文字对阿恩海姆格式塔心理学的潜在的完形认知进行梳理总结。在此，笔者想说的是，早期阿恩海姆同样也潜藏着这种完形认知，如他对电影的部分幻觉理论、蒙太奇理论的相关心理学研究就是如此。在早期著作中，阿恩海姆把这种完形认知表述为一种先天的美学冲动——"最基本的美学冲动之一来自人类渴望避开自然界扰人耳目的复杂性，因而努力用简单的形式来描绘使人眼花缭乱的现实"①。这也就是说,阿恩海姆早期的格式塔心理学美学中是存在完形认知美学的。阿恩海姆的"完形需要"或"格式塔意志"就是主体的一种完形认知。只不过在早期阿恩海姆并未把完形认知贯彻到底,而是在为电影、无线电作为艺术的辩护过程中,走向了形式主义美学,让"完形认知"停留在电影观看的认知基础层面,搁浅了更深入的完形认知美学的系统建构,直到中晚期,他才建构了一个系统的完形认知理论。阿恩海姆的早期认知美学研究是通过其早期美学与当代认知科学的视野融合而完成的。通过对阿恩海姆早期美学进行一次认知视野的透视,可以激活阿恩海姆美学思想在当代的意义。它丰富了当代认知美学对审美认知发生机制、规律的认识与研究路径。

二 部分幻觉理论的认知基础

从认知心理学审视格式塔心理学可以发现格式塔心理学对认知科学的贡献。把这一视角运用到格式塔心理学美学,同样具有重要意义。笔者认为,阿恩海姆本人中晚期的"完形倾向或意志",就是视觉完形认知活动。视知觉完形认知构成了阿恩海姆格式塔心理学早期美学理论中的认知基础,同时也是视觉形式的动力机制。从"完形"认知的视角来看,阿恩海姆电影理论提出的部分幻觉理论的认知基础就是完形认知。部分幻觉理论为阿恩海姆的电影艺术论、蒙太奇艺术理论提供了心理学基础,而这一理论的认知基础从未明了。本节我们将证明完形认知构成了部分幻觉理论的基础。

部分幻觉理论是阿恩海姆在早期论述电影时空的非连续性特征时提及的。他认为电影与戏剧所造成的幻觉都是部分的幻觉,比如戏剧

---

① [美]阿恩海姆:《电影作为艺术》,邵牧君译,中国电影出版社2003年版,第158页。

舞台上的房屋总是由三面墙构成的，面对观众的那面墙是不可能存在的，因为如果那面墙也存在的话，那么观众的观看本身就被阻挡了。电影和戏剧一样，也造成部分的幻觉，不过电影的幻觉比戏剧更为强烈，因为电影"还能在真实的环境中描绘真实的——也就是并非模仿——生活，因而这个幻觉更强烈"①。在电影蒙太奇中，电影画面不断地切换，可以同时对同一时间中不同空间的两个并行发生的时间进行交叉剪辑，如此形成一种叙事功能，如美国著名导演格里菲斯（Griffith），他的电影《一个国家的诞生》（The Birth of A Nation）中非常著名的"最后一分钟的营救"的平行叙事，表现出了事件的紧张与刺激。观众在观看中却能够理解这些画面及其切换的内涵，并没有被弄糊涂。电影与戏剧不同，观看戏剧时，观众总是坐在观众席上观看，是一种固定的视角。电影就不同了，电影的摄影机总是代替观众的视角，不断地转化视角，俯拍、仰拍、摇拍、跟拍、特写等。观众也似乎是从一个地方跳到另一个地方，一会儿从左边观察，一会儿从右边，一会儿从窗口，一会儿从远处，一会儿从近处，等等，虽然摄影机不断地转化方位，观众却无须跟着摄影机东奔西跑，也不会被弄糊涂，把电影当中的画面与多维视野当真。这些例子说明，观众在观看戏剧、电影时，看见了戏剧与电影中存在的不真实的现象，但观众并没有对这些现象感到不快。"因为，正如上文所说的，电影所引起的幻觉只是部分的。它的效果是双重的，既是实际事件，又是画面。"② 阿恩海姆的部分幻觉理论的思想要说的是，在电影中电影画面只需再现部分真实，再现事物的最重要的、关键的部分，观众就可了解到事物的全部真实。观众对这种部分真实产生幻觉，并以这个部分的真实幻觉代替整体的真实幻觉，"正是这个事实才使电影艺术成为可能"。"无论在电

---

① [美]阿恩海姆：《电影作为艺术》，邵牧君译，中国电影出版社2003年版，第21页。
② [美]阿恩海姆：《电影作为艺术》，邵牧君译，中国电影出版社2003年版，第22页。

影或戏剧中,任何事件只要基本要点得到表现,就会引起幻觉。银幕上的人物只要言谈举止、时运遭际无不跟常人一般,我们就会觉得他们足够真实。"① 我们把这些电影画面中的人物、景象既可以当作真实的实物,又可以看作银幕上的简单图形。部分幻觉理论的提出,阿恩海姆依据的是格式塔心理学的完形倾向,即主体具有把混乱、不全、复杂的图形组织成一个整体的、简单的式样的能力。这种能力阿恩海姆称之为完形倾向或格式塔需要。他的这一观点来自他的老师们。"在那个时候,我的老师麦克斯·韦特海默和沃尔夫冈·科勒正在柏林大学心理研究所为形态心理学奠定了理论的和实践的基础。我发现我自己被这种新学说中某种可以称之为康德倾向的元素所深深吸引。"② 从认知心理学的视野来看,主体在观看活动中,对完形倾向的需要与满足,其实质是一个完形认知的加工过程。简单、整体的图形式样是完形认知加工的结果。按照格式塔心理学的观点,"即便是最简单的视觉过程也不等于机械地摄录外在世界,而是根据简单、规则和平衡等对感觉器官起着支配作用的原则,创造性地组织感官材料"③。在完形认知加工过程中,主体的完形认知遵守着简化、邻近性、封闭性、相似性、平衡等原则。部分幻觉理论得以形成的认知基础也就是主体在完形认知的信息加工过程中,遵行简化、平衡、邻近性、相似性等原则,把部分补全为一个完形整体,从而得到一个整体的幻觉的认知过程。部分幻觉理论存在的合法性就存在于这个人人具备的完形认知能力当中。也就是阿恩海姆提出的部分幻觉理论是以格式塔心理学中蕴藏的完形认知为基础。完形认知构成了观众部分幻觉的基础。

---

① [美]阿恩海姆:《电影作为艺术》,邵牧君译,中国电影出版社2003年版,第23页。
② [美]阿恩海姆:《电影作为艺术》,邵牧君译,中国电影出版社2003年版,第2页。
③ [美]阿恩海姆:《电影作为艺术》,邵牧君译,中国电影出版社2003年版,第2页。

三 作为艺术的认知基础

阿恩海姆的电影部分幻觉理论，即把电影既当真，又当假，其目的是为了支持他自己的电影艺术论。电影技术复制现实的同时，又构成了一种与现实的本体论的差距或差异。如电影的立体感、时空断裂、黑白、银幕边缘的限制、以视觉为中心的影像、深度感的缺乏。这些都使电影世界区别于现实。正是技术的特性既造成真实的感觉又突出了虚构制造的一面。电影既复制了部分的现实，又运用其技术特性对现实进行了改造。恰恰是电影的这种特性及其艺术地制造出来的影像与现实的区别构成了电影作为艺术的基础，如在论述物体在平面上的投影时，阿恩海姆认为摄影机不是机械地复制照搬现实，而是需要选择一定的机位。不同的机位会让物体呈现不同的效果，因此"立体"在平面上的投影绝不是现实的，而是艺术地加工、有选择地创造。又如电影中深度感的减弱造成的与现实的差异。在电影画面中，物体的深度感减弱了。而在日常影像中，物体的大小、形状似乎是不变的，如有两个人 A 和 B，A 离我 10 米，B 离我 20 米，当我观察两人时，我并不会感觉 B 比 A 小。这是因为在日常的影像中，我们的观看具有很强的深度感。在电影中深度感的减弱，生成了体积、形状的变化。在视网膜、电影画面中的物象总是跟日常生活中的物象不同，电影中的物象发生了体积与形状的变化，是这种体积、形状的变化导致了一种立体感的减弱（也是一种深度感的减弱）。而这种立体感的减弱又使得它与现实物象区别开来，并由此构成了电影影像画面与现实的差异，电影的艺术地位获得了物质性支持。上节我们了解到观众观看的部分幻觉的认知基础是完形认知。

现在问题逻辑的进展是，既然电影要以部分的幻觉抵达整体的幻觉，以电影与现实的差异构成其艺术的基础，而这种差异之中，又始

第七章 直觉与完形：阿恩海姆早期认知美学思想

终存在着主体完形认知的参与，那么电影要作为艺术的可能性就必须要得到观众的观看，而观众的观看总是具有一种完形认知式的观看。以此推论，则得出这样一个结论，电影作为艺术的认知基础是完形认知。阿恩海姆在《电影作为艺术》一书中，在为电影作为艺术的辩护时，只是从电影表现技巧及其与现实的差异角度出发。这一角度是技术性的外在角度，也是他自称的"物质主义"的视野。也就是说从外在的物质的方面来说，电影作为艺术的基础来自他的技术表现手段及其呈现出来的画面与现实的差异，恰恰是这种差异构成了电影作为艺术的基础与可能，但是这并不是电影作为艺术的唯一条件。从内在的观众认知角度出发，我们发现构成电影作为艺术的另一个基础是认知基础，即完形认知。倘若没有观众的完形认知能力，那么观众的观看活动本身就无法进行下去，对一个电影作品无法进行观看，那么电影如何成为电影呢。从读者接受论的观点来看，意思就是说，作品的完成需要读者的阅读，作者与读者共同完成了艺术作品的创作。可见，对于电影要成为艺术而言，观众的观看尤其是观看的完形认知能力是电影构成艺术必要的心理基础。对这一必要性的表达即完形认知构成了电影作为艺术的认知基础。电影的认知接受研究是由美国电影理论家波德维尔（Bordwell）开创的。波德维尔反对普适的宏大理论研究范式。这种理论范式"试图将一切电影表现形式纳入符号体系，使得电影研究的所有现象和问题都指向理论，对应理论框架下的话语符号，对理论作出呼应和验证"[①]。根据认知科学相关理论，波德维尔从观众积极主动的信息处理加工出发，对电影进行了认知研究，形成了他的电影"中间层面"理论。这种理论认为"观影活动是一种动态的心理过程，控制着包括感知能力、先前的知识与经验、影片本身的内容和

---

① 刘亭：《实践理性：大卫·波德维尔的电影理论研究》，中国传媒大学出版社2016年版，第4页。

结构的主要因素"①。这三种因素构成了观众进行认知操作的具体的认知基础。不同于波德维尔的"中间层面"认知理论，把观众的认知能力既看作具有先验的抽象能力，也看作具有经验的知识积累的后天学习能力。阿恩海姆的完形认知为电影观看提供了一种新的认知能力，即一种具有先验倾向的完形认知能力。但需要特别指明的是，阿恩海姆早期的完形认知能力并未进入审美层次，而仅仅以无线电、电影作为艺术的心理认知机制基础。在具体的审美接受过程中，阿恩海姆强调是在对形式的刹那的直觉感知，这其中没有主体完形心理的组织加工。也就是在早期认知美学思想中，阿恩海姆的审美直觉认知中缺乏主体积极的"完形"组织加工，使其审美认知是一种一般的直觉认知。

阿恩海姆根据格式塔心理学在其《电影作为艺术》一书中提出了部分幻觉论，从电影技术表现手段的物质主义视角对电影作为艺术进行了辩护。但这一辩护缺乏内在的认知基础。把部分幻觉理论与完形认知结合起来，不仅提出了阿恩海姆部分幻觉理论的认知基础，同时还找到了电影作为艺术的另一个内在的认知基础，即完形认知；更重要的是还为当代的认知接受研究开辟了一条新的认知路径，即完形认知。这实质上是实现了阿恩海姆早期美学的当代化，完成了一次早期美学与当代认知美学的一次对话。

第二节　早期美学中的审美认知

注意是认知心理学研究的一个重要内容，它一般被认为是主体的意识对事物的集中。"注意并不是一种独立的心理过程，而是感觉、知

---

① 刘亭：《实践理性：大卫·波德维尔的电影理论研究》，中国传媒大学出版社2016年版，第67页。

第七章 直觉与完形：阿恩海姆早期认知美学思想

觉、记忆、思维、想象等心理过程的一种共同特性"①人最主要的注意一般分为视觉注意、听觉注意和嗅觉注意等。注意是认知的指南针，它引导着个体认知的方向。没有对信息的选择、忽略，人的认知是无法进行的。注意引导接受者的审美认知。运用认知研究的新视野来阅读阿恩海姆早期美学著作，我们会发现认知注意是其早期美学中的潜在部分，也是其早期认知美学的重要组成部分。在审美认知中，阿恩海姆根据简化美学原理，存在单一知觉审美认知的现代主义倾向，他试图在电影艺术中建立纯粹的视觉审美认知，排除听觉认知。在无线电艺术中又排除视觉审美认知，建立纯粹的听觉的审美认知活动。单一知觉的审美认知构成阿恩海姆早期认知美学的另一个组成部分。

一 形式与审美认知注意

阿恩海姆的审美认知注意是紧紧围绕着艺术作品形式展开的。不管是电影的黑白色彩、摄影机的角度、深度感的渐弱、特写等形式要素，还是无线电广播的音调、强度、节奏、语气等形式要素，都引导着观众的审美认知注意。本节，笔者主要以电影视觉形式为例，对形式与审美认知注意的关系进行简单的探讨，其中涉及视角、特写、深度感的减弱、距离等艺术形式。阿恩海姆认为艺术形式增强了观众的认知注意，加强了观众的审美体验，提升了观众的审美认知水平。

摄影机角度与审美认知注意。观看之所以能够正常地运行，在于我们的眼睛只能从一个角度看东西，"而且只是在物象的反映出来的光线被投射到一个平面（网膜）之上的时候，眼睛才能感受到它"②，如图 7-1 所示。

---

① 邵志芳、刘铎:《认知心理学》，开明出版社 2012 年版，第 17 页。
② [美]阿恩海姆:《电影作为艺术》，邵牧君译，中国电影出版社 2003 年版，第 9 页。

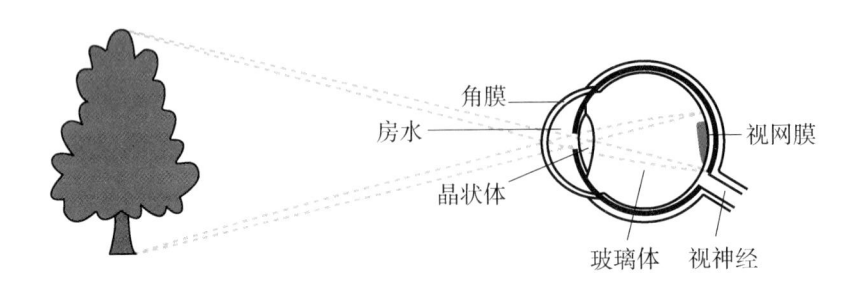

图 7-1 物体在视网膜上成像图

　　阿恩海姆的认识表明，视觉的观看及其注意要以大脑视觉神经系统为基础。视觉认知发生于人的大脑视觉神经系统。其大概流程是，起始于人的视觉对物象的注意，然后物理信息传输到视网膜形成影像，再传输到大脑皮层形成"心像"。可见注意处在人的认知信息加工的初始阶段。电影影像是视觉艺术，人的视觉及其注意始终在观影过程中引导着我们的观影体验与审美认知。摄影机拍摄的角度或方位的不同在很大程度上影响着人类的视觉注意，从而造成不同的艺术效果和审美认知体验。阿恩海姆认识到这一点，"为了取得特殊的效果"，"电影绝不是永远选择那些最能显示出某一特定物象的特征的方位"。他论述了摄影机通过巧妙的视角造成的惊奇的效果引起观众的注意。如从一个透明的玻璃舞台下面仰拍一个跳舞的女孩，观众可以看见"她的纱裙像花瓣一样开阔，而在花冠中心出现了两腿的奇特表演……这样一个奇特的画面给人的快感开初是纯粹形式的……这种快感完全来自画面的新奇"①。通过创造惊奇的画面引起观众的视觉注意还只是纯粹形式，不涉及形式的意味。对寻常事物的拍摄，倘若换一个全新的视角，就可以使观众对这个事物形式产生更多的注意，让观众产生某种惊奇

---

① [美]阿恩海姆：《电影作为艺术》，邵牧君译，中国电影出版社 2003 年版，第 31 页。

第七章　直觉与完形：阿恩海姆早期认知美学思想

的审美体验。在拍摄一个湖面上划船的场面时，摄影机可以从高空俯拍。观众就可以看见一幅实际生活中很少见到的画面。如此观众的注意就会从通常的对象转到对象的形式上去了。"观众会注意这条船完完全全是梭形的，而人体又怎样古怪地前后摇摆。由于整个对象显得很稀奇古怪，已往不受注意的东西就变得更加引人注目。"① 阿恩海姆还论述了在摄影角度合适的情况下，引起观众注意特定的对象，从而发现其中的象征意义。比如，可以使用仰拍视角来拍摄一个独裁者，这种视角可以增强独裁者在观众心中引起强权的压迫感与紧张感。在拍摄两个实体物体的相互遮挡之中，合适的视角同样可以引起观众对其中象征意义的注意。对此，阿恩海姆讲述了亚历山大·罗奥姆（Alexander Rohm）拍摄的《一去不复还的幽灵》里的一个场面，一个刑满释放的囚犯背对着观众，在一条长长的两边石墙高耸的道路上走出监狱。之后，他在路边发现了一朵绽放的小花。这朵小花象征着他多年来失去的自由与美好时光。之后，他摘下这多小花，手握着拳头，对着监狱大门愤怒地挥舞起来。就在这个时候，摄影机的方向不变，却往后移动了几米，移动到监狱栅栏的后面。这时候，暗淡而粗粝的铁栅栏占满了整个画面。但此时，观众依然可以看见之前囚犯愤怒地对着监狱大门挥舞拳头的镜头。从这个画面可以看出，在两个实际的物体中（囚犯与栅栏），导演能够移动摄影机的位置，从而改变了不同的观看角度，让观众注意到它们之间的相互联系。导演在拍摄这个镜头的时候，巧妙地使用了从监狱栅栏往前看的视角，产生的艺术效果实际上是使囚犯与监狱（强权）成为两个对峙的主体。从那个视角的观看，好像是有某个人（监狱长）在栅栏背后偷窥一样，又或者是监狱本身在观看他囚禁了多年的犯人的离去。在这种两个主体的对峙中，

---

① ［美］阿恩海姆：《电影作为艺术》，邵牧君译，中国电影出版社2003年版，第34页。

囚犯多年的被剥去的自由的仇恨的积怨在这个镜头和构图中被表达得淋漓尽致。对此，阿恩海姆也有阐释："正是摄影机的特定位置使犯人与狱门之间产生了有意义的关联……由此可见，电影艺术家是多么明确地引导着观众的注意力，给予观众以方向，并指明他赋予各个物象的意义。"①

可见，通过摄影机角度的选择构成不同形式的画面构图直接引导着观众的审美认知注意。阿恩海姆还论述了不同的画面构图引导观众的认知注意可以提升观众的审美认知水平。首先，通过选择适当的摄影机视角，摄制出更生动、更吸引人的再现影像，"迫使观众更加集中注意，而不仅仅是观看或接受"②，实质上是不同的视角加强了观众在观影过程中的主动的视觉接受。只不过在阿恩海姆看来，这个时候视觉主动接受的还是自然物象惊奇的再现效果。其次，通过选择适当的摄影机视角，提升观众的审美形式认知水平。巧妙的摄影视角通过制作非凡的景象刺激、引导观众去注意影像的形式特点，并"促使观众感到有心去考虑影片作者是否选择了富有特征意义的物象和它的活动是否具有特征"③。从阿恩海姆对人的审美素养的高低以是否对艺术作品的形式产生注意为标准来看，视角的适当选择增强了观众的视觉认知注意的同时，还提高了观众的审美形式认知水平。阿恩海姆认为"为了理解一件艺术品，却必须引导观众去注意形式的这些特点"④，而合适巧妙的视角增强了观众对形式的注意，反过来也就可以说，对形式的视觉注意的增强，有利于对艺术品的理解，也就提升了观众的审美认知水平。"如果观众满足于只看内容，那就说明他们缺乏应有的

---

① [美] 阿恩海姆：《电影作为艺术》，邵牧君译，中国电影出版社2003年版，第38页。
② [美] 阿恩海姆：《电影作为艺术》，邵牧君译，中国电影出版社2003年版，第35页。
③ [美] 阿恩海姆：《电影作为艺术》，邵牧君译，中国电影出版社2003年版，第35页。
④ [美] 阿恩海姆：《电影作为艺术》，邵牧君译，中国电影出版社2003年版，第34页。

第七章 直觉与完形：阿恩海姆早期认知美学思想

欣赏能力。这样的观众必须提高修养，将注意力转向形式。"① 最后，新意的拍摄视角能够提升观众对作品内涵的认知理解，也即合适巧妙的视角，引起观众的审美认知注意，可以提升观众对艺术作品象征意义的审美认知水平。刚刚在《一去不复返的幽灵》中讨论的囚犯与监狱对峙的场面，对此就是很好的说明。可见，在电影影像艺术中，摄影机的视角或方位具有重要的认知美学功能，它不仅能够引起观众的视觉注意，增加艺术作品本身的美学效果，它还可以提升观众的审美认知水平。

对深度感的减弱与审美认知注意。深度感的减弱构成了电影影像与现实影像的差异之一，艺术地使用这一特性就使电影成为艺术。这是阿恩海姆的观点。在"艺术地运用深度感减弱的现象"这一节中，阿恩海姆谈及了深度感的减弱与观众审美认知注意的问题。阿恩海姆认为，在现实的肉眼观看中，物象的体积和形状是不会发生改变的。但是用摄影机观看时，这种体积和形状不变的现象消失了，比如当我们观察远处的两个人物 A、B 时，假设 A 距离我五米远，B 离我十米远，当我放眼观察他们，我并不会觉得 B 比 A 小。但是当我们从摄影机拍摄出来的影像来看他们时，他们在现实生活中大小、形状不变的现象就消失了。我们会看见 B 比 A 小的现象。这是因为在摄影影像中，空间感或深度感减弱造成的。这也是电影总是平面的，又是立体的原因。日常生活中，我们用视觉观看，事物与事物之间的立体、空间的关系是很强烈的，并不会减弱。阿恩海姆认为"只是因为空间感极为减弱，才使观众的注意力转移到了线条和光影的平面构图上去"②。艺术家可以利用电影画面深度感的减弱，让某些物象朝着观众迎面而来，随着物体的迎近，它的体积也会变得越来越大，直到充满整个屏幕。

---

① ［美］阿恩海姆：《电影作为艺术》，邵牧君译，中国电影出版社 2003 年版，第 44 页。
② ［美］阿恩海姆：《电影作为艺术》，邵牧君译，中国电影出版社 2003 年版，第 45 页。

观众在观看这种画面时，会感觉到"荧幕上的黑影以巨大的速度朝四面八方扩展"，此时视觉会高度集中，甚至会产生一种害怕往后逃的倾向。这是因为深度感减弱后，物象在荧幕里的体积、形状的膨胀造成了一种视觉动力的效果。阿恩海姆以德莱叶（Dreyer）《圣女贞德的受难》（*The Passion of Joan of Arc*）中的一个镜头为例，对此进行了说明。德莱叶在表现一个僧侣突然从座位上跳下来的动作时，把摄影机放在了离僧侣非常近的地方。因此，当僧侣从座位上一跃而起时，观众看见一个巨大的身体迅速地占满了屏幕。"在这里某种同摄影机有关的东西（突然地、迅速地扩大平面的投影），又一次地加强了实际的动力所产生的效果。"① 可见，深度感的减弱可以引起观众的视觉认知，把目光的审美认知注意投注于画面的线条、平面、构图等形式因素。

荧幕框架与审美认知注意。电影的影像是通过放映机投射在一块墙面上的荧幕而浮现出来的。这个荧幕是有一定面积的，并不是无线延伸的。人的眼睛不同于此，人的眼睛可以随意地转动、扫视，因而我们的视野其实非常开阔。但是正是因为人的眼睛的这种优点，使得我们总是会被世界中斑驳缤纷的物象所吸引，从而不能集中注意力。电影荧幕边缘的限制却可以固定我们观看的视野，把我们从游移不定的观看中拉回来，固定在一个集中的对象之上。这样荧幕的边缘的限制确定了观众的视觉认知注意，它可以决定观众注意什么，不注意什么，还可以决定观众视觉注意的容量问题。一句话概括，即荧幕框架决定了观众观影时，视觉审美认知加工的信息是什么、有多少的问题。阿恩海姆认识到这一点。他说："银幕的界限……能使某些细节突出和具有特殊意义，又能去掉不重要的东西，将使人惊奇的东西突然引入镜头。"② 阿恩海姆从此角度证明恰恰是对荧幕框架的有限性的艺术地

---

① ［美］阿恩海姆：《电影作为艺术》，邵牧君译，中国电影出版社2003年版，第47页。
② ［美］阿恩海姆：《电影作为艺术》，邵牧君译，中国电影出版社2003年版，第56页。

使用构成了电影作为艺术的可能性。而我们从中发现的是，电影荧幕的有限性在支配、引导观众视觉审美认知方面的重要功能。

特写与审美认知注意。特写镜头是荧幕框架有限性优点的最直接体现。因为荧幕框架本身就可以看作一种"大特写镜头"。这个"大特写镜头"就是把观众的注意力集中于某处。同样如此，电影画面中的特写镜头也用于集中观众的视觉审美认知注意，从而突出某些物象、细节，起到增强画面表现视觉惊奇效果、推动情节叙事等审美认知作用。特写镜头"可以强调某些部分，从而引导观众去揣摩这些部分的象征意义。可以使观众特别注意某些重要的细节"①。在伯斯特（Baester）的电影《失踪女郎的日记》中，一个特写镜头表现了特写镜头对观众视觉注意和审美认知的引导功能。电影画面首先给出一个残酷、凶狠的女教师的头部特写，她有节奏地敲打着锣鼓。然后，镜头慢慢后移，直到看见一群女孩跟着女教师敲打的节奏进食。这是一个从特写逐渐移动为全景的镜头。开始的特写镜头在这里是非常重要的，因为它能"将观众的注意力引上正确的道路，同时也造成了某种惊奇的效果"②。在观看这一画面时，观众跟随着从特写镜头到全景镜头的变动，他们的视觉认知注意也跟随着变动，与之同时进行的是，他们的视觉信息的接收、输入、加工也随着变更，而随着视觉信息的变更是观众的审美认知及其审美体验。可见，特写镜头不仅仅是表层次的视觉注意力以及视觉信息容量的分配的问题，而且也是更深层次的审美认知与审美体验的问题。

摄影机距离与审美认知注意。阿恩海姆根据戏剧与电影和观众之间的距离差异来论述摄影机的距离与审美认知注意的关系。他认为观众在观看戏剧时，其座位是固定的，观众与戏剧场面中的人物、物体

---

① ［美］阿恩海姆：《电影作为艺术》，邵牧君译，中国电影出版社2003年版，第62页。
② ［美］阿恩海姆：《电影作为艺术》，邵牧君译，中国电影出版社2003年版，第61页。

的距离也是不可变动的。那些远距离的观众，除非借助望远镜，不然他无法让视觉集中注意某些重要的细节或物品。但是电影就不一样了，电影的放映由于是通过摄影机拍摄出来的，摄影机是活动的，它可以被摄影师随心所欲地安排各种方位或角度，能够随意改变它与拍摄对象的距离（也就是改变了观众与观看对象的距离），从而就"能最有效地支配观众的注意力"[1]。可见，摄影机距离的变换也调节着观众的审美认知注意。

叠化与审美认知注意。"叠化"被阿恩海姆定为电影技术的其他十大功能。叠化是早期电影使用较多的一种视觉语言。它是指在一个镜头中一个画面慢慢消融，另一个画面慢慢浮现，直到第二个画面完全覆盖第一个画面。"叠化"不能在一个统一的时空场面使用。"叠化"起到叙事转化的功能，因为"叠化"在两个镜头之间起着间隔的功能，预示着一段时空的结束，另一时空的开始。阿恩海姆认为"叠化""能加强蒙太奇中的对比和类似的效果"，因为在叠化过程中，一个镜头慢慢被另一个镜头所遮盖掉时，要是能使观众注意到两个镜头之间的相似性，"那么，转变的过程愈敏捷，效果就愈强烈，而这种关联也就愈引人注意"。[2] 如在表现一个火车向观众奔驰而来，与一个人物向观众奔跑过来的镜头的叠化时，观众的视觉会被两者的相似吸引，产生一种惊奇的美感。可见，"叠化"引导观众的视觉注意与审美认知往往需要建立在两个镜头内容之间的相似性之上。

焦点与审美认知注意。焦点是镜头的光心与对象的位置关系。当对象偏离光心时，对象则呈现出模糊的画面。调焦就是改变镜头光心到底片平面的距离，以获得清晰的画面。在早期电影当中，摄影师尽量避免使对象偏离焦点，因为这会被认为是错误的。直到人们后来学

---

[1] ［美］阿恩海姆：《电影作为艺术》，邵牧君译，中国电影出版社2003年版，第65页。
[2] ［美］阿恩海姆：《电影作为艺术》，邵牧君译，中国电影出版社2003年版，第93页。

会使用电影技术的缺陷,这种脱离焦点的拍摄手法,才获得艺术上的合法性。它最早被用来制造渐隐渐现的影像。后来,被导演用来表现同一个场面中前后的两个人物的对话。当人物 A 在画面中说话时,焦点就对准他,他被清晰地呈现出来;当人物 B 说话时,摄影师改变焦点,对准 B,此时 A 则呈现模糊的景象,而 B 则清晰地呈现在观众面前。用调焦来表现人物的对话,实质上体现了格式塔心理学的图形—背景组织原则。焦点在 A、B 人物身上的转化,其实是观众在观看时视觉注意的转化,也就是图形—背景的转换。调焦"迫使观众导演的意图先看一个人,再看另一个人"①。实质上,导演调节着观众的视觉审美认知注意及其信息的选择。其缺点,可能会使观众视觉审美认知、信息的接收处于被动状态。

以上主要讨论的是电影艺术形式对观众审美认知注意的引导与加强,从而对观众审美认知水平产生影响。阿恩海姆在《无线电:声音的艺术》一书中还讨论了音调、节奏、语气等广播艺术形式对观众听觉审美认知注意的影响,限于篇幅,不再一一赘述。从形式与审美认知注意的关系来看,我们发现,在早期认知美学中,阿恩海姆认为形式是影响审美认知的重要因素。而形式对审美认知的重要性表现在形式因素是审美认知主体首要接触到的审美认知要素,它通过对主体认知注意的引导与强调,影响着接受者的审美认知,增强了接受者的审美认知水平与审美体验。

二 单一知觉的审美认知

早期阿恩海姆的审美认知的一个特征是纯粹性或单一性,即把审美认知看作是一种纯粹的单一知觉的审美认知。如在电影艺术审美活

---

① [美]阿恩海姆:《电影作为艺术》,邵牧君译,中国电影出版社 2003 年版,第 97—98 页。

动中，把对电影的欣赏看作纯粹的视觉审美认知活动，排除听觉审美认知的参与；在《无线电：声音的艺术》中又排除视觉的参与，把广播艺术的审美活动看作纯粹单一的听觉审美认知活动。这种单一知觉的审美认知当然具有片面性，而且与格式塔心理学知觉理论精神相悖。这表明阿恩海姆在审美认知上再一次与格式塔心理学分道扬镳，走向了形式主义美学，使其早期美学呈现出矛盾性与多元性。本节笔者将对阿恩海姆的单一知觉的审美认知进行批判性研究。

认知心理学认为，听觉注意是人对听觉信息进行搜索、过滤完成信息加工的重要认知功能。研究表明，人的20%的信息来自听觉。人的听觉注意也分为两种，即目标导向注意和刺激驱动注意，前者是主动的，后者是被动的。大脑顶叶区中的听觉皮层负责加工听觉信息。认知心理学家通过做实验表明，人的听觉可以通过音量、音调等物理特征来选择信息进行加工，同时也可以根据语言的意义来进行信息加工。听觉注意影响着人对不同信息的筛选，在美学上，听觉注意还影响着欣赏者的审美认知和体验。阿恩海姆论述了有声电影与听觉注意的问题，把听觉审美认知排除在电影艺术审美认知之外，建立了纯粹的视觉审美认知。在《电影作为艺术》一书中，阿恩海姆开宗明义地反对有声片，把那些认为电影的"无声"是电影缺陷的人看作丝毫不懂电影的人，认为"电影正因为无声，才得到了取得卓越艺术效果的动力与力量"[①]。无声电影之所以比有声电影更具有艺术性，是因为无声电影通过间接地手法把声音具体化或形象化。比如卓别林（Chaplin）的《淘金记》、斯登伯格（Sternberg）的《纽约的码头》、费德尔（Fedel）的《新的绅士们》等众多默片都把"它特别希

---

① [美] 阿恩海姆：《电影作为艺术》，邵牧君译，中国电影出版社2003年版，第82页。

望强调出来的声音转化为可见的形象","于是声音就有了形状和含义"。① 在卓别林的《淘金记》中,美女来拜访卓别林,卓别林兴奋不已,但他并没有用有声的言语来表达他内心的喜悦,而是通过表情、无声的肢体语言来表达。他用餐叉叉住两块面包,然后模仿人欢快的行走的脚步。观看无声的肢体画面,观众必然会认识到卓别林此时内心的喜悦。因此,阿恩海姆认为,在无声电影中,演员的手势、嘴唇、姿态本身就是表现意义的手段。但在有声片中,这些手势、嘴唇、姿态动作"几乎完全失去了它作为表现手段的价值"。因为"如果听到笑声,那么张嘴的动作就显得很平常"。阿恩海姆实质上说明了无声电影更能引起观众的视觉注意,"注意人物行为可见的一面",从而引导观众对视觉信息进行加工的审美认知,得出影像画面所表达的意义。他说:"在听不见到声音的情况下,观众就完全为手势的表现力所吸引。由此可见,真实事件的某些部分——声音———旦取消,这个镜头的吸引力反而大大增强了。"②

问题在于,对无声电影影像"沉默的形式"的视觉注意的强调,其反面则是对听觉注意的忽视。从视觉与听觉同作为人的平等的认知器官来说,对视觉的强调,就是对听觉的贬低或无视。阿恩海姆实质上在电影艺术中存在"视觉专制主义"倾向,排除听觉审美认知在电影艺术欣赏过程中的合法性。这种做法根源于他对形式主义简化美学原理的信奉,而这一信奉又表明早期阿恩海姆对审美现代性的追求。

在更早完成的《无线电:声音的艺术》中,阿恩海姆同样坚持简化美学原理,对无线电艺术中的视觉想象的审美认知功能进行了排除。他说:"无线电广播的本质在这样的事实当中,即它通过听觉手段独自

---

① [美]阿恩海姆:《电影作为艺术》,邵牧君译,中国电影出版社2003年版,第84—85页。

② [美]阿恩海姆:《电影作为艺术》,邵牧君译,中国电影出版社2003年版,第86页。

提供完整性","那么任何情况下视觉都必须被排除在外,而且不能让听者的视觉想象的力偷偷溜进来。雕像不能被赋予一层肉色,无线电广播不能被想象"。①"从无线电广播的角度来看,听者用内心去想象的冲动是不值得鼓励的。相反,它会对真正自然的无线电广播欣赏及其提供的独特优势造成一种障碍。"②如此来看,真正的无线电艺术的审美认知只是纯粹听知觉的事情,想象、视觉图像的存在只会干扰听知觉的审美认知及其体验。在阿恩海姆看来,"通过视觉的消失,某些戏剧性的场景更简洁,更简化的呈现,更专注于本质,而且象征主义的力量得到加强"③。这是排除视觉成分及其视觉认知在审美过程中的艺术优势。因为它可以达到更完美的艺术形式,即简化的艺术。"伟大的艺术总是实用最简单的形式。"

形式主义简化原理是阿恩海姆建立单一知觉审美认知的理论基础。同时,他还认为两种表现手段在艺术作品中的存在给欣赏主体造成了认知的干扰。主体在审美活动过程中,真的会被各种表现手段干扰吗?认知心理学家提出"在人类的信息加工中存在着'顺序瓶颈'",即"让一个人的知觉系统同时去做两件事很难"④。比如我们不能同时既拍打自己的臀部,又抚摸自己的胸部。我们总是只能同时抚摸或同时拍打两个部位。但这种观点并不适合于眼睛与耳朵的同时进行。我们在日常生活中,总是同时既在看又在听。阿恩海姆就是从分散注意的角度来反对有声电影的。他认为,有声电影的表现手段违背了美学规

---

① Rudolf Arnheim, *Radio: An Art of Sound*, Translated by Ludwing and Herbert Read, New York: Da Capo Press, 1971, p. 134.

② Rudolf Arnheim, *Radio: An Art of Sound*, Translated by Ludwing and Herbert Read, New York: Da Capo Press, 1971, p. 137.

③ Rudolf Arnheim, *Radio: An Art of Sound*, Translated by Ludwing and Herbert Read, New York: Da Capo Press, 1971, p. 171.

④ [美]安德森:《认知心理学及其启示》,秦裕林等译,人民邮电出版社2012年版,第68—69页。

律，它令人不安，"这种不安显然是因为观众的注意力被分散到两个方向而产生的"①。阿恩海姆说的美学规律就是格式塔心理学的简化原理在美学中的运用，即艺术家总是倾向于用简单的手段、形式表现复杂的事物。有声电影却使用了两种手段，即视觉手段和听觉手段。无线电艺术如若用视觉想象去补充，则也会对真正的审美活动造成干扰。为什么只有纯粹听觉的无线电、只有纯粹视觉的默片才是优秀的艺术。难道人的视听、知觉的认知能力就是机械的接受信息吗，难道它们不能同时接受信息、加工信息、输出信息吗？难道视听、知觉不能同时应付两种表现手段的艺术吗？阿恩海姆到底哪里出错了呢？问题的症结依然要到阿恩海姆所谓的简化原理中去寻找。

我们在前面论述阿恩海姆早期简化美学原理时就指出过，阿恩海姆的简化原理不是格式塔心理学的"简化"，而是一种形式主义美学的简化，并且在阿恩海姆那里是被公式化了的简化。这种纯形式的简化只是一种艺术作品形式的简单，表现手段的单一、纯粹。根据这种公式化的纯形式简化原理，阿恩海姆对电影、无线电艺术中的"非本质性的要素"进行阉割，从而让电影艺术成为默片，排斥声音，让无线电成为纯粹的听知觉艺术，排斥视觉。这种艺术观，我们已经指出是机械的、片面的观点。同样的道理，对这种单一表现手段、材料进行审美认知的过程也必然是一种单一知觉的审美认知过程。因此，阿恩海姆在早期认知美学思想中存在严重的单一知觉审美认知。这种审美认知，把主体的审美欣赏活动的过程限制在单一知觉领域内，排除其他知觉，其他心理功能在审美活动中的认知功能。笔者认为，这种单一的审美认知违背了主体实际真正的审美认知过程，无法真正呈现主体审美活动过程中的认知机制、认知规律。人的认知活动

---

① ［美］阿恩海姆：《电影作为艺术》，邵牧君译，中国电影出版社2003年版，第156页。

是一个整体，不能分割成各自独立的认知领域、认知步骤。正确的审美认知应该是整体知觉相互协作、共同影响的过程。阿恩海姆强调的单一表现手段的艺术的单一知觉的审美认知恰恰是对主体审美认知的能动性、主观性、积极性的矮化，是对主体的完形认知能力的忽视。正因为我们有了完形认知能力，所以主体才能在多种表现手段中抓住本质性的部分、重要的部分、主要部分，忽视其他次要的部分，从而在完形审美认知过程中收获美学的愉悦。接踵而至的问题是，阿恩海姆由于过于强调单一知觉的审美认知，导致对主体真正的作为一个整体的认知活动的切割，使他早期与格式塔心理学的知觉整体性擦肩而过。他的单一知觉的审美认知并非一种积极主动的完形认知，而仅仅是单一知觉的直觉认知。完形认知仅仅作为一种艺术存在的认知基础。同时，我们也看出早期阿恩海姆单一知觉的审美认知对审美现代性的追求，追求审美自律。这一美学思想对后现代美学具有重要的启示意义。

三 作为形式直觉的审美认知

阿恩海姆早期的认知美学与中晚期的认知美学是存在一定差异的。中晚期，阿恩海姆坚持了主体的积极主动的完形认知加工能力，因而使得主体的每一次视觉审美都是一个与客体交互的能动的完形认知加工过程。但在早期，阿恩海姆的审美认知失去了主体的"完形"加工维度，从形式主义美学出发，使得其审美认知仅仅停留在一种直觉式的形式领会上。他在《无线电：声音的艺术》和《电影作为艺术》中都指出过，对艺术作品的审美过程是一个对形式直接感知的过程，其中没有经验、想象、联想、判断的介入。他认为无线电艺术，"最基本的听觉效果并不在于把我们实际上所知道的话语或声音的意义传递给我们。声音的'表达特征'以一种更直接的方式影响着我们。它通过

第七章 直觉与完形：阿恩海姆早期认知美学思想

声音的强度、音高、音程、节奏和性质等来影响我们，无须任何经验就能理解"①，"无线电广播不能被想象"②，"这是一个更激进的步骤，以消除所有的因素，仅从声音表演推断（无线电作品的好坏）……音乐是最纯粹的无线电作品。它表明，除了扬声器之外，没有任何东西，它不是从一个看不见的空间发出的声音，而是一个过程——可以说是扬声器本身的过程。它不需要对声音做出解释，只需要对声音本身及其表达的理解"③。对于电影的审美认知而言，也是通过电影形式方面的对立、相似等因素形成的某种具体可感的形式意味的直接认知，而不是理性的思索。阿恩海姆以具体的例子对此进行了说明。一个是《巴黎一妇人》的影片结束的场景，一对男女已经分手，导演让他们两人在熙攘的街道上偶然地擦肩而过，一个带着小孩，一个坐在马车上。而影片就在擦肩而过的一刻结束。这个镜头是典型地用形象再现情感的象征手法。两个曾经相爱相知的人就像陌生人一样擦肩而过，同时擦肩而过的还伴随着两人之前的感情和生活世界。正如阿恩海姆所言："两个人生活道路一度相交，旋又分离。但是用来表现这个抽象事实的具体事件却不落窠臼，它是非常新颖的。"④ 阿恩海姆想说的是，电影通过具体的可感的形象化手段把那抽象的分手后的悲伤以及生活又不得不继续的无奈淋漓尽致地展现在观众的视觉观看之中。观众一看便认知到其中的情愫。这种视觉的审美认知是纯粹的、刹那的、直觉的，而不需要过多的理性能力。因此，阿恩海姆的审美认知是在审美活动过程中主体对艺术作品形式进行直接的认知，没有经验、想象、理性

---

① Rudolf Arnheim, *Radio*: *An Art of Sound*, Translated by Ludwing and Herbert Read, New York: Da Capo Press, 1971, p. 30.
② Rudolf Arnheim, *Radio*: *An Art of Sound*, Translated by Ludwing and Herbert Read, New York: Da Capo Press, 1971, p. 196.
③ Rudolf Arnheim, *Radio*: *An Art of Sound*, Translated by Ludwing and Herbert Read, New York: Da Capo Press, 1971, p. 136.
④ ［美］阿恩海姆：《电影作为艺术》，邵牧君译，中国电影出版社2003年版，第115页。

等主体心理活动在审美认知活动中的参与。阿恩海姆对审美认知作为一种直觉认知的认识是片面的。

我们认为审美认知过程是审美感知、审美想象和判断交互循环的整体，而不是一个相互对立的或线性的过程。从直觉表明的来看，它是一种下意识的反思判断等理性思维的参与，事实上，直觉的刹那的感知建立在欣赏者自身长期的日常生活经验积累的理性认知框架或模型中。因此，任何一个审美直觉都绝不是纯粹非理性的，而是理性与感性、直觉与思维共同参与的结果，或者说审美接受者"最终能获得审美感知，实际上是'审美对象的刺激'和'过去经验在人脑中的复现'的统一"[1]。那种没有经验和记忆的纯粹的直觉审美认知是不存在的。只是审美认知中的直觉是由于我们长期的经验而形成的无意识的反应。经验与记忆在这种刹那的审美认知中下潜到无意识层次。因此，阿恩海姆早期审美直觉认知没有真正认识到审美认知活动的整体性或连贯性，忽视了经验、记忆、想象、理性在审美认知中的作用。笔者认为，真正的"完形认知"既不是阿恩海姆早期单一知觉的直觉认知，也不是阿恩海姆中晚期思想中所坚持的完形直觉认知。前者忽视了主体的完形组织加工能力，把认知限制在狭隘的先验直觉领会范围之内；后者虽然强调了主体积极的完形组织加工，但是忽视了后天经验、记忆、学习在完形认知中的作用。虽然阿恩海姆在中晚期阶段认为视觉完形认知也一个类似理性、逻辑、推理、判断的过程，但终究这种理性的视觉思维仅仅是一种直觉思维。他认为艺术的认知过程是一个直觉的完形认知过程，而不是通过逻辑、理性推理得出来的，其实还是排斥了理性逻辑、推理判断在审美认知过程中的作用。

有必要在这里对阿恩海姆早期与中晚期阶段存在的两种直觉认知

---

[1] 李添湘：《论审美感知和审美想象》，《湖南教育学院学报》1995年第4期。

进行一个简单的区分。它们都是一种直觉认知，它们都排斥经验、理性、想象的审美认知功能，为什么会不同呢？问题就在于其早期的直觉认知，仅仅还是一般的感觉的下意识反应，其中没有格式塔心理学场论、异质同构理论作为基础；而其中晚期阶段的完形直觉认知因为有了格式塔心理学场理论、异质同构理论的支撑，使其直觉有了更坚实的格式塔心理学基础与完善的体系。也就是，区分早期的审美直觉认知与中晚期阶段的审美完形直觉认知的关键点就在于两者有没有格式塔心理学的理论基础。早期阿恩海姆由于仅仅把格式塔心理学的简化原理运用到电影艺术的心理学基础之上，并没有从深度上、横向上进行扩展，使得他的审美认知仅仅是一般的、形式的直觉认知。他早期美学思想中时时刻刻存在的多元性与矛盾性也是这一原因的体现。

四 完整电影会降低观众的认知水平吗？

阿恩海姆在《完整的电影》一文中，指出声音、彩色、立体电影、宽荧幕等技术的进步，致使人类实现了完整的电影，表达了完整的电影的实现对黑白片、默片的艺术性的毁灭性冲击。"完整的电影终于实现了，这件事情本身并不一定就是一次灾难——只要允许默片、有声片和彩色有声片跟这种影片同时并存。"[1] 也就是说，只要默片、有声片、彩色片无法并存，那么完整的电影的实现就是对黑白默片的灾难性的冲击。电影史证明，三种电影并没有并存。这可能表明，阿恩海姆认为电影作为一门艺术已经结束了，电影死了——"默片的发展在尚未产生良好结果之前就被中断了（可能是永远结束了）"[2]。电影已经不是一门纯粹创造形式的艺术了，成为对现实完整的机械再现的记

---

[1] ［美］阿恩海姆：《电影作为艺术》，邵牧君译，中国电影出版社2003年版，第125页。
[2] ［美］阿恩海姆：《电影作为艺术》，邵牧君译，中国电影出版社2003年版，第121页。

录工具。不完整的电影才是艺术。

第一，从"完形认知"来看，完整电影的出现，不会降低观众的完形认知能力。阿恩海姆的电影理论建立在观众的简化本能即完形认知的认知能力之上的。（不完整的）电影之所以能够以半真实的画面出现，以蒙太奇超越时空的联系而剪辑在一起的画面出现，而不至于给观众造成眩晕、茫然无措感，就是因为观众的幻觉是部分的，因为观众具有天生的简化倾向、完形认知能力。换句话说，就是因为不完整的电影，观众的幻觉才是部分的。当完整电影实现时，那么画面都是"完整的幻觉"，是否观众的完形认知就消失了呢？如果完形认知消失了，那么对于电影审美认知能力也大大降低。阿恩海姆本人并没有提出这个问题，也并没有回答。依据阿恩海姆的内在逻辑，笔者认为他的回答是肯定的，至少"肯定"的观点是他的主流观点。从他认为完整的电影不是艺术就可以得出这个回答。因为既然完整的电影不是艺术，那么何来审美活动呢？笔者认为，从人的认知机制来看，观众的完形认知是不可能消失的。首先，因为它是人的一种先天认知能力。观众面对所谓的"完整电影"，其完形认知能力是依然存在的。其次，再完整的电影都是不完整的。比如，荧幕的大小限制的存在永远作为一个"缺陷"引导着观众的部分幻觉，进而引导着观众的完形认知。即使当今的巨幅荧幕也不可能把整个世界框进去。因此，以"完形认知"为基础的电影观看就是永远存在的。完整电影也不可能让观众的完形认知消失。

第二，从审美认知水平来看。阿恩海姆对于观众审美素养高低的判断标准始终建立在是否对形式产生关注之上。他认为，完整电影会摧毁黑白默片在形式上的审美传统与艺术表现力。但当完整电影实现时，这种形式因素就会降低，因此推之，阿恩海姆会认为，完整电影的出现，恰恰会降低观众审美的水平，降低观众的审美认知能力。有声电影"似乎不得不破坏所有我们所钟爱的默片的艺术品质"①;彩色片"把摄影机越来越降低为机械地进行记录的工具";立体电影"不再存在一个以银幕为界限的平面,因而也就不可能在这样一个平面上进行构图","银幕面积的扩大将削弱一切平面构图和立体构图的动人程度"②。文中与之相似的论述比比皆是,它们指向一个共同观点,即完整电影的出现致使黑白默片电影的一切艺术形式都将走向衰亡,"留给艺术的就只是在外形上所固有的一些残余"③。如此一来,完整电影没有创造艺术形式的可能性(至少阿恩海姆认为目前是),那么观众在观看完整电影时,"只是因为看到人的手创造了同某种自然物惊人地相似的形象而感到兴奋"。完整电影只让观众注意到影像的形状,而不是有意味的形式,因而在阿恩海姆看来,观众的审美认知水平就会自然倒退和下降。但事实上是如此吗?完整电影的实现会致使观众审美素养、审美认知能力的倒退吗?笔者认为这是不可能的。首先,完整电影并非完全是对现实的再现,现在的科幻电影已经指明,通过电脑特效完全可以制造与现实不同的影像,而且这个影像本身源于现实而高于现实的。它必定是一个艺术形象,即完整电影的影像绝不是纯粹的无意味的形状。其次,对电影的审美素养、审美认知能力高低的判断标准不能以对形式的审美为标准,对电影的象征意义、人物悲欢离合的情感、曲折的情节、强权的批判等精神内容的体验都要求很高的审美素养和想象以及理性的审美认知能力,不仅仅是刹那的形式直觉就完全可以胜任的。也就是审美认知水平并不仅仅是一种纯粹的形式直觉认知能力,而是包括注意、感知、联想、想象、推理、判断等多种心理

---

① Rudolf Arnheim, *Film Essays and Criticism*, Translated by Brenda Benien, London: The University of Wisconsin, 1997, p. 231.
② [美]阿恩海姆:《电影作为艺术》,邵牧君译,中国电影出版社2003年版,第122页。
③ [美]阿恩海姆:《电影作为艺术》,邵牧君译,中国电影出版社2003年版,第124页。

能力。"国外艺术认知心理学家研究认为,人的审美认知活动需要经历五个阶段。一是审美知觉,二是外显分类,三是内隐分类,四是认知分析,五是审美评价。"[1] 审美直觉认知仅仅是审美认知过程中的一个初级阶段。因此,不能以形式直觉认知水平作为整个审美认知水平高低的判断标准。最后,完整的电影永远无法完整,荧幕的界限就是一块"永恒的残缺"。既然完整的电影是不可能的,那么即使荧幕的尺寸变大,在平面上进行构图的艺术形式的创造就依然存在。彩色的各种象征内涵也是电影艺术的必要的形式语言之一。电影史上的彩色电影大师也层出不穷,如意大利导演安东尼奥尼的《红色沙漠》,波兰导演基耶洛夫斯基的《红》《白》《蓝》三部曲,我国第五代导演张艺谋的《红色灯笼高高挂》、香港电影导演王家卫的《春光乍泄》等,都是把彩色的艺术内涵发挥到淋漓尽致的导演,阿恩海姆有何理由排斥彩色,否定"完整电影"。因此,笔者认为,所谓的"完整的电影",其电影形式的艺术性是依然存在的,不仅没有渐弱,反而取得了更丰富的表现手法。完整的电影与其说是电影艺术的死亡,不如说是电影作为艺术的完整实现。总之,阿恩海姆认为对完整电影带来观众审美素养、审美认知水平倒退的观点,也是错误的。

第三节 早期认知美学的反思及其当代价值

阿恩海姆早期认知美学存在两种形态,即完形认知与一般直觉的认知。这种二元形态的认知美学来自其早期理论基础的二元性,即形式主义与格式塔心理学。这表明其早期审美认知缺乏完整的体系。这是所有美学家在其早期阶段的特色,阿恩海姆也如此。对阿恩海姆早

---

[1] 丁俊、崔宁:《审美间体研究——主客价值创生—双向体验观》,中国社会科学出版社2016年版,第105页。

期这一形态的认知美学进行反思,有助于我们深化理解其早期认知美学的矛盾所在,也有助于我们深刻地理解其早期认知美学对当代美学的价值与启示。阿恩海姆早期认知美学具有很强的直觉性和先验性特征,对认知的具身性、经验性有所忽视。但阿恩海姆的早期的"完形认知"为其中晚期形成更加完整的完形认知美学打下了良好基础,其当代意义在于为时下认知美学研究提供了另一条认知研究路径与审美认知视域。

一 早期对"具身"认知图式的忽视

当代美国的电影认知理论家波德维尔在电影接受方面做出了巨大贡献。他认为观众的认知能力的来源是经验性的,指出观众电影认知能力有三种来源,即先天的感知能力、先前的知识与社会经验以及电影本身的内容与结构。"在观影过程中,观众是能思考的,而观众最重要的认知目标是调用来自环境和过去的知识积累和经验图模来建构故事。"[1] 波德维尔把观众的电影审美认知能力总结为认知"图模",比如因果关系图模,有关各种类型电影建立起来的视觉认知信息、记忆或模型等。常常观看西部片的电影观众,能一下子识别出一部西部影片中的类型特征。这些特征在观众的观看过程中是被当作信息进行认知加工的。每个观众都会根据自身不同的社会经验与观影经验建构起与众不同的电影认知图模。观众的注意模式是认知图模的一种,是观众电影认知能力的重要组成部分之一。观众的注意模式也是完全不同的。但有一点,需要明白的是,观众观看电影的注意模式总有"具身性"的一面。观众在观看电影时,把现实中的视听注意模式,运用到电影世界中,发挥认知功能。我们可以把这种注意模式看作观众通过

---

[1] 刘亭:《实践理性:大卫·波德维尔电影理论研究》,中国传媒大学出版社2016年版,第68页。

经验积累建立起来的一种电影观看的"具身"认知注意图式或认知框架。这种"具身"认知注意图式有很多种，比如有对电影形式因素的类型图式的，如西部片、强盗片；还有较为抽象的容器图式、中心—边缘图式等。恰恰是这种"具身性"的认知图式引导着观众对电影形式与内容的认知与理解。比如，观众会运用容器图式能够把电影主人公的回忆与梦境的影像看作一个合理的影像空间，那是因为观众运用容器图式把回忆影像认知为现实中存在的梦境与回忆的隐喻。意大利导演贝尔托鲁奇的《末代皇帝》，就是由 28 个容器隐喻构成的，其中主要有两种容器隐喻。一种是故事中的现实世界，它是对真正的现实世界的容器隐喻；第二种是溥仪、庄士敦等人物回忆的容器隐喻。《末代皇帝》主要是在现实世界与回忆世界的容器隐喻之间转换，从而构成了在现在与过去的转换中呈现出一段历史的沉重与深郁。影片大量使用了溥仪的回忆空间展开叙事，其实是把观众带入了溥仪的内心世界，这样更能让观众体验到末代皇帝的心路历程。而观众能够体验到这些，恰恰是因为他具备的"具身"的认知注意能力，尤其"具身"的容器图式。

从观众的"具身"认知注意模式来看，阿恩海姆早期认知美学反对电影中声音、听觉的存在，极力为具有纯粹、单一视觉元素的无声电影进行辩护，其实质是对观众早已具备的现实的有声有色的"具身"认知注意模式的排斥与拒绝。对这种具有声音、彩色的"具身"注意模式的拒绝，会导致观众注意模式的非完整性，如观看默片肯定会导致观众在听觉注意模式上压抑早已具备的认知能力。压抑了听觉自动地运用的认知能力，这恰好说明阿恩海姆为何会肯定观众的直觉性的审美认知能力，而拒绝了观众具备的通过日常视听经验积累起来的"具身"注意模式的原因。从现实的视听注意模式上看，观看无声电影总有一种感觉上的缺残的感觉。事实上，不管是"具身"的认知注意能力，还是直觉性的认知能力，都是主体不可或缺的认知能力。一个完整的电影观众及其认知能力，是两者的完整统一。这样的审美认知才是完整的、健全的。阿恩海姆反对完整电影，反对有声电影，反对电视，反对无线电艺术中的视觉想象，恰恰是对日常生活中审美主体的"具身"审美认知注意模式的遗忘，也正是遗忘才导致其早期（甚至是中晚期）完形认知、审美直觉认知的先验性特征，导致他的整个美学对经验、社会、历史的美学功能重视不足。阿恩海姆早期对审美经验的"具身性"的遗忘表明其早期美学的理论基础的片面性，也说明了格式塔心理学本身的片面性。

二 早期认知美学的当代价值

阿恩海姆早期认知美学与早期审美感知具有结构上的同一性，即都把完形与审美的关系分离开来了。作为艺术的心理学基础的完形认知和作为直觉的审美认知构成阿恩海姆早期审美认知美学的两个主要部分。前者表现为以格式塔心理学的"完形认知"为基础，构成蒙太奇、部分幻觉理论的认知基础；后者表现在审美认知上，对艺术作品形式与观众的审美认知注意的关系，认为形式引导并调动着审美主体的审美认知活动，以形式主义美学为基础。这种特征说明阿恩海姆早期美学存在格式塔心理学形式主义美学的双重奏，也表明早期美学对格式塔心理学借用得还不够成熟。他试图把格式塔心理学理论运用到电影、无线电等新媒体艺术当中，同时在万研究审美活动问题时，又没有很好地坚持格式塔心理学相关理论。作为中晚期的"完形倾向"未能参与接受者的审美活动。直到中晚期，他的审美认知理论才完全成为一种审美完形认知。

阿恩海姆审美认知具有浓厚的先验性和直觉性的特征，反对经验主义，忽视了观众具备的"具身认知注意模式"。阿恩海姆断言，曾经他被格式塔心理学的某种"康德倾向"的东西所吸引。康德认为，人们关于世界的知识是通过主体的先验的理性范畴来完成的，具有先验的倾向。这种倾向也表现在阿恩海姆的完形认知当中。完形认知是一种先验的认知，而不是一种自下而上的经验认知。阿恩海姆的"完形倾向"还强调完形的直觉性，从而完形认知自然也具有一种直觉性的特征。阿恩海姆在电影艺术的视觉审美认知中对视觉认知、视觉美感的强调，对听觉的审美认知功能的忽视与认识的不足，对无线电艺术作为纯粹的听觉审美认知的强调，忽视视觉、想象在审美认知中的作用，表明其在讨论审美认知美学思想时持有逻各斯中心主义认知框架，同时也是一种审美现代性的表现。阿恩海姆早期认知美学虽然并没有建立起完整的格式塔心理学完形认知美学，存在完形认知与一般化的审美直觉的二元性，但并不能因此就忽视了其早期美学的当代价值。总的来说，阿恩海姆早期认知美学对当代美学的启示有两点。第一，通过与当代认知美学的对话，呈现格式塔心理学认知美学思想，把完形倾向解读为完形认知，丰富了当代认知美学的研究路径。当代认知美学大致分为两种研究范式，即理论思辨研究和实证研究。前者以认知美学的理论探讨为主；后者以神经科学为后盾，寻找美学活动的神经机制。完形认知主张审美认知活动感性与理性的交融不可分，认为知觉的审美认知是一种刹那的直觉性的完形认知，是一种先验的认知能力，跟人的经验无关。这种完形审美认知的观点丰富了人的审美认知能力的认识，弥补了当代经验主义审美认知的不足。同时，结合当代认知神经美学为完形认知找到神经机制，可以促进格式塔心理学本身的当代转化。第二，丰富当代认知电影理论研究的方法。电影的认知接受研究是由美国电影理论家波德维尔开创的。波德维尔反对普适的宏大理论研究范式。这种理论范式"试图将一切电影表现形式纳入符号体系，使得电影研究的所有现象和问题都指向理论，对应理论框架下的话语符号，对理论做出呼应和验证"[①]。根据认知科学相关理论，波德维尔从观众积极主动的信息处理加工出发，对电影进行了认知研究，形成了他的电影"中间层面"理论。这种理论认为"观影活动是一种动态的心理过程，控制着包括感知能力、先前的知识与经验、影片本身的内容和结构的主要因素"[②]。这三种因素构成观众进行认知操作的具体的认知基础。不同于波德维尔的"中间层面"认知理论，把观众的认知能力既看作具有先验的抽象能力，也看作具有经验的知识积累的后天学习能力。阿恩海姆的完形认知为电影观看提供了一种新的认知能力，即一种具有先验倾向的完形认知能力，为认知电影研究提供了一条新的研究路径。

[①] 刘亭：《实践理性：大卫·波德维尔的电影理论研究》，中国传媒大学出版社2016年版，第4页。

[②] 刘亭：《实践理性：大卫·波德维尔的电影理论研究》，中国传媒大学出版社2016年版，第67页。

第八章　迂回与进路：阿恩海姆早、中晚期美学比较

　　阿恩海姆早期美学被人遗忘了，或者说，并未引起重视，从阿恩海姆早期媒介文化理论在媒介研究史上的缺席可看出。阿恩海姆美学思想以格式塔心理学美学著称。人们对阿恩海姆格式塔心理学美学思想的认知又几乎完全来自其中晚期著作。在学界，以《艺术与视知觉》《视觉思维》《艺术心理学新论》《建筑形式动力理论》为代表的中晚期美学思想成为阿恩海姆整个学术思想的代表。这种认知路径对于美学史的写作来说，还具有一定的可行性，但它并不能让我们深入地呈现一个思想家一生的思想的矛盾、斗争、龃龉和嬗变历程。为何阿恩海姆早期美学被人遗忘了呢？难道是没有价值吗？当然不是，就早期美学基础、审美感知、媒介美学、作者观、认知美学等内容来看，阿恩海姆的早期美学对当下的美学研究具有重要的启示意义。笔者认为，阿恩海姆早期思想被遗忘的主要原因，在于他早期的学术活动以新兴的媒介艺术为中心，写作年代久远，国内又缺乏其早期著作的中译本。他中晚期美学著作比较系统，逻辑更加严密，掩盖了其早期著作的光辉，因此研究者直接以其中晚期著作为其美学思想代表，而忽视了其早期著作。阿恩海姆早期美学与中晚期美学在研究对象上发生了一次

重大的转向,这次转向的时间在 1941 年,以他与美国传播学者拉扎斯菲尔德(Lazarsfeld)合作的"无线电肥皂剧研究"的失败为标志。自此,阿恩海姆从早期电媒介艺术研究转向了以绘画、雕塑、建筑为代表的传统艺术研究。笔者认为,每个思想家在其学术活动中,"某种转向"必然标志着一个思想家的某种蜕变。这种蜕变对于理解一个思想家具有重要的启示意义。鉴于此,笔者认为,研究阿恩海姆早期美学,必须与他中晚期美学思想进行一个系统的比较,如此才能看清阿恩海姆一生的学术历程。本章将对阿恩海姆学术活动转向的表层以及深层原因进行分析,然后比较阿恩海姆早期与中晚期在主要美学问题上的异同,最后展现阿恩海姆学术蜕变的内在纹理,回顾其早期美学的不足及其当代价值。

第一节　阿恩海姆研究对象的转向

阿恩海姆在其一生七十余年的学术生涯中,有一个有趣的现象,即从早期到中晚期发生了非常巨大的研究对象的转向。早期阿恩海姆关注新兴的电媒介艺术,而到了中晚期则更关注绘画、建筑、雕塑等传统艺术。有趣的是,阿恩海姆的这种研究转向与其所在的整个西方文化发展路径背道而驰。我们知道,当今世界是图像的世界,是视觉文化的世界。从 1895 年电影发明以来,整个世界都在不断地从传统的二维静态文化转向以视觉动态图像为主的传媒文化。面对这种巨大的时代文化潮流,阿恩海姆为何抛弃早年建立的学术理论话语资源,放弃电影、无线电等新媒介艺术的研究,反而扎入被时代逐渐冷落的传统艺术研究呢?这其中缘由是什么?是否跟其理论本身有关?当然这些问题目前由于没有纳入阿恩海姆美学研究的视野,就遑论对其进行有效解答了。本节将试图就这些问题给出自己的答案。

一 阿恩海姆美学思想阶段的再划分

电影和无线电广播构成了阿恩海姆早期美学活动的两个对象。电影是阿恩海姆一生学术研究活动的起点。1928年，阿恩海姆在柏林大学获得哲学博士学位后，担任《世界舞台》杂志的助理编辑和记者，负责文化评论。阿恩海姆就是在此阶段开始从事电影研究活动的。阿恩海姆在《世界舞台》杂志工作的第五年，国家社会主义政党在选举中获胜，希特勒上台，阿恩海姆移居意大利，任职于意大利教育电影国际学会，继续从事电影研究活动，同时出版了《无线电：声音的艺术》一书。1940年，阿恩海姆离开意大利，移居美国，加入美国国籍。阿恩海姆到了美国以后，学术研究对象主要以绘画和建筑为主。因此，阿恩海姆早期电影、无线电艺术研究活动基本定格在1928—1940年之间。从现有的资料来看，阿恩海姆所有重要的早期著述都是在此期间完成的。布伦达·本辛（Brenda Benien）英译本《电影批评文集》（*Film essays and Criticism*）中的"生平年表"显示，《新拉奥孔》（1938年）是阿恩海姆"最后关于电影的大文章"[①]。《无线电：声音的艺术》也于1936年在伦敦出版社。20世纪60年代阿恩海姆还发表了两篇讨论电影的文章。一篇是1962年对美国独立电影和女权主义电影先驱玛雅·戴伦（Maya Dylan）在其影片《午后的迷惑》剧照中肖像的评论。一篇是写于1965年的《今天的艺术与电影》，对当时的视觉艺术与电影艺术进行了对比式地讨论。[②] 1943—1968年阿恩海姆在劳伦斯学院教授艺术心理学，从此阿恩海姆逐渐把主要研究对象转向艺

[①] Rudolf Arnheim, *Film essays and Criticism*, Translated by Brenda Benien, London: The University of Wisconsin, 1997, p. 231.

[②] Rudolf Arnheim, *Film essays and Criticism*, Translated by Brenda Benien, London: The University of Wisconsin, 1997, p. 227.

术与视知觉两大领域，出版了一系列相关书籍，如《艺术与视知觉》《视觉思维》《中心的力量——视觉艺术构图研究》《建筑形式动力理论》等。国内学者宁海林在其著作《阿恩海姆视觉动力理论研究》中对阿恩海姆美学思想发展的阶段进行了划分。他认为在阿恩海姆一生的学术活动进程中，他的研究对象发生着改变，呈现出三个不同的阶段。"第一阶段是从进入柏林大学学习到《艺术与视知觉》（1954）的出版，他的研究重心侧重于探讨艺术形式与视知觉之间的关系"[1]，主要致力于运用格式塔心理学的完形倾向、简化本能来揭示艺术形式的格式塔特征。第二阶段大致在1954—1964年间，此阶段阿恩海姆把"研究重心放在揭示视知觉的思维本质上，着重探讨了视知觉具有思维的性质，弥合了感性与理性、感知与思维、艺术科学之间的裂缝"[2]。《视觉思维》是该阶段思想的集中体现。第三阶段是从20世纪70年代以后，这个阶段阿恩海姆把研究重心放在了对中期阶段揭示的视觉动力在艺术作品中的表现的思考之上，以《中心的力量——视觉艺术构图研究》和《建筑形式动力理论研究》为代表。这种思想阶段的划分完全是不科学的。因为它实实在在地把阿恩海姆早期（1928—1940年）学术活动的特色给遗忘了，比如此时期研究对象与中晚期的差异以及此时期美学基础的二元性（形式主义与格式塔心理学的相互倾轧）。不完整的划分必然导致对一个思想家的思想的宏观把握的不完整。鉴于此，笔者对阿恩海姆美学思想发展的阶段进行了再划分，从时间、学术主题出发，把阿恩海姆的研究活动分为三个阶段。不同于宁海林的划分之处在于，把阿恩海姆的早期学术活动界定为电影和无线电艺术研究，时间上呈现为1928—1940年，把中期划分在1940—1971年，晚期则定格在1970—2007年。这种划分的依据不仅是阿恩海

---

[1] 宁海林：《阿恩海姆视知觉形式动力理论研究》，人民出版社2009年版，第7页。
[2] 宁海林：《阿恩海姆视知觉形式动力理论研究》，人民出版社2009年版，第7页。

姆后期研究对象主要以绘画艺术为主，而且地理空间的变更及其带来的社会环境的变更也为这种划分提供了依据，更重要的依据在于此时期思想与中晚期思想的根本性差异。1928—1940年的欧洲是动乱的变革的欧洲，战争与硝烟、死亡与恐惧、动乱与不安布满了整个欧洲。电影艺术在这个时期如火如荼地进行着各种先锋运动。无线电艺术也作为一种新型的信息媒介、艺术式样发展起来。此时期的美国处于一个相对稳定的状态。美国电影则以好莱坞经典商业类型片为主。地理环境的改变一定程度上促进了阿恩海姆学术研究阶段的划分。在工作上，阿恩海姆早期从事的是记者行业，在意大利期间在电影研究学会工作过。中晚期阿恩海姆到了美国，则在传统大学从事艺术心理学教育工作。此时期阿恩海姆尝试把格式塔心理学运用到传统艺术研究中来。这种转变本身就表明阿恩海姆美学思想发生了某种转变。可见早期与中晚期工作的差异也是重新划分阿恩海姆思想阶段的根据之一。再者，笔者在本书第2章已经指出，阿恩海姆早期美学受到形式主义美学和格式塔心理学美学双重理论基础的影响。此时期形式主义美学与格式塔心理学相互倾轧、合作、分工，共同完成了阿恩海姆早期的新媒介艺术研究。但此时期阿恩海姆没有把形式主义美学与格式塔心理学融会贯通起来，使得早期美学形态略显不成熟，成为一个独具特色的阶段。就此而言，我们就应该对此阶段进行独立划分，进行系统地研究。

因此，笔者认为从地理空间、工作环境以及美学基础的差异来看，阿恩海姆美学思想发展的三个阶段应划分为早期（1928—1940）的电影与无线电研究、中期（1941—1971）的格式塔视知觉艺术理论研究和侧重视觉动力在艺术作品中的具体呈现的晚期阶段（1971—2007）。这种阶段的划分不仅使阿恩海姆美学思想的发展历程更清晰，便于察觉其不同阶段的研究对象，而且更促进了我们对阿恩海姆美学思想内部微妙的差异的认识，促使阿恩海姆美学研究走向更加精细化。

二 阿恩海姆学术研究对象的转变及其原因

无线电艺术和电影构成阿恩海姆早期美学活动的主要研究对象。早期以电影、无线电为核心形成的美学思想是阿恩海姆格式塔心理学美学思想的重要组成部分，也是阿恩海姆最早把格式塔心理学相关原理运用到艺术理论与批评研究的学术活动中。阿恩海姆从早期到中晚期明显地发生了一次研究对象的转向，即从新媒介艺术转向传统艺术。阿恩海姆早期学术活动的对象是以现代新兴的电子媒介为主，主要对电影、无线电、电视等媒介文化进行美学研究。这个时期的起始时间从1928年到1940年，一共持续了12年。在此时期，阿恩海姆运用格式塔心理学和形式主义美学对无声电影、无线电广播作为一种简化的伟大艺术式样进行了论证，以《电影作为艺术》《无线电：声音的艺术》《电影批评文集》三本著作为代表。当然，阿恩海姆这个时期对格式塔心理学原理的运用并不完整，他的论证缺乏严密性，受到形式主义美学方法论的影响，使其早期美学呈现矛盾、多元、复杂的特征。如此，阿恩海姆的早期美学就不能被称为格式塔心理学美学，而是形式主义美学与格式塔心理学美学的双重奏。用一句话概况此时期的美学思想，即无声电影、无线电是艺术，因为它们能够通过单一的形式表现手段表达丰富的精神内涵，有声电影和电视不是艺术，只是文化传播工具，因为他们的表现手段具有两种以上，并没有达到简化的程度。在中晚期美学阶段，阿恩海姆开始以绘画、建筑为主要研究对象，运用格式塔心理学简化原理，讨论了绘画建筑艺术的色彩、形状、光线、空间运动等与视知觉相互作用形成的完形关系，建立了格式塔表现论和艺术论，同时也深刻地解构了把知觉与理性进行二元对立的传统的形而上学做法，指出视觉也是一种思维，一种直觉思维，同样是一种选择、补全、判断等理性活动。"一切知觉中都包含着思维,一切推理中都包含着直觉,一切观察中都包含着创造。"① 这个时期阿恩海姆以《艺术与视知觉》《艺术心理学新论》《走向艺术心理学》《视觉思维》《建筑形式动力理论》等著作为代表。

从上面的论述来看,阿恩海姆早期与中晚期研究对象的转变。从早期到中晚期,阿恩海姆经历了从现代新媒介艺术(电影、无线电)到传统绘画、建筑等艺术的转变。笔者要问,阿恩海姆为什么要改变学术研究对象呢?媒介艺术、媒介文化研究不是一个新兴的学术领域吗?为何阿恩海姆匆匆地对之研究一番就完全放弃,反而转向了传统艺术,为何不直接进入传统艺术研究?阿恩海姆这种迂回的学术路径,对阿恩海姆来说是不是多此一举呢?

对于阿恩海姆为何在1940年左右放弃媒介美学研究,转向传统艺术,笔者认为可以从两个方面进行说明,即表层原因和深层原因。表层原因主要包括阿恩海姆早期的职业与社会环境的变更,深层原因在于阿恩海姆理论扩容的需要及其理论与现实的矛盾。

首先是表层原因,主要包括职业与社会环境。阿恩海姆早期学术活动都是在德国完成的。他的《电影作为艺术》于1932年在德国完成,1933年在德国完成了《无线电:声音的艺术》。阿恩海姆1904年出生,从时间上看,他早期两本主要的学术著作都是在28~29岁完成的。在21岁的时候,阿恩海姆开始写一些默片电影评论。他的第一篇电影评论发表于《柏林周刊》,主要评论了苏联电影导演爱森斯坦的《战舰波将金号》。1928年,阿恩海姆博士毕业后,在德国一家名叫《世界舞台》的杂志担任记者,负责文化评论部分。《世界舞台》杂志在当时德国左派阵营影响很大,虽然该杂志主张中立,并不依附于任

---

① 阿恩海姆:《艺术与视知觉》,滕守尧译,中国社会科学出版社1987年版,第5页。

何党派，但是它本身具有一种左派的现实批判主义精神。阿恩海姆在这个杂志社工作时接触了大量的德国先锋电影和先锋文化运动。克莱因曼就阿恩海姆在此时期的记者生涯写道："阿恩海姆最早作为记者供职于《世界舞台》杂志社。他给《世界舞台》杂志贡献了170篇文章。这些文章涉及广泛的现代艺术作品，从电影到诗歌。在20世纪的柏林，阿恩海姆吸收了现代主义的精神，正是在《世界舞台》撰写的这些文章让阿恩海姆理解了很多优秀的现代艺术作品。电影，尤其是默片，是占据阿恩海姆这些批评文章主要注意力的现代媒介艺术。"[1] 职业记者的生涯培养了阿恩海姆对新兴的电子媒介艺术的敏感性。1933年，阿恩海姆完成了《无线电：声音的艺术》。而当时正是德国纳粹上台的一年。德国言论自由遭到了空前的践踏，整个德国也充满着压抑、恐怖的气息。不幸的是，阿恩海姆此书出版遭到禁止。1933年阿恩海姆从德国逃到了意大利罗马。在罗马，阿恩海姆的工作变成了一位研究者，但此时他工作的地方在意大利国际教育电影学会。在该学会中阿恩海姆可以看到来自美国和苏联的电影。他和其他同事准备撰写一部《电影百科全书》。但是由于墨索里尼控制了意大利政局，实行法西斯独裁统治，加强了对国际教育电影学会的控制，《电影百科全书》的写作工作未能完成。阿恩海姆于1939年离开意大利，逃亡到英国伦敦。在伦敦，阿恩海姆在英国BBC广播公司海外部担任播音员的德语翻译，负责"将播音员的英语广播翻译成德语"[2]。据阿恩海姆后来回忆，担任播音员的翻译期间，"最大的挑战是为丘吉尔做翻译，因为作者越出色，翻译就越难"[3]。阿恩海姆在英国待了一年，就逃亡到了美

---

[1] Kent Kleinman、Leslie van Duzer, *Rudolf Arnheim: Revealing Vision*, University of Michigan. 1997, p. 3.
[2] 史风华：《阿恩海姆美学思想研究》，山东大学出版社2006年版，第36—37页。
[3] 转引自史风华《阿恩海姆美学思想研究》，山东大学出版社2006年版，第37页。

国。在美国开始在哥伦比亚大学和拉扎菲尔德合作,继续进行新媒介艺术研究,但是后来不知何故两人合作告吹,阿恩海姆开始转向传统艺术研究。1943年,阿恩海姆成为纽约劳伦斯学院的一名传统艺术研究员,并一直工作到1968年。从阿恩海姆本人的记录来看,他到达美国后,已经开始关注传统艺术。可能是由于他有了新的学术研究计划,才与拉扎菲尔德的媒介研究告吹的。他转向后的第一著作即《艺术与视知觉》,该书"引言"中这样记载道:"我最初打算写这本书是在1941—1943年。"可见在1941年后,阿恩海姆确实转向了传统艺术,正式告别早期对电影、无线电新媒介艺术的关注。

从阿恩海姆早期的职业生涯来看,他早期的职业始终跟新媒体有关,如在德国时期的记者生涯,在意大利国际教育电影学会的电影研究员生涯以及在英国短暂的播音员翻译生涯。可见,阿恩海姆早期职业的敏感性促使他走向了对新媒介艺术的研究。史风华也认为,"阿恩海姆的新闻生涯,使他对新的媒体有了更多的了解","促成了他对新艺术形式的职业性敏感"。[1]

阿恩海姆早期职业还有一个特征,就是随着社会环境变化而变化,从德国的记者、意大利的电影研究员,到英国的播音员,再到美国的艺术心理学教授,环境的变更始终紧随阿恩海姆职业的变化。可见,社会环境也间接地影响到阿恩海姆早期的学术研究对象。直到1941年,在美国成为劳伦斯学院的艺术心理学教授后,阿恩海姆才离开了早期电子媒介相关的工作。而此时阿恩海姆的学术活动研究对象也完全抛弃了电子媒介。由此可见,阿恩海姆早期与中晚期学术活动在研究对象的差异中,跟他的职业、社会环境有着密切的关联。如果没有第二次世界大战,如果阿恩海姆不离开德国,可能会长期担任记者,

---

[1] 史风华:《阿恩海姆美学思想研究》,山东大学出版社2006年版,第27页。

也不会去美国,他可能成为一个著名的格式塔心理学媒介研究学者。

其次是深层原因。职业与社会环境的变化只是促使阿恩海姆转向传统艺术研究的表层原因。更深层次的原因还需要从阿恩海姆早期美学思想的内在逻辑来看。在笔者看来,阿恩海姆到了美国放弃电子媒介艺术研究,是跟他自身的理论扩容的需要有莫大的关系的。在1935—1938年,阿恩海姆已经完成了他对电子媒介艺术的看法。他站在格式塔心理学和形式主义美学的基础上,认为媒介技术的发展与完善,导致新媒介艺术的死亡,因此在他看来,他那个时期的有声电影、电视、无线电基本都不是艺术了。他说"有声片的出现摧毁了电影艺术家过去使用的许多形式,抛开了艺术","随着电视的播出,无线电变成了纪录片",它将"不再是一种新的表达媒介,而是一种纯粹的传播媒介"。[1] "电视作为一种精神交流的手段,被证明是汽车和飞机的亲戚,它仅仅是一种传播的手段。"[2] 阿恩海姆转变了更早些时候把新兴媒介作为艺术的看法。现代媒介沦为文化传播的工具。这种定型的媒介传播工具论导致他对媒介艺术研究的放弃。阿恩海姆自己也是这样认为的,他说:"我不再写电影方面的论文了……主要是因为在我看来,这种新媒介已然消失了其艺术性。"[3] 新媒介不再是艺术,没有了学术研究对象,阿恩海姆又必须在新的美国环境中生存下来,因此他就必须理论扩容,转向新的研究对象。传统艺术就是最好的选择。他与拉扎菲尔德合作的告吹很可能跟这个有关。但是在媒介理论定型的背后还存在更深层的理论因素,正是这个更隐秘的因素让阿恩海姆不

---

[1] Rudolf Arnheim, *Radio: An Art of Sound*, Translated by Ludwing and Herbert Read, New York: Da Capo Press, 1971, p. 277.

[2] Rudolf Arnheim, *Radio: An Art of Sound*, Translated by Ludwing and Herbert Read, New York: Da Capo Press, 1971, p. 277.

[3] Jean Renoir, "Our Encounter with Television", *Cinema nouvo*, 136 (November - December), 1958,转引自史风华《阿恩海姆美学思想研究》,山东大学出版社2006年版,第108页。

得不放弃电子媒介艺术研究。现在需要回答这么一个问题，阿恩海姆为什么就在媒介艺术问题上定型了，确定了一种技术进步导致艺术死亡的观点，从而把电影、无线电和电视看作文化传播工具。这个问题，我们已经在前面的相关论述中有所论及。核心的症结在于阿恩海姆早期对格式塔心理学简化原理的形式主义面向有关。他所谓的公认的美学原理（简化原理）仅仅是一种形式或表现手段、表达媒介的单一、简单，并非格式塔心理学作为主客体对话中形成的心理加工的简化能力或完形能力。格式塔心理学的简化是一种主体的能力，而阿恩海姆早期的简化原理被形式主义美学占据，是指作品形式的单一。他在为电影、无线电作为艺术的论证中，始终从艺术作品的形式的简单、单一出发，不断地裁剪掉电影、无线电存在的声音、视觉图像，就是为了让作品的表达媒介单一，符合"简化原理"。他的论证是一种理论先行的论证，让作品的事实服从他抽象的形式简化原理，最终只能导致理论对现实的阉割。要知道一种艺术理论最重要的理论价值在于能否验证现实，而不是让现实去服从理论。阿恩海姆早期形式主义简化美学原理不能解决现实中电影、电视的美学问题。他自己也认为，他反对有声电影是一种反动的、保守的观点，遗憾的是，他并没有一点纠正错误的意识。由于坚定一种艺术必须在表现手段上单一，不必与其他表现手段结合，就使认定有声电影、电视、无线电仅仅是一种文化传播工具，不可能在艺术上有所作为。这才让他放弃媒介艺术，走向了对传统艺术的研究。阿恩海姆早期的媒介艺术研究在理论上遭遇了现实的滑铁卢。从他的理论逻辑走向来看，他是无法解决这一理论与现实的矛盾的。因此，他最终转向传统艺术研究（因为传统艺术研究根本不存在多种表现手段问题，本身就倾向于简化）。随着阿恩海姆的转向，他早期理论中的困境也被遗留或掩埋起来了。直到过世，他都没有解决早期美学中的理论困境，也就是没有解决早期形式主义简化

第八章 迂回与进路：阿恩海姆早、中晚期美学比较

美学与现实的龃龉的问题。当阿恩海姆说不再研究电影等新媒介艺术的主要原因是"新媒介已然消失了其艺术性"时，他其实不知道真实的原因是因为他的早期美学理论遭遇了现实的矛盾。他更不知道新媒介已然消失了的艺术性就是他自己把新媒介的艺术性阉割掉的结果。如果我们这样来看是对的，那么阿恩海姆中晚期转向传统艺术，仅仅是一种理论逃避行为，逃避他早期形式主义简化美学在现实中的碰壁。导致这样一种局面，笔者认为跟阿恩海姆的早期学术活动不成熟有关，缺乏统一的理论基础，形式主义美学与格式塔心理学相互倾轧，争夺理论高地，因而才没有很好地把现代媒介艺术的相关美学问题。他在1954年的著作中表示过早期格式塔心理学理论知识的不完备性。他说："我最初打算写这本书是在1941—1943年……当我真正着手去写书的时候，我才深切感到，当时的知觉心理学所达到的水平还不足以解读艺术中所遇到的那些重要的视觉问题。"[①] 阿恩海姆这是在说1941年他的知觉心理学的水平不足的问题，那么更早一些，十年前，在他28—29岁，写作《电影作为艺术》和《无线电：声音的艺术》时，知觉心理学水平肯定更加不完备。但是我们也不能因此否定阿恩海姆早期美学研究活动，不能因为阿恩海姆自己放弃了早期美学研究活动，作为研究者的我们也随之放弃。从前面概括的阿恩海姆学术历程来看，似乎他的学术研究走了一条迂回的学术道路——从媒介艺术到传统艺术，因为其早期美学思想并非他在美学史上奠定其地位的阶段。如果他从早期就进入格式塔心理学的传统艺术研究，可能使其学术历程更加完整和统一。事实当然并非如此，阿恩海姆早期与中晚期虽然存在着某种断裂或转向，但是这并非其学术上走了迂回之路，而是在迂回中前进，其早期的媒介研究奠定了中晚期格式塔心理学美学的理论基础

---

① ［美］阿恩海姆：《艺术与视知觉》，滕守尧译，中国社会科学出版社1987年版，第9页。

与实践基础。

第二节 早、中晚期美学思想中的差异

前面,我们分析了阿恩海姆早期与中晚期学术研究对象的转向,也就是早期与中晚期美学研究对象的差异。我们也指出阿恩海姆中晚期转向传统艺术是对其早期简化美学原理无法解决媒介艺术新的现实问题的逃避。这种逃避让阿恩海姆没有解决早期美学思想中存在的理论与现实的难题。虽然阿恩海姆早期与中晚期运用了格式塔心理学讨论艺术,但由于早期难题的悬置,导致阿恩海姆早期美学思想与中晚期美学思想存在不同。从主要的美学问题来看,阿恩海姆早期与中晚期在简化原理、审美感知、认知美学、表现论等各方面都存在巨大的差异。本文主要以审美感知、简化原理和艺术表现论三个方面为例,考察阿恩海姆早期与中晚期美学的异同。

一 审美感知的差异

在本书第4章,我们已经指出阿恩海姆早期的审美感知理论是一种多元的感知,或者说是一种二元论。因为阿恩海姆早期存在两种美学基础,即格式塔心理学美学与形式主义美学,前者让阿恩海姆形成了一种完形感知观,后者让阿恩海姆形成了一种形式主义的审美感知观。完形感知在早期阿恩海姆那里作为新媒介艺术的心理学基础,为刚刚新兴的电影、无线电艺术的艺术合法性找到了根基。如电影蒙太奇之所以能够给观众带来流畅的观看体验,不会给观众带来接受阻碍,就是因为观众具备完形感知的先天能力,能够根据知觉的接近性原理把剪辑在一起的电影画面,组织加工成一个简化的连续整体。但在讨论观众的审美观看、审美接受或体验时,阿恩海姆却没有继续遵循完

第八章　迂回与进路：阿恩海姆早、中晚期美学比较

形感知的理论步伐，把完形感知上升为一种完形审美感知，而是根据形式主义美学，把观众观看电影或收听无线电广播的审美体验看作一种形式主义的直觉感知。对阿恩海姆来说，艺术作品最重要的元素是艺术作品的形式。不管是电影的色彩、无声、荧幕限制、摄影角度、蒙太奇，还是无线电广播艺术的声音的节奏、音调、旋律以及声音蒙太奇等，都是艺术作品的形式主导观众的审美体验。因此，在其早期美学思想中，审美感知作为对形式的审美体验，形式充当了阿恩海姆早期美学思想的核心要素。艺术作品外在的形式因素对审美主体的审美感知构成了重要的影响，是观众视听感知能力对艺术对象形式的直觉感知让观众收获了审美快感。比如，阿恩海姆论述了不同的拍摄视角引起观众对物象形式的审美感知。对寻常事物的拍摄，倘若换一个全新的摄影视角，就可以使观众对这个事物的形式产生更多的注意，让观众产生某种惊奇的审美体验。在拍摄一个湖面上划船的场面时，摄影机可以从高空俯拍，观众就可以看见一副实际生活中很少见到的画面，如此观众的注意力就会从通常的对象转到对象的形式上去了，"已往不受注意的东西就变得更加引人注目"[1]。阿恩海姆还论述了在摄影角度合适的情况下，引起观众感知特定的对象，从而发现其中的象征意义。比如，可以使用仰拍视角来拍摄一个独裁者，这种视角可以增强独裁者在观众心中引起强权的压迫感与紧张感。在拍摄两个实体物体的相互遮挡时，合适的视角同样可以引起观众对其中象征意义的审美感知。可见早期阿恩海姆的审美感知是一种形式主义的审美感知，而且这种感知是直觉的、没有理性参与的。阿恩海姆想主张的是，电影通过具体的、可感的形象化手段表达作品以及人物的思想情感，使观众一看到电影就认知到其中的内容。

---

[1]　[美]阿恩海姆:《电影作为艺术》，邵牧君译，中国电影出版社2003年版，第34页。

阿恩海姆中晚期的审美感知是怎样的呢？到了中晚期，阿恩海姆出版了《艺术与视知觉》《视觉思维》等著作。在这些著作中，阿恩海姆完全抛弃了早期形式主义美学对阿恩海姆格式塔心理学美学的牵制，把审美主体的审美感知看作一种完形的审美感知。此时期格式塔心理学的"完形"成为其美学思想的核心与主导，并应用到审美接受活动过程中。"完形"即审美主体的感知器官能够一下子抓住艺术作品的结构本质或其象征意义的知觉能力，"这就是说，一眼就抓住了眼前物体的粗略的结构本质"①。这种一下子把握事物本质的能力就是完形感知。这种完形感知不是纯粹主观的，也不是客观的；不是纯粹直觉的，也不是纯粹理性的，而是主观与客观、直觉与理性的交织、共融。"观看世界的活动被证明是外部客观事物本身的性质与观看主体的本性之间的相互作用。"② "人的诸心理能力在任何时候都是作为一个整体活动着，一切知觉中都包含着思维，一切推理中都包含着直觉，一切观测中都包含着创造。"③ 这样，阿恩海姆中晚期审美感知论就与早期审美感知论完全区别开来，其主要差异表现在三个方面。首先，在理论基础上，早期有两个理论基础，即形式主义与格式塔心理学，中晚期的审美感知完全以格式塔心理学为基础，从而产生了一个整一的完形审美感知理论。其次，在审美感知的主客的关系上存在差异，早期的审美感知是主体单向度地对客观形式的审美反应，中晚期的审美感知是主客体相互作用的对话与交流，是主客观的统一。最后在审美感知的性质上，早期的审美感知是一种单一知觉的直觉性审美感知，其

---

① [美] 阿恩海姆：《艺术与视知觉》，滕守尧译，中国社会科学出版社1987年版，第63页。
② [美] 阿恩海姆：《艺术与视知觉》，滕守尧译，中国社会科学出版社1987年版，第6页。
③ [美] 阿恩海姆：《艺术与视知觉》，滕守尧译，中国社会科学出版社1987年版，第5页。

中没有理性、想象、判断等审美思维活动,也没有其他感知能力的参与,而中晚期的完形审美感知是一种感性与理性、直觉与判断的统一。正如阿恩海姆在《艺术与视知觉》中所说,"即使在感觉水平上,知觉也能取得理性思维领域中称为'理解'的东西","眼力也是一种悟解能力"①。总之,早期阿恩海姆审美感知论与中晚期阿恩海姆审美感知论在美学思想上存在差异,这些差异表明我们不能对阿恩海姆的美学思想进行一概而论,而是要分析差异及其内在原因,如此才能深化理解阿恩海姆的美学思想。就审美感知来看,我们认为早期阿恩海姆是一个多元而矛盾的阿恩海姆,也是成长中的阿恩海姆,此时期的阿恩海姆为中晚期成熟的阿恩海姆奠定了基础。因此早期阿恩海姆的审美感知对其中晚期的完形审美感知具有重要的意义。

二 简化美学原理的差异

简化原理是格式塔心理学的知觉组织的主要原理。他由德国格式塔心理学家维特海默提出,后由考夫卡等人发扬光大。"简化"也可以说"完形化"。唐钺指出格式塔心理学的简化"是脑皮质本身有的这种组织机能,即完形化机能"。唐钺对简化的定义突出了简化在主体身上的积极加工能力。我国学者滕守尧指出:"格式塔心理学发现,有些格式塔给人的感受是极为愉悦的,这就是那些在特定条件刺激物被组织得最好、最规则(对称、统一、和谐)和具有最大限度简单明了的格式塔。"② 滕守尧把简化看作一个最优格式塔,是指一个复杂的图像被主体组织成单一、规则、平衡的样式。"被组织得最好、最规则"也就是被主体的"简化"倾向加工成规则、单一的式样。"格式塔心理学认

---

① [美]阿恩海姆:《艺术与视知觉》,滕守尧译,中国社会科学出版社1987年版,第56页。

② 滕守尧:《审美心理学描述》,中国社会科学出版社1985年版,第101页。

为，知觉中表现出的这种'简化'倾向，是一种以'需要'的形式存在的'组织'倾向。这就是说，每当视域中出现的图形不太完美，甚至有缺陷时，这种将其'组织'的'需要'就大大增强。"① 格式塔心理学意义上的简化强调的是主体的一种组织本能，把复杂、不完整的图形简化成一个规则、简单的图形。它强调任何的简化式样都是主体的简化本能与物体相互作用的结果，都是知觉进行了积极组织或建构的结果，而不是客体本身就有的。

　　阿恩海姆早期的简化原理是怎样的呢。在早期著作中阿恩海姆并没有对简化原理进行任何解释，他只是直接把"简化"当作公认的美学原理使用，如他说："最基本的美学冲动来自人类渴望躲开自然界扰人耳目的复杂性，因而努力用最简单的形式来描绘使人眼花缭乱的现实。"② "艺术中，有一条普遍的简化原理，即在一件艺术作品中，什么都不需要存在，除了有关艺术的本质性的形式因素。"③ 简化原理在阿恩海姆这里是一个美学公式或原理。但它具体指什么呢？笔者在前面章节已经对此有过说明，即形式主义美学的形式简化。它指艺术作品表现手段、表达媒介或形式的单一、简单、纯粹。一门艺术只需要一个本质性的形式就够了，其他的非本质性的形式都不应该存在。一门艺术的哪种形式是本质性的，阿恩海姆是根据媒介本身的特性来判断的，如认为电影本质性的形式就是图像，无线电本质性的形式就是声音。他说："每一门艺术都将所有的内容翻译成最合适的表达媒介。在舞蹈中，一切内容都变成了可塑性的表达运动；在文学中，所有的

---

① 滕守尧：《审美心理学描述》，中国社会科学出版社1985年版，第103页。
② [美] 阿恩海姆：《电影作为艺术》，邵牧君译，中国电影出版社2003年版，第158页。
③ Rudolf Arnheim, *Radio: An Art of Sound*, Translated by Ludwing and Herbert Read, New York: Da Capo Press, 1971, p. 204.

第八章 迂回与进路：阿恩海姆早、中晚期美学比较

内容都变成了语言。"① 从客体化的形式简化（单一）出发，他才不留余地地反对电影中的声音、无线电中的视觉图像，因而反对电视。关键是，阿恩海姆并不知道自己的简化实质上不是格式塔心理学意义上的主体知觉积极组织加工的简化。因为他在著作中到处都是"最简单的形式"之类的话语，从客观的、静止的形式的简单来论证艺术的合法性。他说："伟大的艺术总是使用最简单的形式"，"艺术家历来宁肯使用单一的手段——伟大的艺术家们——他们的活动几乎可以说是美学规律的具体表现"。② 这个美学规律就是简化美学原理。这句话换个角度来说，即只使用了一种表现媒介或手段的艺术作品是简化美学原理的直接体现。也就是说，简化即作品形式的单一、纯粹。"当材料很少时，艺术是很容易简单的。"电影、电视都由视觉和图像两种表现手段构成，不符合形式简化美学原理，因此它们不是艺术。很明显，阿恩海姆简化美学原理是一种形式主义简化原理，成为纯粹的客观形式、表现手段的简化。当然，阿恩海姆觉得光有艺术作品形式、表达媒介的单一还不够，还要证明这个单一的表达媒介具有表现力。因此，阿恩海姆在其早期作品中举了大量的例子来说明单一的图像的表现力或者纯粹的声音的表现力。比如，无线电中的声音可以比舞台艺术的视觉更能够简单地表现小说的人物形象或者神秘的人物形象。"在舞台上实现的象征性人物相当适合无线电"，"如果半人马用人类的嘴巴说话，那么，如果它的想象形式通过身体而不是声音，那就非常困难了"。③ 阿恩海姆的意思是说无线电通过纯粹、单一的声音就可表现这些人物，而舞台艺术却需要更复杂的视觉材料来表现，而神秘的人物用视觉化

---

① Rudolf Arnheim, *Radio: An Art of Sound*, Translated by Ludwing and Herbert Read, New York: Da Capo Press, 1971, p. 177.
② ［美］阿恩海姆：《电影作为艺术》，邵牧君译，中国电影出版社2003年版，第173页。
③ Rudolf Arnheim, *Radio: An Art of Sound*, Translated by Ludwing and Herbert Read, New York: Da Capo Press, 1971, p. 181.

的身体表现是比较困难的。问题是，一种表现手段具备表达能力就是一种丰富的表达吗？不够严谨的是，阿恩海姆难道不知道任何一个表达媒介或表现手段都是具有表达能力的吗？任何对声音、图像、形状、色彩等形式单独的使用都具有象征性的表达能力。默片可以通过图像表达一定的精神内涵，无线电可以通过纯粹的声音表达精神内涵，这是不需要论证的。关键是这种单一的表达手段的艺术并不一定是最优秀的艺术。我们要明白，如果电影没有声音，它的叙事力度就会大打折扣。"当电影还是无声的时候，它的表现力是很低的，表现的范围也是非常狭小的。"[①] 没有声音的电影，不可能表达更复杂饱满的时代、人物和心理世界。中晚期简化美学原理又是怎样的呢？阿恩海姆本人在这个时期的简化已经完全不同于早期形式主义的简化了。他在《艺术与视知觉》中的解释道，简化是"在一定条件下，视知觉倾向于把任何刺激式样尽可能组织成最简单的结构"[②]。牛宏宝的研究指出："阿恩海姆认为，我们的视知觉并不是把对象的所有信息都接受过来，而是首先对对象进行简化，这种简化也并不是直达事物的本质，而是把握与本质有关的形式。"[③] 简化就是主体天生具有的完形倾向能力，把对象把握为一个完整的、简单的、规则的式样。牛宏宝的理解和阿恩海姆本人中晚期著作中的简化是相同的，都指的是一种主体视知觉对对象的一种积极地简化加工，把对象把握为一个完整的格式塔、一个规则的完形式样。可见，在中晚期，阿恩海姆对简化的理解回归到了格式塔心理学简化的本义上。

我们分别讨论了格式塔心理学意义上的简化、阿恩海姆早期美学

[①] 邵牧君：《论阿恩海姆的电影艺术理论》，《世界电影》1984 年第 4 期。
[②] ［美］阿恩海姆：《艺术与视知觉》，滕守尧译，中国社会科学出版社 1987 年版，第 60 页。
[③] 牛宏宝：《西方现代美学》，上海人民出版社 2002 年版，第 315 页。

思想中的简化以及中晚期著作中的简化。阿恩海姆在两个时期的简化理解中，只有中晚期的简化坚持了格式塔心理学简化的本义，即主体视知觉完形组织加工的本能，而早期则是形式主义美学的简化，把简化理解为纯粹的作品形式的简单、单一。因此，我们发现，阿恩海姆早期美学思想与中晚期美学思想中存在着对简化美学原理认知上的巨大差异。早期的简化是纯粹单一形式的简单，是静止的；中晚期的简化是主体的组织建构能力，是运动的。这种差异并非无关轻重，正因为阿恩海姆早期错误地理解了简化，才导致他对电影、电视的否定。笔者认为，阿恩海姆之所以会把简化形式主义化，是因为他早期美学思想含有形式主义美学这一基础的缘故，导致他把简化理解为形式的单一。最重要的是，这种差异使他在早期和中晚期的艺术表现论上也呈现出不同。总之，阿恩海姆早期的简化美学原理完全不是格式塔心理学的简化组织能力。在前者那里，简化是形式主义的、固化的，是主客对立的；在后者那里简化是活的、具身的，是主客交融的。

三 艺术表现论的差异

表现论是回答艺术作品的表现是如何可能的。美学史上，我们可以简略地概括三种表现论，即客观说、主观说以及主客统一说。客观说认为艺术作品的情感表现来自作品本身的客观形式或比例。这种观点在现代以克莱夫·贝尔的"有意味的形式"为代表。主观说认为艺术作品的情感来自主体的移情。主观说在现代以里普斯的移情说为代表。里普斯认为"作为审美愉快的审美对象，不是对象形式本身，而是经过生命和力量的'移置'而成的形式意象，是由主体移情创造设定的"[①]。主客观统一说，认为艺术作品的情感表现来自主体、客体交

[①] 杨恩寰：《近现代西方美学研究文稿》，辽宁大学出版社2013年版，第172页。

互作用的结果,作品的情感并非是主体的纯粹移情,也不是作品客体形式本身具有的,而是主体的移情与作品的形式的对话、交融形成的。艺术的表现离不开主、客体任何一方,离开一方审美活动就无法进行。主、客观统一说在现代以现象学美学、中晚期格式塔心理学美学等为代表。

阿恩海姆中晚期美学最大的贡献之一就是通过格式塔心理学异质同构理论对艺术作品的情感表现做了主客统一的解释,批判了传统的艺术表现论。阿恩海姆认为传统的艺术表现论"割裂了客体与主体心理之间的统一关系"[①],把表现的基础定在客体或主体都是片面的上,因为表现需要在主体与客体之间存在一个基础。阿恩海姆借用格式塔场论来说明艺术表现的基础。格式塔心理学场论,认为任何一个物体都是一个场,其中充满了各种力,是一个力场。宇宙本身就是一个处在平衡中的力场,人的大脑也是一个电化学力场,自然物体、艺术作品都是一个力场。阿恩海姆认为"表现性是所有知觉范畴中最有意思的一个范畴,而所有其他的知觉范畴最终也都是通过唤起视觉张力来增加作品的表现性","表现性的唯一基础就是张力"。[②] 艺术作品的表现性的基础就是力。当艺术作品的力作用于主体时,在主体的生理上形成与之同构的力,而生理力又与主体的心理力互通,最后形成三种同构的力。这个同构的力就是表现性的基础。比如当我们在观看舞蹈时,可能会产生悲伤或激昂的不同情绪,我们似乎感觉到悲伤与快乐的激昂就在舞蹈动作本身的形式当中。之所以会这样是因为舞蹈形式的力与主体生理力、心理力具有相同的结构。杨柳的低垂的失落与主

---

① 宁海林:《阿恩海姆视知觉形式动力理论研究》,中国人民大学出版社2009年版,第145页。
② [美]阿恩海姆:《艺术与视知觉》,滕守尧译,中国社会科学出版社1987年版,第640页。

第八章 迂回与进路：阿恩海姆早、中晚期美学比较

体失落时心理的低沉的力的结构是相同的。这样阿恩海姆就从主、客体力的结构的同构解释了艺术表现性的来源。阿恩海姆中晚期从格式塔心理学的异质同构说论证艺术的表现性，坚持了主体与客体的同一性和统一性，具有一定的说服力。

在更早期，阿恩海姆对艺术作品表现性的来源看法完全不是从格式塔心理学出发的，而是从形式主义美学出发。他认为艺术作品的表现来自作品本身的客观形式。形式主义美学始终是阿恩海姆早期美学思想的理论基础之一。他的很多美学思想都和客观的形式离不开。在表现论上同样如此。这种观点让他早期的美学并没有成为一种完整的格式塔心理学美学。在《无线电：声音的艺术》中他说："渐强和渐弱是自然因素，也是最重要的因素，是表征和传递精神紧张和放松最直接的手段。"[1] 阿恩海姆直接把渐弱和渐强的声音形式当作一种紧张或放松的精神的表现，没有给出任何的理论基础或论证的过程。这是单向度地从形式出发，还没有涉及主客体力的同构。又比如说，"一个广播剧介绍了一个想象中的欧洲口音的谈话，其中一个亚洲特征的口音——在一个遥远的位置上——被混合。这一遥远的距离立即表明了东方的地理和心理距离，并在声学上与亚洲口音的特征相吻合，作为他演讲的旋律和节奏，这一距离成为遥远的象征，并表现出他的精神上的超脱"[2]。在这里，他同样把作为声音的遥远的形式特征当作了一种心理的距离或超脱的直接表达，依然没有说明这种精神的超脱是主体与客体的力的同构。他只是说是"立即表明"。问题是为什么可以"立即表明"。这是有待解释的。在《电影作为艺术》中，他认

---

[1] Rudolf Arnheim, *Radio: An Art of Sound*, Translated by Ludwing and Herbert Read, New York: Da Capo Press, 1971, p. 41.
[2] Rudolf Arnheim, *Radio: An Art of Sound*, Translated by Ludwing and Herbert Read, New York: Da Capo Press, 1971, p. 89.

为卓别林的《淘金记》表现饥饿的那一个画面是伟大的,"原因在于它在表现贫苦的同时,用最有独创性、最动人可见的方式突出了这一顿饭同富人一餐之间的相似之处"①。他还说,"人脸的表情和肢体动作——可以利用它们把人的思想和感情用最直接、最为人们熟悉的方式表现出来"②。在这些论述说中,有一个共同的特征,都是从作品形式的特征单向度地说明艺术作品的情感和内容的表现性问题,他甚至没有给出任何论证和说明,是一种直接的"立即表明"。因此,他早期的艺术表现论是一种朴素的客观形式表现论,忽视了表现性中主体一方的作用,表现出主客二元对立的倾向,缺乏足够的理论基础和论证的严谨性。

从上述的说明来看,阿恩海姆早期美学中的艺术表现论与中晚期的艺术表现论的差异是明显的。早期是形式主义的,主客对立的,没有对艺术的表现进行科学的理论说明;中晚期则是主客统一的,把情感表现的来源建立在主客的力的同构之上,运用格式塔心理学场论对之进行了科学的说明。早期表现说并没有中晚期表现说完整、系统、严谨,也并没有表现出格式塔心理学的特色。这种差异说明阿恩海姆早期美学确实处于草创时期,理论高度不够。但是这个时期对于阿恩海姆本人来说,不能说没有意义,因为这个时期的形式表现说已经构成了中晚期异质同构说的一个方面。正因为他坚信形式本身就具有表现性,所以到了晚期,他才能从力的同构来论证艺术的表现性,也就是更细致地解释了为何形式能够"立即表明"某种情感或内容。因此,我们可以说中晚期的表现说仅仅是对早期形式表现说的进一步完善,

---

① [美]阿恩海姆:《电影作为艺术》,邵牧君译,中国电影出版社2003年版,第113页。
② [美]阿恩海姆:《电影作为艺术》,邵牧君译,中国电影出版社2003年版,第105页。

早期的形式表现论为中晚期打下了坚定的形式基础。这表明,阿恩海姆早期与晚期的美学思想并没有发生任何的断裂,而是保持了一定的连续性。阿恩海姆说:"一个人毕生致力的研究课题,常常是在他二十来岁的时候初见轮廓的。"[①] 这句话可以作为他早期美学与中晚期美学关系的一个概况来看待。"初见轮廓"恰好说明阿恩海姆早期美学的基础性,为后来的美学打下基础。可见,笔者的研究也符合阿恩海姆自己所言。

---

① [美]阿恩海姆:《电影作为艺术》,邵牧君译,中国电影出版社2003年版,第2页。

结语　阿恩海姆早期美学对当代美学的启示

阿恩海姆早期美学主要是运用格式塔心理学和形式主义美学对新兴的媒介艺术进行了论证。由于存在两个相互倾轧的理论基础，导致其早期美学思想没有像中晚期美学思想那样形成一个统一的体系，而是呈现出多元性、丰富性、复杂性和矛盾性的特征。矛盾性暴露了阿恩海姆早期美学思想的片面性。早期阿恩海姆主张其早期著作以格式塔心理学相关原理对媒介艺术进行合法性辩护，但是整本书中格式塔心理学"完形"贯彻得并不彻底，除了电影蒙太奇的部分幻觉理论运用到了完形知觉的简化外，他对电影、无线电的审美感知都是一种纯粹的形式主义美学的感知。他的简化美学原理也脱离了格式塔心理学的完形简化，成为艺术作品形式的单一。这主要是因为阿恩海姆早期美学另一理论基础即形式主义美学在不断引导阿恩海姆早期美学活动的缘故。形式主义美学强调形式是艺术的本体、美感的来源。这种认识一直引导着阿恩海姆，使他早期的简化原理、审美感知、媒介艺术观都走向了客观形式说，导致了主客二元对立，从而没有很好地回答美感来源问题，也没有解决现代电子媒介艺术表现手段多元性的问题。

从阿恩海姆著作中格式塔心理学分析与形式主义美学分析所占据

的比重来看，笔者认为阿恩海姆早期格式塔心理学的运用只是一种"形象工程"，也就是说格式塔心理学仅仅是阿恩海姆作为其学术研究的一个创新的玩意而存在的。他总是在作品的开头简单地用一两句话表明格式塔心理学的相关原理，然而在后面大部分的论述中滑向了形式主义美学。因此，格式塔心理学只是一个新的噱头，其整个早期著作形式主义美学占据着半壁江山。他的形式主义的简化美学原理就是最直接的证明。阿恩海姆无意中把完形倾向的组织加工能力简化成作品形式的单一，就说明阿恩海姆的格式塔心理学被形式主义美学所吞并。当然，这股形式主义是一股暗流，阿恩海姆自己都没有意识到，其他研究者也并未指出。这是笔者个人的研究论断。笔者认为，恰恰是格式塔心理学与形式主义美学这两种美学分析方法的相互倾轧导致了阿恩海姆早期美学的片面结论，即对电影、电视、广播作为艺术的直接否定。而这种否定可能是阿恩海姆早期美学最大的不足之处。因为它表明阿恩海姆早期的美学理论没有为新媒介艺术提供一个有效的、合理的、正确的研究方法。

但是这并不代表阿恩海姆早期美学就没有美学意义。它启示当代阿恩海姆美学研究不能忽视了对其早期美学思想状况的梳理与理解。就阿恩海姆本人学术历程来说，早期美学构成了阿恩海姆中晚期美学的一个基础。早期美学的形式主义美学因素并没有在中晚期阿恩海姆格式塔心理学美学中消失，而是把它与知觉融合起来，做了更好的处理。因此，没有早期阿恩海姆对形式主义美学的无意识的坚守，就没有中晚期完整的格式塔心理学美学。早期美学是阿恩海姆美学思想的初级阶段，它在整个阿恩海姆学术历程中具有重要的意义，起到了基础性的作用。因此，我们不能忽视了对阿恩海姆早期美学思想的系统梳理与深入研究，倘若没有对阿恩海姆早期美学思想进行一个系统的了解，对阿恩海姆中期美学思想进行的研究就是没有根据的，导致对阿恩海姆美学思想的片面化认识。阿恩海姆的早期美学对当代美学也具有重要的理论意义，主要表现在以下几点。

第一，笔者认为，当代视觉文化流行，电影成了主流艺术之一，阿恩海姆早期运用的格式心理学和形式主义美学分析依然对当代视觉文化具有重要的启示意义。这两种研究方法依然可以作为当代视觉文化研究的主要方法。他的完形认知、完形审美认知需要进一步运用到当代视觉文化研究当中，为视觉文化研究提供一条新的认知研究路径。

第二，他辩证综合的媒介文化理论对当代媒介全球化视野下的媒介霸权、媒介帝国主义具有重要的驳斥价值。它让我们学会尊重各国、各地区不同语境下的媒介体制，为当代媒介学者，尤其是西方学者提供一条客观中立的现象学媒介研究路径，帮助中西方媒介学者走出西方媒介霸权研究模式，并与当代的去西方化媒介研究形成价值呼应。他对媒介与主体的辩证客观的认识，有利于驳斥当今媒介悲观主义者对技术吞噬主体的错误认识，在媒介与主体的关系上，坚持人本主义，肯认人的主体性地位。

第三，阿恩海姆辩证综合的电影作者论对当今讨论谁是电影的作者的问题也是具有重要的启示意义的。它让我们认识到电影艺术创作活动中其他创作人员的作者地位及其艺术性，防止当今盛行的法国"作者论"思想对其他电影作者属性的漠视，纠正导演个性霸权对电影创作的垄断的认识。

第四，对阿恩海姆早期认知美学思想，尤其是对完形认知思想的挖掘，可以呼应当代认知美学研究，丰富当代认知美学对审美认知规律的认识，为认知美学研究提供了一条新的研究路径与方法，不仅可以促进阿恩海姆格式塔心理学美学的当代认知转化，同时还可促进认知美学本身的发展与丰富。

第五，阿恩海姆早期美学对形式主义美学简化原理的坚持，对单一审美知觉的顽固坚守,都表现出他美学上的现代性特征,坚持审美的自律、艺术的自律,反对表现手段的杂糅,这种美学思想虽然存在一定的片面性,但是它对后现代走向庸俗化的拼贴美学、多元主义、相对主义美学具有一定的纠偏作用,防止后现代美学走向过度庸俗化和民粹主义死胡同。

第六,阿恩海姆早期美学对技术决定论的抵制与反抗,在当代"拟象先行""超真实"——比真实更真实的时代语境下,有利于防止当代电影创作的技术中心主义走向,坚持电影创作的艺术性诉求,防止电影沦为3D、特效等技术的视听图像奇观。

第七,笔者认为,阿恩海姆作为格式塔心理学的代表人物,其早期美学被严重忽视了,对于其早期美学思想的系统研究,可以为阿恩海姆美学研究提供新的研究路径与增加点,打破以"中晚期著作为中心"的研究瓶颈,同时也加深我们对格式塔心理学美学本身的成长过程的认识,比如对早期的美学研究可以反馈中晚期的相关研究。很多研究者都认为,阿恩海姆中晚期代表的格式塔心理学美学具有严重的形式主义倾向。如果这些研究者能够对其早期美学有一个深入的系统把握,那么就我们就能够理解为何阿恩海姆格式塔心理学具有这种形式主义倾向了。因为早期阿恩海姆美学就深深地被形式主义美学理论所吸引。可见,对阿恩海姆早期美学思想进行研究可加深学界对阿恩海姆格式塔心理学美学本身的全面理解。

阿恩海姆早期美学没有建立完备的格式塔心理学美学体系,他也没有成功地使用格式塔心理学的简化原理,他的媒介艺术观存在诸多片面与矛盾,他的审美感知也是形式主义的、逻辑中心主义的。因此,整体而言,可能他的早期美学对于现代美学史写作来说并没有太多的关注度,而中晚期的格式塔视知觉心理学就可以作为阿恩海姆美学思想的代表而载入美学史册,因而对其早期美学思想进行研究就是不必要的。笔者认为这种认识是错误的，通过阿恩海姆早期美学思想的梳理，已经发现了其早期美学对当代美学研究的启示价值，因此，对阿恩海姆早期美学的研究是值得的。同时，只有了解了一个思想家早期阶段的思想状况，我们才能真正地深入了解一种思想的成长历程，也才可以真正地理解到其思想的精髓与"发生机制"，早期与中晚期的关系，它内在的矛盾、困境、转向、成长等。然而，当下的阿恩海姆早期研究，在国内外都还研究得不够，还有诸多的美学问题没有涉及。尤其国内的阿恩海姆研究都集中于其中晚期的五本著作，其早期三本著作至今还有两本著作未能翻译成中文。阿恩海姆早期美学研究仅是其一次抛砖引玉的初次尝试。因此，阿恩海姆早期美学思想研究还需要国内不同学科、领域的学者共同努力，充分挖掘阿恩海姆早期更多、更丰富、更多元的美学思想，实现其美学价值的当代转化，挖掘阿恩海姆美学在中国研究的新的增长点。

参考文献

一 著作

［美］阿恩海姆：《电影作为艺术》，邵牧君译，中国电影出版社 2003 年版。

［美］阿恩海姆：《视觉思维——审美直觉心理学》，滕守尧译，四川人民出版社 1998 年版。

［美］阿恩海姆：《艺术心理学新论》，郭小平、崔灿译，商务印书馆 1996 年版。

［美］阿恩海姆：《建筑形式的视觉动力》，宁海林译，中国建筑工业出版社 2006 年版。

［美］阿恩海姆：《中心的力量：视觉艺术研究》，周彦译，四川美术出版社 1991 年版。

［美］阿恩海姆：《走向艺术心理学》，丁宁译，黄河文艺出版社 1990 年版。

［美］阿恩海姆：《艺术与视知觉》，滕守尧、朱疆源译，中国社会科学出版社 1987 年版。

［美］阿恩海姆：《色彩论》，常又明译，云南人民出版社 1980 年版。

［美］阿恩海姆：《对美术教育的意见》，郭小平等译，湖南美术出版社 1993 年版。

[美] 安德森:《认知心理学及其启示》,秦裕林等译,人民邮电出版社2012年版。

[德] 埃德蒙德·胡塞尔:《现象学的方法》,倪梁康译,上海译文出版社2016年版。

[古罗马] 奥古斯丁:《忏悔录》,周士良译,商务印书馆1996年版。

[美] 埃里克森、叶丽贤:《后现代主义的承诺与危险》,苏欲晓译,北京大学出版社2016年版。

[英] 巴克兰德:《电影认知符号学》,雍青译,中国社会科学出版社2012年版。

[美] 布洛克:《美学新解》,滕守尧译,辽宁人民出版社1987年版。

[德] 本雅明:《单向街》,陶林译,江苏凤凰文艺出版社2015年版。

[德] 本雅明:《发达资本主义时代的抒情诗人》,王才勇译,江苏人民出版社2005年版。

[德] 本雅明:《迎向灵光消逝的年代》,许绮玲、林志明译,广西师范大学出版社2008年版。

[美] 波德维尔:《世界电影史》,范倍译,北京大学出版社2014年版。

[美] 丹尼尔·贝尔:《资本主义文化矛盾》,赵一凡译,上海三联书店1989年版。

[美] 道格拉斯·戈梅里:《世界电影史》,秦喜清译,中国电影出版社2016年版。

[美] 大卫·波德维尔:《电影艺术:形式与风格》,曾伟祯译,世界图书出版公司2009年版。

[美] 杜威:《艺术即经验》,高建平译,商务印书馆2005年版。

[法] 杜夫海纳:《审美经验现象学》,韩树站译,文化艺术出版社1996年版。

[英] 吉尔·内尔姆斯:《电影研究导论》,李小刚译,世界电影图书

出版公司 2013 年版。

［英］卡伦、［韩］朴明珍：《去西方化媒介研究》，卢家银、崔明伍等译，清华大学出版社 2011 年版。

［英］克莱夫·贝尔：《艺术》，薛华译，江苏教育出版社 2005 年版。

［法］雷米·郎佐尼：《法国电影——从诞生到现在》，王之光译，商务印书馆 2009 年版。

［英］李斯特、格兰特等：《新媒体批判导论》，吴炜华、付晓光译，复旦大学出版社 2016 年版。

［美］劳伦斯·E. 卡洪：《现代性的困境》，王志宏译，商务印书馆 2008 年版。

［德］明斯特伯格：《电影心理学》，徐增敏译，生活·读书·新知三联出版社 2006 年版。

［法］米歇尔·玛丽：《新浪潮》，王梅译，中国电影出版社 2014 年版。

［美］门罗·比厄斯利：《西方美学简史》，高建平译，北京大学出版社 2006 年版。

［法］普拉岱尔：《西方视觉艺术史》，董强等译，吉林美术出版社 2002 年版。

［法］让·米特里：《电影美学与心理学》，崔君衍译，江苏文艺出版社 2012 年版。

［法］萨杜尔：《世界电影史》，徐昭等译，中国电影出版社 1995 年版。

［美］舒尔茨：《现代心理学史》，杨立能等译，人民教育出版社 1981 年版。

［美］桑塔耶那：《美感》，杨向荣译，人民出版社 2013 年版。

［苏］舍斯塔科夫：《美学史纲》，樊莘森等译，上海译文出版社 1986 年版。

［日］土屋礼子：《大众报纸的起源》，杨珍珍译，北京大学出版社

2015年版。

[波兰] 塔塔尔凯维奇：《中世纪美学》，褚朔维译，中国社会科学出版社1991年版。

[波] 塔塔尔凯维奇：《西方六大美学观念史》，刘文谭译，上海译文出版社2006年版。

[德] 沃尔夫林：《艺术风格学导言》，潘耀昌译，中国人民大学出版社2004年版。

[德] 沃林格：《抽象与移情》，王才勇译，辽宁人民出版社1987年版。

[古希腊] 亚里士多德：《形而上学》，吴寿彭译，商务印书馆1996年版。

[古希腊] 伊壁鸠鲁：《自然与快乐—伊壁鸠鲁的哲学》，包利民等译，中国社会科学出版社2004年版。

[美] 詹姆斯·罗尔：《媒介、传播、文化——一个全球化的途径》，董洪川译，商务印书馆2005年版。

北京大学哲学系编：《西方美学家论美和美感》，商务印书馆1980年版。

曹毅梅编：《世界电影史概论》，河南大学出版社2010年版。

曹晖：《视觉形式的美学研究》，人民出版社2009年版。

陈晓宇：《电影学导论》，北京联合出版公司2015年版。

陈默：《媒介文化传播》，中国传媒大学出版社2016年版。

崔林：《媒介史》，中国传媒大学出版社2017年版。

陈定家：《审美现代性》，中国社会科学出版社2011年版。

陈丽君、赵伶俐：《审美的身心基础》，北京师范大学出版社2016年版。

陈昌凤：《美国传媒规制体系》，清华大学出版社2013年版。

曹毅梅：《电视文化学》，河南大学出版社2013年版。

陈龙、吴卫华：《电视文化新论》，国防工业出版社2016年版。

丁俊、崔宁：《当代神经美学研究》，科学出版社 2018 年版。

冯建三：《传媒公共性与市场》，华东师范大学出版社 2015 年版。

宫承波、庄捷等：《媒介融合概论》，中国广播电视出版社 2011 年版。

黄琳：《西方电影理论及流派概论》，重庆大学出版社 2008 年版。

洪艳：《影像存在的伦理批评》，人民出版社 2011 年版。

郝雨：《媒介批评与理论远程》，上海三联书店 2009 年版。

胡家祥：《审美学》，北京大学出版社 2000 年版。

何志武：《视听评论》，北京大学出版社 2013 年版。

胡志峰：《电视文化新论》，中国社会科学出版社 2015 年版。

黄文达：《世界电影史纲》，上海古籍出版社 2003 年版。

姜飞：《传播与文化》，中国传媒大学出版社 2011 年版。

刘亭：《实践理性：大卫·波德维尔的电影理论研究》，中国传媒大学出版社 2016 年版。

李欣：《西方传媒新秩序》，南方日报出版社 2008 年版。

李稚田：《电影语言：理论与技术》，北京师范大学出版社 2005 年版。

刘京林：《大众传播心理学》，中国传媒大学出版社 2005 年版。

刘坚：《媒介文化理论与当代文学观念研究》，吉林大学出版社 2017 年版。

李军：《传媒文化史》，北京大学出版社 2012 年版。

刘建明等：《西方媒介批评史》，福建人民出版社 2007 年版。

吕萌、左靖：《当代广播电视概论》，合肥工业大学出版社 2012 年版。

黎炯宗：《电视导播学》，中国人民大学出版社 2009 年版。

林雅华：《克拉考尔的文化现代性批判理论研究——以魏玛写作为中心》，中国社会科学出版社 2014 年版。

刘弢：《幻象的视觉秩序——电影认知符号学概论》，华东师范大学出版社 2015 年版。

马奇：《西方美学资料选编》，上海人民出版社1987年版。

牛宏宝：《现代西方美学》，上海人民出版社2002年版。

宁海林：《阿恩海姆视知觉形式动力理论研究》，人民出版社2009年版。

南长森、屈雅利：《媒介素养教程》，陕西师范大学出版社2017年版。

彭立勋：《趣味与理性——西方近代两大美学思潮》，中国社会科学出版社2009年版。

彭立勋：《审美学现代建构论》，海天出版社2014年版。

邱戈：《传播如何是好？——现代传播思想与实践中的道德探询》，浙江大学出版社2017年版。

邱明正：《审美心理学》，复旦大学出版社1993年版。

饶晖：《电影作者》，中国电影出版社2004年版。

邵志芳、刘铎：《认知心理学》，开明出版社2012年版。

宋家玲：《影视叙事学》，中国传媒大学出版社2007年版。

史风华：《阿恩海姆美学思想研究》，山东大学出版社2006年版。

石义彬：《批判视野下的西方传播思想》，商务印书馆2014年版。

帅松林：《审美的历程》，清华大学出版社2014年版。

石长顺：《电视文本解读》，武汉大学出版社2008年版。

邵志芳：《认知心理学》，开明出版社2012年版。

王志敏、崔辰编：《声音与光影的世界》，北京师范大学出版社2011年版。

王志敏：《电影学：基本理论与宏观叙述》，中国电影出版社2003年版。

王光艳：《文化传播与媒介研究》，华中师范大学出版社2016年版。

王永亮：《传媒思想》，中国传媒大学出版社2006年版。

位迎苏：《伯明翰学派的受众理论研究》，中国传媒大学出版社2011年版。

王朝闻：《审美基础》，生活·读书·新知三联书店2011年版。

王杰：《现代审美问题——人类学的反思》，北京大学出版社2013年版。

吴静：《构建与否定的博弈》，中国社会科学出版社2017年版。

汪德宁：《超真实的符号世界——博德里亚思想研究》，中国社会科学出版社2016年版。

王才勇、方尚芩等：《法兰克福学派美学研究》，上海交通大学出版社2016年版。

汪堂家：《汪堂家讲德里达》，北京大学出版社2008年版。

王苏君：《审美体验研究》，中国社会科学出版社2013年版。

许鑫：《网络时代的公共性研究》，人民出版社2015年版。

谢金文：《中外新闻传播史纲要》，北京大学出版社2013年版。

徐小立：《传媒消费文化景观》，人民出版社2010年版。

许南明等：《电影艺术词典》，中国电影出版社1986年版。

尹兴：《影视叙事学研究》，四川大学出版社2011年版。

姚小濛：《电影美学》，人民出版社1991年版。

叶浩生：《西方心理学史》，开明出版社2012年版。

杨翠芳：《媒体融合发展综论》，人民出版社2015年版。

姚明今：《文化批判理论的历史性建构——法兰克福学派文化理论的谱系性研究》，中国社会科学出版社2017年版。

于闽梅：《灵韵与救赎——本雅明思想研究》，文化艺术出版社2008年版。

姚玉杰、陈珊、李明：《3D影视概论》，西安交通大学出版社2016年版。

杨恩寰：《近现代西方美学研究文稿》，辽宁大学出版社2013年版。

朱永明：《视觉语言探析》，南京大学出版社2011年版。

赵宪章：《西方形式美学》，南京大学出版社2008年版。

张坚:《视觉形式的生命》,中国美术出版社 2004 年版。

郑涵、金冠军:《当代西方传媒制度》,上海交通大学出版社 2008 年版。

曾一果:《媒介文化理论概论》,中国人民大学出版社 2015 年版。

朱立元:《美的感悟》,华东师范大学出版社 2001 年版。

张贤根:《20 世纪的西方美学》,武汉大学出版社 2009 年版。

张政文:《西方审美现代性的确立与转向》,黑龙江大学出版社 2008 年版。

章启群:《新编西方美学史》,商务印书馆 2004 年版。

赵秀环:《播音主持艺术》,中国传媒大学出版社 2016 年版。

张菁:《影视视听语言》,中国传媒大学出版社 2014 年版。

周登富、敖日力格:《电影色彩》,中国电影出版社 2015 年版。

朱志荣:《康德美学思想研究》,上海人民出版社 2016 年版。

二 期刊论文

常又明:《关于 R. 阿恩海姆的〈色彩论〉》,《世界美术》1979 年第 7 期。

崔蕴鹏、吴陶:《沉浸与眩晕——立体电影的生命与个性》,《当代电影》2015 年第 10 期。

蔡冠群、徐亚男:《电影色彩运用的格式塔心理学浅析》,《重庆科技学院学报》2011 年第 6 期。

傅世侠:《关于视觉思维》,《北京大学学报》1999 年第 2 期。

晋争:《从格式塔心理学的趋完型律看电影的音乐功能》,《四川理工学院学报》2010 年第 5 期。

林晓鸣:《审美知觉的张力与开放性思维——读阿恩海姆的〈艺术与视知觉〉有感》,《视听界》2001 年第 1 期。

刘晓明:《论视觉思维的创造性及其内在机制——阿恩海姆等人的视觉思维理论阐析》,《浙江社会科学》1999 年第 11 期。

黎士旺：《阿恩海姆"抽象"的"视觉思维"理论》，《南通大学学报》2006 年第 7 期。

刘晓明：《意象的逻辑：创造性思维的首要推动者》，《自然辩证法研究》2003 年第 8 期。

林天强：《从制片人中心制、电影作者论到完全导演论——对好莱坞、新浪潮和中国电影新生代的一个模型推演》，《当代电影》2011 年第 2 期。

卢晓玲：《浅析黑泽明电影〈罗生门〉——基于格式塔心理学》2011 年第 13 期。

宁海林：《现代西方美学语境中的阿恩海姆视知觉形式动力理论》，《人文杂志》2012 年第 3 期。

宁海林：《阿恩海姆艺术表现论述评》，《社会科学论坛》2008 年第 5 期。

彭立勋：《关于审美知觉的特性问题——读阿恩海姆的〈艺术与视知觉〉有感》，《社会科学家》1989 年第 4 期。

史凤华：《论阿恩海姆的艺术观》，《河南大学学报》2002 年第 2 期。

沈爱凤：《阿恩海姆美学理论和艺术的图式问题》，《南京艺术学院学报》2001 年第 2 期。

舒也：《论视觉文化转向》，《天津社会科学》2009 年第 5 期。

邵牧君：《论阿恩汉姆电影艺术理论》，《世界电影》1984 年第 4 期。

檀秋文：《早期立体电影在中国——从大众传播媒介出发的考察》，《当代电影》2015 年第 2 期。

汪振城：《视觉思维中的意象及其功能——鲁道夫·阿恩海姆视觉思维理论解读》，《学术论坛》2005 年第 2 期。

徐展：《从格式塔心理学透视姜文电影的审美呈现》，《电影评介》2012 年第 13 期。

姚国强:《经典声音理论辨析——评爱因汉姆的电影声音观点》,《北京电影学院学报》2003 年第 1 期。

尹岩:《特吕弗其人其作》,《北京电影学院学报》1988 年第 1 期。

郑汉民:《爱因汉姆电影理论悖谬的一次求解》,《浙江师范大学学报》2005 年第 1 期。

张永清:《历史进程中的作者——西方作者理论的四种主导范式》,《学术月刊》2015 年第 11 期。

[英] 爱·巴斯科姆:《有关作者身份的一些概念》,王义国译,《世界电影》1987 年第 6 期。

[英] 彼得·沃伦:《作者论》,谷时宇译,《世界电影》1987 年第 6 期。

[法] 亚·阿斯特吕克:《摄影机———自来水笔,新先锋派的诞生》,刘云舟译,《世界电影》1987 年第 7 期。

三 外文文献

Rudolf Arnheim, *Film Essays and Criticism*, Wisconsin: University of Wisconsin Press, 1997.

Rudolf Arnheim, *The Split and the Structure: Twenty - Eight Essays*, Los Angeles: University of California Ppress, 1996.

Rudolf Arnheim, *To the Rescue of Art: Twenty - Six Essays*, Los Angeles: University of California Press, 1991.

Rudolf Arnheim, *My Life in the Art World*, Michigan: University of Michigan Press, 1992.

Onians, *European Art: A Neuroarthistory*, New Haven: Yale University Press, 2016.

Eagleton, Terry, *Criticism and Ideology*, *A Study in Marxist Literary Theory*, New Left Books, 1976.

Hackett, Robert A. & Zhao, Yunzhi, *Sustaining Democracy? Journalism and the Politics of Objectivity*, Toronto: Garamond Press, 1998.

Wyss, *Hegel's Art History and the Critique of Modernity*, Cambridge: Cambridge University Press, 1999.

Rorty, *Philosophy and the Mirror of Nature*, Princeton: Princeton University Press, 1989.

Halliwell, *The Aesthetics of Mimesis*, Princeton and Oxford: Princeton University Press, 2002.

Gerth. H. H., *From Max Weber: Essays in Sociology*, New York: Oxford University Press, 1946.

Davis, "M. S. Geory Simmel and the Aesthetics of Social Reality", *Social Force*, 1973 (3).

John B. Thompson, *Critical Hermeneutics: A Study in the Thought of Paul Ricoeur and Jurgen Habermas*, New York: Cambridge University Press, 1981.

Rober K., Avery David Eason, *Critical Perspectives on Media and Society*, London: The Guilford Press, 1991.

Kellner, *Television and the Crisis of Democracy*, Boulder: West View Press, 1990.

Le Mahieu, *A Culture for Democracy: Mass Communication and Cultivated Mind in Britain Between the Wars*, Oxford: Clarendon Press, 1988.

Adrian Pennington, Carolyn Giardina, *Exploring 3D: The New Grammar of Stereoscopic Filmmaking*, Focal Press, 2013.

Zeki, "Artistic Creativity and the Brain", *Nature*, 2001 (6).

P. J. Silvia, "Cognitive Appraisals and Interest in Visual Art: Exploring and Appraisal Theory of Aesthetic Emotions", *Empirical Studies of the*

Arts, 2005 (2).

K. Berridge, "Affective Neuroscience of Pleasure: Reward in Humans and Animals", *Psychopharmacology*, 2008 (3).

E. Weed, "Looking for Beauty in the Brain", *Estetika*, 2008 (1).

Heap, S. P. H., "Television in a Digital Age: What Role for Public Service Broadcasting", *Economic Policy*, 2005 (41).

John Fell, "Rudolf Arnheim in Discussion with Film Students and Faculty", *Film History*, No. 12.

Ruth Lorand, "Book Review. Film Essays and Critism", *The Journal of Aesthetics and Art Criticism*, 1988 (4).

Shaun McNiff, "Knowing Rudolf Arnheim (1904 – 2007)", *Journal of the American Art Therapy Association*, 2007 (3).

Rudolf Arnheim, "Rudolf Arnheim's Wartime Diaries", *Endings and New Beginnings: Ruins and Heritage*, 2011 (4).

Rudolf Arnheim, *Radio: An Art of Sound*, Translated by Ludwing and Herbert Read, New York.: Da Capo Press, 1971.

Kent Kleinman、Leslie van Duzer, *Rudolf Arnheim: Revealing Vision*, University of Michigan, 1997.

Ralph A. Smith, "The Power of Vision: In Praise of Rudolf Arnheim", *Joural of Aesthetic Education*, Vol. 27, No. 4, 1993.

Shaun McNiff, "Celebrating the Life and Work of Rudolf Arnheim", *The Arts of in Psychotherapy*, Vol. 21, No. 4, 1994.

后 记

博士论文付梓之际，在此"致谢"，要再次致敬我的博士生导师，四川大学艺术学院支宇教授。博士选题之时，和老师几经商议、几经更换、共同讨论，经历了不断弃题、重新阅读文献的痛苦与彷徨。但当走完这段历程，回首那段步履蹒跚的岁月，深有体味充满历练沉淀的时光的生命意义与厚重以及老师对我的帮助与良苦用心。在为人处世方面，支老师对我的影响很大，他和善、温和、善解人意、做事有条不紊、循循善诱、不苛责学生的个人风格，让当下备受多重时代压力的学生感受到一股人文主义情怀。在博士四年学习中，对于还处于青年阶段的博士生而言，博士生导师绝不仅是一个指导老师的职业身份，更是一种文化身份，一种象征界的大他者，一个标杆，一个"文化之父"。导师的存在，给青年树立了逃离虚无主义的灯塔与道路。因此，支老师可以说对我以及同门师兄弟、姐妹而言，是一座存在的灯塔，对老师的"致谢"绝不是一种例行公事的表达，而是一种存在情绪的绽露，生命中一段共同岁月回首下的记忆的书写。

在此，还要感谢中华多民族文化凝聚与全球传播省部共建协同创新中心——成都大学文明互鉴与"一带一路"研究中心主任杨玉华教授，感谢杨老师在工作、学术上的教导以及生活上的关心。本书由研究中心学术出版资助基金全额资助出版。

还感谢我的父亲,四年读书的时光中,他一直关心我学业的进度;在生活上,他对我无微不至的照顾,为我博士顺利毕业付出了一己之力。

最后,我要感谢博士四年时光与交大的校园生活(包括狭窄而逼仄的宿舍)以及毕业后两年来的成大时空。时空是人不可超克的限度,人囚禁于此,又放诞与流居于此。每一段时空构成我们存在的生命诗学的一个短章。当我们老去进而死去化为烟尘的时候,我们一无所有,唯有时空把我们铭记。

李天鹏

成都大学图书馆

2021 年 9 月 23 日

成都大学文明互鉴与"一带一路"研究中心学术丛书

书目（第一辑共七卷）

一、《天府文化概论》，杨玉华 等著

二、《唐诗疑难详解》，张起、张天健 著

三、《阿恩海姆早期美学思想研究》，李天鹏 著

四、《雪山下的公园城市——大邑历史文化研究》，杨玉华 主编

五、《中国广播电视国际传播能力建设研究》，车南林 著

六、《龙泉驿古驿道历史文化研究》，杨玉华 主编

七、《日据时期韩国汉语会话书词类研究》，张程 著